Microsoft 2016

Word

使用手冊

The simple,
efficient and effective
way to learn Microsoft Word

感謝您購買旗標書，
記得到旗標網站
www.flag.com.tw
更多的加值內容等著您…

<請下載 QR Code App 來掃描>

● FB 官方粉絲專頁：旗標知識講堂

● 旗標「線上購買」專區：您不用出門就可選購旗標書！

● 如您對本書內容有不明瞭或建議改進之處，請連上
　旗標網站，點選首頁的 聯絡我們 專區。

　若需線上即時詢問問題，可點選旗標官方粉絲專頁
　留言詢問，小編客服隨時待命，盡速回覆。

　若是寄信聯絡旗標客服 email，我們收到您的訊息後，
　將由專業客服人員為您解答。

　我們所提供的售後服務範圍僅限於書籍本身或內
　容表達不清楚的地方，至於軟硬體的問題，請直接
　連絡廠商。

學生團體　　訂購專線：(02)2396-3257 轉 362
　　　　　　傳真專線：(02)2321-2545

經銷商　　　服務專線：(02)2396-3257 轉 331
　　　　　　將派專人拜訪
　　　　　　傳真專線：(02)2321-2545

國家圖書館出版品預行編目資料

Microsoft Word 2016 使用手冊 / 施威銘研究室 作.
-- 臺北市：旗標，西元 2016.06　面；　公分

ISBN　978-986-312-347-7

1. Word 2016 (電腦程式)

312.49W53　　　　　　　　　　　　105006052

作　　者／施威銘研究室

發 行 所／旗標科技股份有限公司

　　　　　台北市杭州南路一段15-1號19樓

電　　話／(02)2396-3257(代表號)

傳　　真／(02)2321-2545

劃撥帳號／1332727-9

帳　　戶／旗標科技股份有限公司

執行企劃／林佳怡

執行編輯／林佳怡

美術編輯／薛榮貴・陳慧如

封面設計／古鴻杰

校　　對／林佳怡

新台幣售價：420 元

西元 2024 年 3 月初版 7 刷

行政院新聞局核准登記-局版台業字第 4512 號

ISBN　978-986-312-347-7

版權所有・翻印必究

辦公軟體 學習地圖

學習文書處理

Microsoft Word 2016 使用手冊

透過實際範例解說,幫助您學會文件編輯技巧、排版、美化圖片等工作,讓文件既專業又體面。

學習試算表編製

Microsoft Excel 2016 使用手冊

學會建立公式、使用函數,進行數據分析,讓你理財、投資、工作無往不利。

學習簡報製作

Microsoft PowerPoint 2016 使用手冊

教您製作圖文並茂,具聲光效果的簡報,打造場場成功、受人矚目的簡報。

學習更多 Excel 高招密技

三步驟搞定! 最強 Excel 資料整理術

人資、秘書、行政、總務、業助必看!

時間不該浪費在「複製、貼上」的枯燥作業上

本書收錄許多使用者在整理資料時所遇到的問題,並教你用簡短又有效的方法來解決這些牽一髮就動全身的繁雜資料,從今天起你不需把時間浪費在瑣碎枯燥的工作上,準時下班沒煩惱。

三步驟搞定! 最強 Excel 查詢與篩選超實用技法

~跟 Ctrl + F 說再見,這樣找資料快又有效率!~

只會用內建的「自動篩選」功能找資料是不夠的!

懂得運用 INDEX、VLOOKUP、MATCH 這三個函數,任何資料都能手到擒來!

超實用 Excel 商務實例函數字典

~易查・易學・易懂!~

● 所有函數保證學得會、立即活用!

● 不僅是函數查詢字典,也是超實用的 Excel 技巧書。

● 說明最詳盡,查詢最方便。

超實用 Excel VBA 範例應用字典

~易查易懂・立即派上用場!~

● 本書不同於一般「語法功能索引」字典,簡單易懂、不枯燥無聊。

● 本書為日本知名 VBA Expert 推薦書籍。

● 不會寫程式沒關係,只要修改範例就能立即套用!

序 Preface

　　Microsoft Word 是使用率非常高的文書處理軟體，隨手拿起來的廣告 DM、表單、學術報告、通知單等，都可能是由 Word 編輯而來，不過，要做出令人印象深刻的文件版面，光是會打打字、放上圖片的三腳貓功夫，早就不夠用了。你要學習的是如何編排出專業的文件、善用圖表傳達自己的想法，進而透過具吸引力的版面，讓人加深對文件內容的印象。

　　本書完整介紹 Microsoft Word 的實用功能，帶您由淺入深，學通 Word 各項編輯技巧，並介紹熱門的雲端資料儲存，讓你可以透過 OneDrive 免費開啟與編輯 Word 文件，隨處可進行翻譯的「迷你翻譯工具」，幫助你不用翻字典也能查詢字義、活用同義字；方便、直覺的「檔案」頁次，讓列印、傳送檔案，不再藏於長長的選單就能輕鬆設定...等。其它像是文字格式設定、圖片編輯技巧，也都有不同於以往的提升，你可以在 Word 替標題套用鏡射效果、為圖片去背，還能將圖片轉換成繪圖或馬賽克的藝術畫作，這些都讓圖文在版面上有了更棒的呈現，亦能提升文件的專業度。

　　我們都知道 Word 的功能多又豐富，但常用的總是那幾招，其實只要花點時間完整學習，就會發現有更多便捷的方法，例如懂得建立與更新目錄，就能省去自己校對頁碼的時間，整份文件也必定更準確、完整，因此提升工作效率將是學習 Word 必然的收穫，現在就跟著本書一起學通 Word 的各種技巧吧！

施威銘研究室
2016.06

本書範例檔案 Sample Files

本書的範例檔案, 請透過網頁瀏覽器 (如:Firefox、Chrome、Microsoft Edge) 連到以下網址, 將檔案下載到你的電腦中, 以便跟著書上的說明進行操作。

範例檔案下載連結:

https://www.flag.com.tw/DL.asp?F6001
(輸入下載連結時, 請注意大小寫必須相同)

將檔案下載到你的電腦中, 只要解開壓縮檔案就可以使用了!

1 點選下載的檔案 **2** 按下此鈕, 進行解壓縮

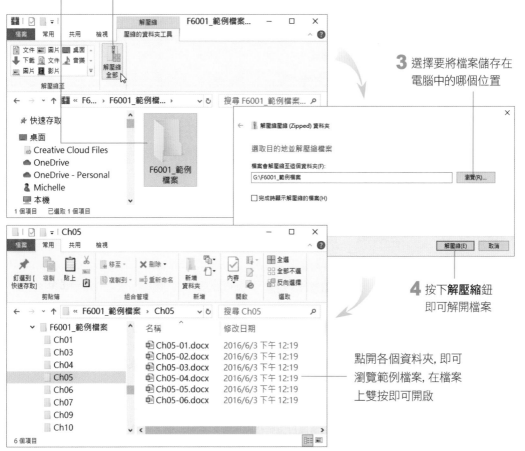

3 選擇要將檔案儲存在電腦中的哪個位置

4 按下**解壓縮**鈕即可解開檔案

點開各個資料夾, 即可瀏覽範例檔案, 在檔案上雙按即可開啟

目錄 Contents

PART 01　基礎學習篇

PART 02　文字與表格篇

Chapter 4　文件的格式化

目錄 Contents

PART 03　圖形篇

Chapter 7　插入與繪製圖形

Chapter 8　使用 SmartArt 繪製視覺化圖形

目錄 Contents

PART 04　進階篇

Chapter 13 文件檢視模式

Chapter 14 善用大綱模式調整文件架構

Chapter 15 文件的版面設定

目錄 Contents

Chapter 18 長篇文件的應用

PART 05　多人共用環境篇

Chapter 19 用 Word 製作電子化表單

目錄 Contents

啟動 Word
熟悉工作環境

準備好一起進入 Word 的世界一探究竟了嗎？
本章我們要介紹啟動與結束 Word 的方法，並
帶您熟悉 Word 的操作環境，為往後的學習奠
定最紮實的基礎。

- 啟動與認識 Word 的工作環境
- 關閉文件與結束 Word

1-1 啟動與認識 Word 的工作環境

Microsoft Word 是很常用的文書處理軟體, 相信您一定有聽過, 這一章就帶您熟悉 Word 2016 的工作環境, 首先如下說明啟動 Word 的方法。

請按下桌面上的**開始鈕**, 執行『**所有程式/Word 2016**』命令, 隨即會開啟如下的畫面, 你可以依據需求選擇合適的範本, 例如**商業傳單、履歷表、教師的課程大綱**或**年度報告**、…等; 在此請點選**空白文件**範本建立一份空白文件做練習:

在此輸入關鍵字, 還可以透過網路找到更多文件範本

請點選**空白文件**

也可以點選現成的範本來使用

除了執行命令啟動 Word 外, 在 Windows 桌面或檔案資料夾視窗中雙按 Word 文件的檔案名稱或圖示, 同樣可啟動 Word, 並且會直接將文件開啟在工作區中。

會議記錄.docx

　　啟動 Word 之後, 點選**空白文件**範本, 會開啟一份新文件讓我們輸入文字, 我們就利用這個檔案來熟悉 Word 的工作環境吧!

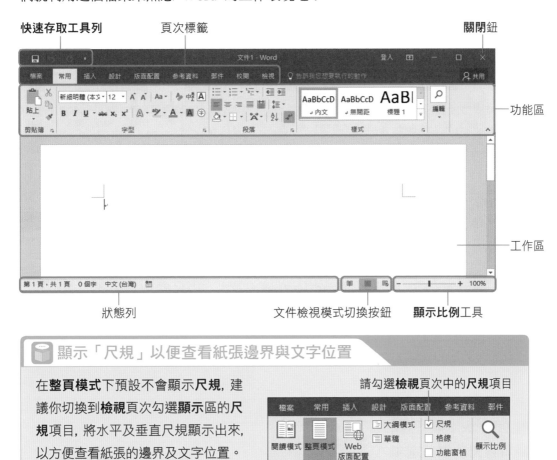

接下來我們就一一說明 Word 工作環境中各個區塊的作用及相關操作。

頁次標籤與功能區的操作

　　Word 將所有的功能分門別類為 9 大頁次標籤, 包括**檔案、常用、插入、設計、版面配置、參考資料、郵件、校閱**及**檢視**, 並將相關的功能群組列在其中, 方便使用者切換、選用, 例如**常用**頁次可設定文字格式、段落等文件的基本功能。

Word 視窗上半部的面板稱為**功能區**，收納了編輯文件時所需使用的工具按鈕。開啟 Word 時會顯示在**常用**頁次，當您按下其它頁次標籤，便會顯示該頁次所包含的按鈕：

目前顯示**常用**頁次　　　按下此處切換至**插入**頁次

再按一下可切換回**常用**頁次

已切換到**插入**頁次

依功能還會區隔成數個區塊，例如此為**段落**區

為方便說明，本書在說明功能選項時，統一以「切換至 AA 頁次按下 BB 區的 CC 鈕」來表示，其中 AA 表示頁次標籤名稱、BB 是按鈕所在的區塊、CC 則是按鈕名稱，例如要在文件中插入圖片的動作，我們會簡化為「切換至插入頁次按下**圖例**區的**圖片**鈕」：

文中敘述的命令，表示要按下此鈕

此外，**功能區**中各區塊的右下角如果有 ⌐ 鈕，表示按下 ⌐ 鈕將會開啟細部選項設定交談窗，例如按下**常用**頁次**字型**區右下角的 ⌐ 鈕，即可開啟**字型**交談窗：

開啟**字型**交談窗

按此鈕

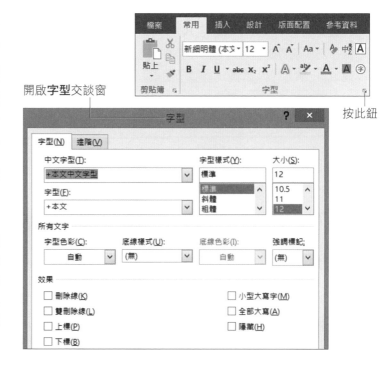

> 各個選項及功能設定，我們都會在各章使用到的時候為您詳細說明，這裡請各位先建立操作的概念就好。

📦 螢幕尺寸、字型大小都會影響功能區的顯示方式

如果您使用的螢幕尺寸較小, 或是將 Windows 顯示的系統字型設定為**中**或**大**, 功能區有可能因為無法容納所有的按鈕及名稱, 而將部份按鈕縮小, 或改以省略按鈕名稱的方式顯示, 以便放入所有的工具按鈕, 因此您看到的畫面可能會與本書的示範畫面略有差異。

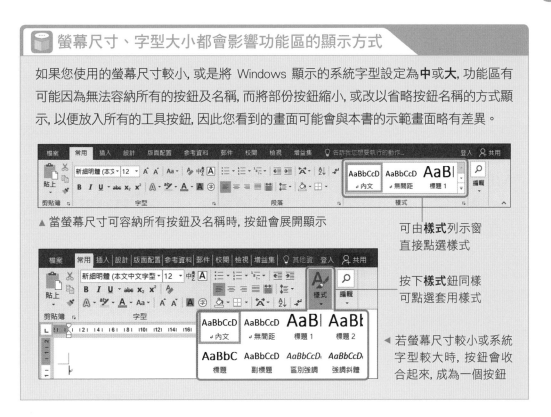

▲ 當螢幕尺寸可容納所有按鈕及名稱時, 按鈕會展開顯示

可由**樣式**列示窗直接點選樣式

按下**樣式**鈕同樣可點選套用樣式

◀ 若螢幕尺寸較小或系統字型較大時, 按鈕會收合起來, 成為一個按鈕

特殊的「檔案」頁次

　檔案頁次掌管了文件的建立、儲存、列印、傳送等工作, 可說是 Word 的文件總管, 當你按下**檔案**頁次標籤時, 會開啟**檔案**頁次:

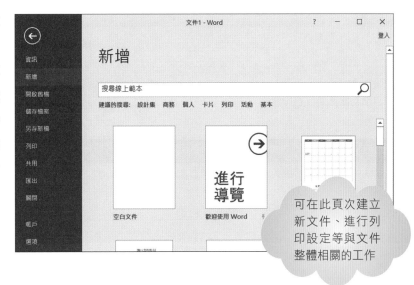

可在此頁次建立新文件、進行列印設定等與文件整體相關的工作

　　欲關閉此頁次時, 請按下左上角的 ⬅ 鈕或 Esc 鍵切換回 Word 的編輯狀態。

善用功能提示了解按鈕作用

　　看著這一大堆按鈕, 可能搞不清楚按鈕的作用為何。您可以將指標移到按鈕上 (不要按下), Word 就會貼心的顯示功能說明, 方便您快速了解該按鈕的作用:

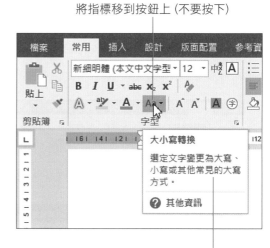

將指標移到按鈕上 (不要按下)

下方會出現功能提示, 指標移開後會自動消失

將功能區設定為自動隱藏

　　雖然按鈕都統一放在**功能區**, 使用起來很方便, 但有時可能會覺得**功能區**太佔位置, 希望能多挪點編輯空間。如果您想要專心的輸入文字, 且需要較大的編輯空間, 可按下視窗最右側的　∧　鈕將**功能區**隱藏起來:

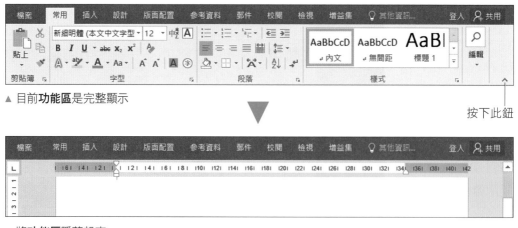

▲ 目前**功能區**是完整顯示

按下此鈕

▲ 將**功能區**隱藏起來

將**功能區**隱藏起來後，要再度顯示**功能區**，只要將滑鼠移到任一個頁次上按一下即可開啟；然而當滑鼠移到其它地方再按下左鈕時，**功能區**又會自動隱藏了。

▲ 將滑鼠移到任何一個功能頁次上按一下, 即會再度出現功能區

如果要固定顯示**功能區**，請按下**功能區顯示選項**鈕 ⊞ ，選擇**顯示索引標籤和命令**項目，則會同時顯示最上面的頁次標籤及各個功能按鈕；若是選擇**顯示索引標籤**項目，只會顯示**檔案**、**常用**、**插入**…等頁次標籤。

1 按下此鈕

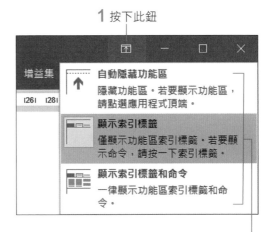

2 選擇**功能區**的顯示方式

若選擇**自動隱藏功能區**項目，則會將視窗最大化並隱藏整個**功能區**，變成如下的畫面：

按下此鈕, 會暫時顯示**功能區**的頁次標籤及按鈕, 當你繼續編輯文件時, **功能區**就會自動隱藏起來

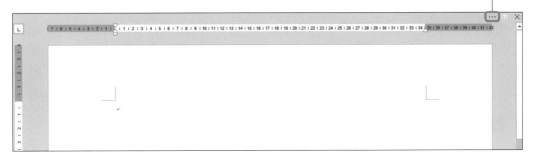

利用「快速存取工具列」執行常用的操作

在 Word 視窗左上角的工具列稱為**快速存取工具列**, 目的是方便我們快速執行常要進行的工作, 例如儲存檔案、復原動作等。

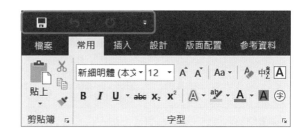

而**快速存取工具列**也保留了設定的彈性, 讓我們可以將自己常用的功能也加到其中。例如想要增加**開啟舊檔**鈕, 請按下**快速存取工具列**上的 ⯆ 鈕:

1 按下此鈕

2 選擇『**開啟**』命令 (使項目前顯示打勾符號)

剛才加入的**開啟**鈕

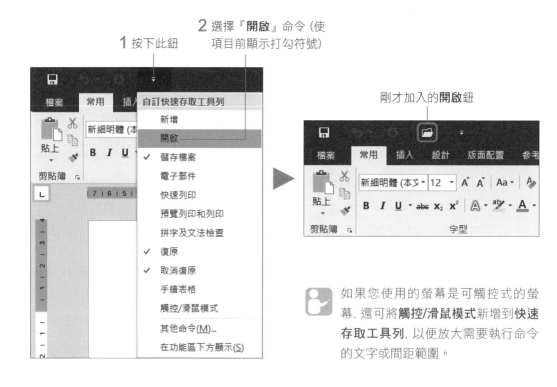

如果您使用的螢幕是可觸控式的螢幕, 還可將**觸控/滑鼠模式**新增到**快速存取工具列**, 以便放大需要執行命令的文字或間距範圍。

日後按下此鈕即會出現**開啟舊檔**頁面讓您選擇要開啟的檔案。移除時同樣是按下 ⯆ 鈕, 再按下要移除的命令即可 (取消項目前的打勾符號)。

如果要加入的命令不在**自訂快速存取工具列**清單中, 你可以執行『其他命令』項目, 開啟 **Word 選項**交談窗來設定:

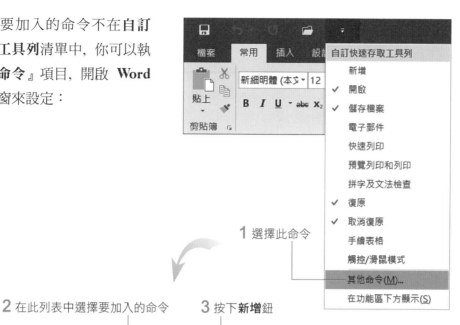

1 選擇此命令

2 在此列表中選擇要加入的命令　　**3** 按下**新增**鈕

4 按下**確定**鈕

剛才選取的按鈕加到
快速存取工具列了

編輯文件的「工作區」

工作區是我們「輸入、顯示、編輯文件」的地方, 在工作區中會出現一個不停閃動的短直線, 那就是文字插入點, 簡稱**插入點**, 作用是指出下一個鍵入字元出現的位置。此外 Word 還會顯示段落標記 ↵, 表示一個段落的結束。

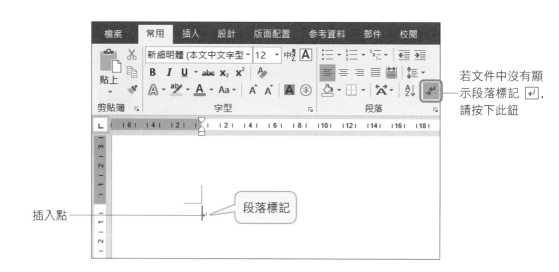

若文件中沒有顯示段落標記 ↵, 請按下此鈕

插入點

段落標記

由「狀態列」檢視文件資訊

狀態列位於 Word 視窗的最下方, 用來顯示文件的資訊, 預設會顯示插入點所在的頁次、文件總頁數、字數統計、拼字檢查狀態與語言等, 儲存、列印時則會顯示幕後儲存及列印的進度。

字數統計

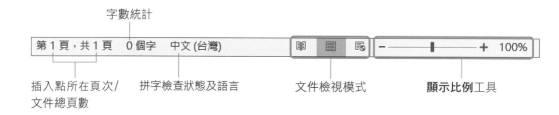

插入點所在頁次/
文件總頁數

拼字檢查狀態及語言

文件檢視模式

顯示比例工具

文件檢視模式

Word 共有 5 種檢視文件模式可選擇，有**整頁模式**、**閱讀模式**、**Web 版面配置**、**大綱模式**及**草稿模式**。**閱讀模式**、**整頁模式**及 **Web 版面配置**模式，可利用 Word 視窗右下角的按鈕快速切換；至於**草稿模式**及**大綱模式**，請切換至**檢視**頁次按下**檢視**區的對應按鈕即可切換。

您可以根據不同的文件編輯需求，選擇適合的檢視模式，請開啟範例檔案 Ch01-01，練習切換不同的檢視模式：

整頁模式鈕

閱讀模式鈕　Web 版面配置鈕

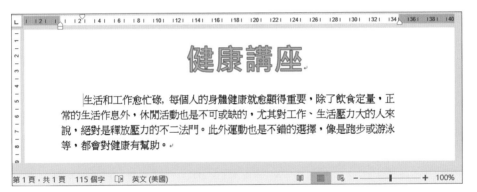

▲ **整頁模式**適合編輯圖文

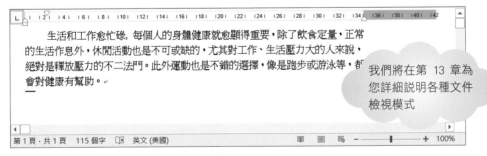

我們將在第 13 章為您詳細說明各種文件檢視模式

▲ **草稿**模式適合編輯文字

調整文件顯示比例

在狀態列的右側則是**顯示比例**工具，除了顯示目前文件的顯示比例外，也可以讓我們視情況調整至想要的比例。

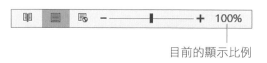

目前的顯示比例

按下 ➕ 可放大文件的顯示比例，每按一次放大 10%，例如 90% → 100% → 110%；按下 ➖ 鈕會縮小顯示比例，每按一次縮小 10%，例如 110% → 100% → 90%。此外，你也可以直接拉曳中間的控制點，往 ➕ 鈕方向拉曳可放大比例；往 ➖ 鈕方向可縮小比例。

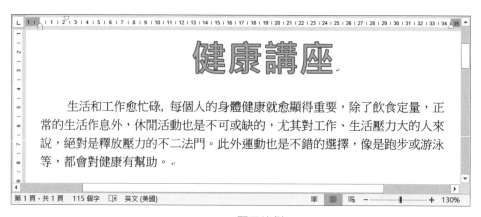

▲ 130% 顯示比例

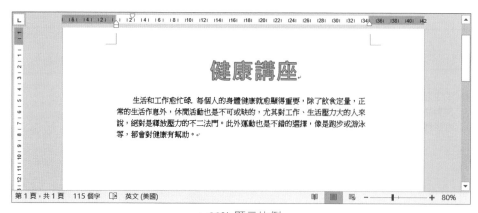

▲ 80% 顯示比例

放大或縮小文件的顯示比例，並不會放大或縮小字體，也不會影響文件列印出來的結果，只是方便我們在螢幕上檢視而已。

1-2 關閉文件與結束 Word

想要關閉文件時, 你可以按下 Word 視窗右上角的 ⊠ 鈕來關閉文件。當關閉了所有文件, 就會結束 Word。

每建立或開啟一份 Word 文件, 就會產生一個視窗, 當你關閉了所有檔案, 就會一併結束 Word 程式。

按下此鈕可關閉文件

關閉文件時出現存檔提示訊息該怎麼處理？

關閉文件時, 如果出現如下的詢問訊息, 這表示您剛才曾做過輸入或編輯的動作, 所以 Word 才特別提醒您是否要存檔, 目前還不需要存檔, 請按下**不要儲存**鈕。

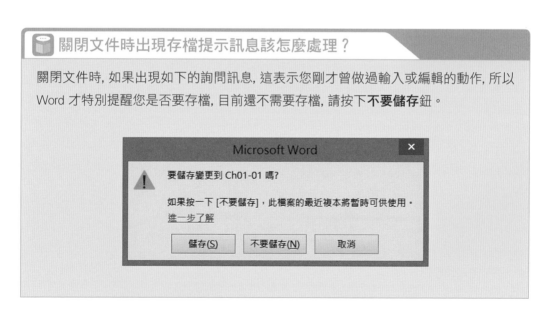

MEMO

CHAPTER

2

Word 基本操作

熟悉了 Word 工作環境後, 我們將在本章介紹 Word 的基本操作, 像是移動插入點、插入符號與日期、儲存與開啟檔案、切換多個文件視窗… 等, 可別小看這些基本功夫, 學會了這些基本操作, 我們的入門功夫才算完備喔!

● 移動插入點與文字換行

● 插入特殊符號、日期與時間

● 儲存文件與認識 Word 文件的檔案格式

● 開啟既有的檔案與建立新文件

● 多份文件的視窗操作

● 用 Word 開啟與編輯 PDF 檔案

2-1 移動插入點與文字換行

這一節我們要說明輸入文字時最常遇到的修改技巧及文字換行方式, 其中還包含了 Word 編輯文件時, 很重要的「段落」概念哦!

移動插入點

請利用啟動 Word 時建立的空白文件來進行以下的練習, 首先請隨意輸入一些文字。輸入一段文字後, 你可能需要移動插入點來修改文字內容, 此時可以利用以下幾種方式來移動插入點:

● **方向鍵**:利用 ←、→ 鍵可以左右移動插入點;利用 ↑、↓ 鍵可將插入點移到上一行或是下一行。

● **滑鼠**:若文件中已有內容, 將滑鼠指標 I 移到字裡行間按一下, 插入點即出現在該處;若想在空白處輸入文字, 則可以雙按滑鼠左鈕, 亦會顯示插入點讓您輸入文字。

● **快速鍵**:在文件中利用快速鍵可將插入點移動到特定的位置, 以下列出常用的快速鍵供你參考。

插入點位置	按鍵
行首	Home
行尾	End
工作區顯示內容開頭	Alt + Ctrl + Page up
工作區顯示內容結尾	Alt + Ctrl + Page Down
文件開頭	Ctrl + Home
文件結尾	Ctrl + End

刪改錯字

輸入的過程中若想要修改內容, 可按下 Delete 鍵刪除插入點之後的字元, 或按下 ←Backspace 鍵刪除插入點之前的字元:

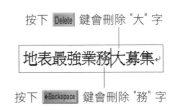

按下 Delete 鍵會刪除"大"字

地表最強業務大募集↵

按下 ←Backspace 鍵會刪除"務"字

文字換行

在輸入文字時, 按下 Enter 鍵可換行, 相信你已經很熟悉了。若輸入超過一行的文字, Word 則會自動依文件設定的版面寬度來換行。以下圖來說, 輸入到 "助" 字時, 不用按 Enter 鍵也會自動換行:

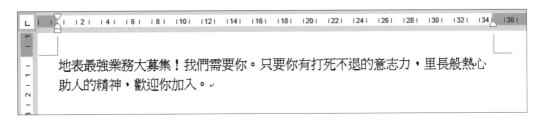

在 Word 中是以 Enter 鍵來分段, 每按一次 Enter 鍵就會多出一個「段落」, 而許多格式設定也是以段落為單位, 若希望輸入的文字能夠另起一行, 但仍屬同一個段落, 可以按下 Shift + Enter 組合鍵來換行, 就可讓兩行文字同屬一個段落。

這是第 1 個段落

這是第 2 個段落

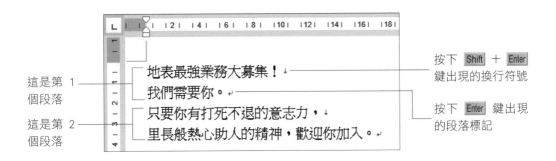

按下 Shift + Enter 鍵出現的換行符號

按下 Enter 鍵出現的段落標記

2-2 插入特殊符號、日期與時間

在中文輸入的過程中, 經常會用到標點符號, 不用額外說明相信您也可以操作自如。除了一般常用的標點符號外, Word 也提供了若干的特殊符號, 例如 √ 、◎ 與 ㊣ …等供我們在需要時插入文件中。

插入符號

插入符號時請先切換到**插入**頁次, 在**符號**區按下**符號**鈕, 若您想插入的符號已列在下方, 那麼直接點選該符號便可馬上插入到文件中:

按下此鈕

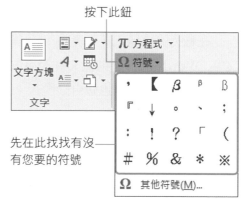

先在此找找有沒有您要的符號

若要插入的符號沒有列在其中, 請選取『**其他符號**』命令, 開啟**符號**交談窗:

這裡有更多符號可選用

此交談窗中有**符號**及**特殊字元** 2 個頁次。**符號**頁次提供多種特殊符號, 不怕您找不到需要的符號:

1 選取一種字型

2 選取符號的類別

3 選取想要插入的符號再按下**插入**鈕, 即可將選定的符號插入文件中 (也可直接在該符號上雙按)

列出最近使用過的符號

在此切換編碼系統

插入一個符號後, 此鈕將會變成**關閉**鈕

此處會顯示該符號的「字元代碼」, 若切換右邊的編碼系統, 則會自動顯示該符號在其系統中所對應的字元代碼

特殊字元頁次則提供如版權符號 ©、已登記符號 ®、註冊商標 **TM** 等符號, 若覺得**符號**頁次的字元太多不好找, 也可以先切換到此頁次, 看看是否有欲插入的符號:

選取字元並按下**插入**鈕即可插入 (也可直接在該符號上雙按)

此處會顯示字元的快速鍵, 只要在鍵盤上按下快速鍵, 即可插入該字元

按此可開啟**自訂鍵盤**交談窗, 重新設定快速鍵

插入符號之後, 交談窗並不會自動關閉, 所以您可以按一下文件視窗, 將插入點移到下一個插入符號的位置, 再繼續插入符號, 完成後按下**關閉**鈕或 ▨ 鈕即可關閉此交談窗。

設定常用符號的快速鍵

若您需要經常輸入某幾個符號, 可先在**符號**交談窗選定該符號, 再按下**快速鍵**鈕, 設定該符號的快速鍵:

1 在此輸入快速鍵, 例如 "Ctrl + R" (建議您設定為 Shift、Ctrl 或 Alt 鍵再搭配一個字母)

這裡會出現剛剛設定的快速鍵, 完成後按下**關閉**鈕即可

可由此選擇只將此設定套用至該文件, 或所有新文件皆適用 (選擇 "Normal")

2 按下**指定**鈕

回到**符號**交談窗, 依序設定好需要的符號, 再按下**關閉**鈕。日後, 在鍵盤上按下快速鍵, 即可在文件中輸入對應的符號。

插入日期及時間

若想在文件中打上目前的日期與時間, 其實可以不必自己一個字一個字的輸入, 只要直接套用 Word 的日期及時間格式就行了。例如我們已在文件上輸入了如圖的文字, 現在要繼續輸入日期:

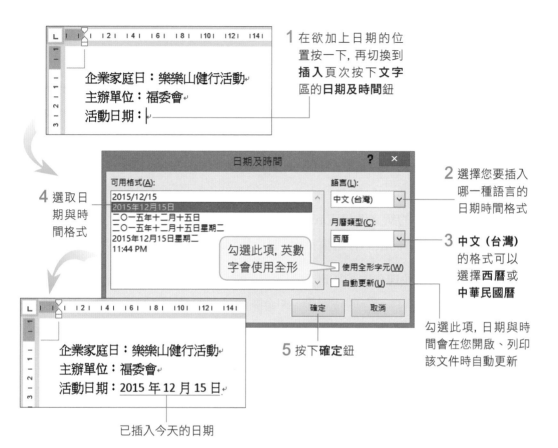

1 在欲加上日期的位置按一下，再切換到**插入**頁次按下**文字**區的**日期及時間**鈕

4 選取日期與時間格式

2 選擇您要插入哪一種語言的日期時間格式

勾選此項, 英數字會使用全形

3 **中文 (台灣)** 的格式可以選擇**西曆**或**中華民國曆**

勾選此項, 日期與時間會在您開啟、列印該文件時自動更新

5 按下**確定**鈕

已插入今天的日期

底下再列出**英文 (美國)** 的日期時間格式供您參考：

英文 (美國) 的日期時間格式

2-3 儲存文件與認識 Word 文件的檔案格式

如果沒有將編輯好的文件儲存起來就關閉文件, 那麼先前所作的編輯就白費了。因此在文件編輯結束時, 我們必須將文件存檔, 以便日後開啟。這一節就來學習儲存文件的操作, 並認識 Word 文件的檔案格式。

儲存文件

對於尚未命名的新文件, Word 會以預設檔名文件 1、文件 2... 來稱呼, 第一次進行存檔動作時, 會開啟**另存新檔**頁面, 要求我們為這份新文件取一個檔案名稱。

存檔時請按下**快速存取工具列**上的**儲存檔案**鈕 📄, 或是按下**檔案**頁次標籤, 再按下**儲存檔案**項目, 選擇儲存的位置後, 即會開啟**另存新檔**交談窗來存檔。例如我們要將剛才打好的文件命名為 "練習":

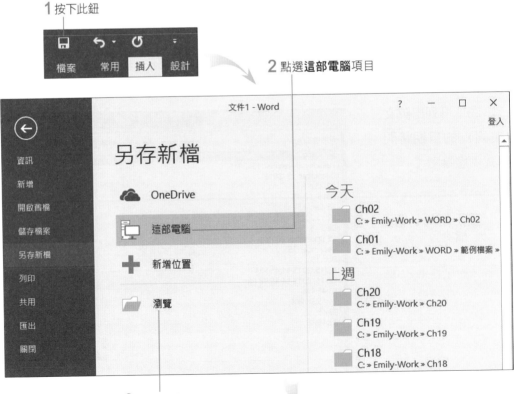

1 按下此鈕

2 點選**這部電腦**項目

3 按下**瀏覽**鈕

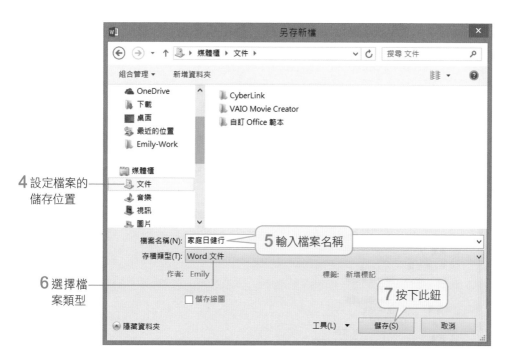

4 設定檔案的
儲存位置

5 輸入檔案名稱

6 選擇檔
案類型

7 按下此鈕

　　存檔後, 當您修改了文件內容, 再次按下**儲存檔案**鈕, Word 就會將修改過後的文件直接儲存。建議您在編輯文件過程中, 經常按一下**儲存檔案**鈕, 或是直接按 `Ctrl` + `S` 快速鍵來儲存文件, 避免發生程式當掉、電腦斷電等情形時, 來不及將文件變更的部份儲存起來。

認識 Word 的檔案格式

　　在儲存檔案時有個很重要的地方要提醒您, 從 Word 2007 開始 (當然包括 Word 2010/2013/2016), Word 的文件格式已更新為 .docx。.docx 檔案格式不僅加強對 xml 的支援性, 更擁有增加檔案效率、縮小檔案體積等優點, 所以當我們儲存檔案時, 預設會儲存成 .docx 格式。

家庭日健行.docx

　　雖然 .docx 有這麼多的好處, 但若將這個檔案格式的文件拿到 Word 2000/XP/2003 等版本開啟, 將面臨無法開啟的命運 (除非是在舊版 Word 中安裝檔案格式相容性套件, 請參考 2-12 頁)。因此, 如果擔心其它電腦無法開啟 .docx 格式的檔案, 建議你將文件儲存成 **Word 97-2003 文件**的 .doc 格式, 確保可直接在其它 Word 版本開啟此份文件。

要另存新檔時, 請切換到**檔案**頁次再按下**另存新檔**項目, 點選**這部電腦**後, 再按下**瀏覽**鈕, 即可在**另存新檔**交談窗中設定要儲存的格式:

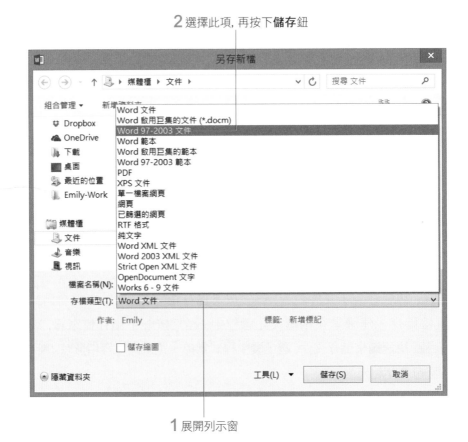

2 選擇此項, 再按下**儲存**鈕

1 展開列示窗

存成 **Word 97-2003 文件**檔案格式後, 在標題列上除了會顯示檔案名稱之外, 還會標示 "[相容模式]" 方便使用者辨認。

這裡要特別提醒您, 將檔案另存成 .doc 格式後, 再使用 Word 2016 的部份功能時, 會發現功能變得比較陽春 (如 SmartArt 圖形), 甚至無法使用 (如插入數學方程式)。

為避免內容遺失, 請檢查檔案的相容性

如果文件中使用了 Word 2000/XP/2003 不支援的功能, 又將文件儲存成 .doc 格式, 那麼在儲存時就會出現如圖的交談窗, 告知您儲存後將會有什麼改變。如下圖的交談窗提醒我們, 文件中的 SmartArt 圖形將轉換成圖片 (表示無法編輯、修改內容):

若仍按下**繼續**鈕儲存, 在 Word 2000/XP/2003 等版本開啟文件時, 將無法編輯圖表的內容 (使用其它新功能時則可能遺失內容), 所以建議您先為文件儲存一份 .docx 的格式, 再轉存成 .doc 格式, 若發現文件內容遺失或需要修改, 都還可以從 .docx 這份文件來補救。

此外, 如果在**另存新檔**交談窗輸入文件的名稱時, 與既有的 Word 文件重複, 此時會出現如右圖的交談窗要您做選擇:

選此項, 新的文件內容將會覆蓋原有的 Word 文件

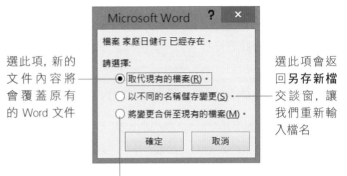

選此項會返回**另存新檔**交談窗, 讓我們重新輸入檔名

選此項可將 2 個相同檔名的文件合併在一起

在舊版 Word 開啟 .docx 格式的文件

若想要在 Word 2000/XP/2003 版本, 開啟 .docx 格式的檔案, 可自行在電腦中安裝檔案相容性套件。請連結到**台灣微軟**網站的**下載中心**網頁 http://www.microsoft.com/zh-tw/download/default.aspx , 以 "FileFormatConverters.exe" 關鍵字來搜尋, 找到該套件的下載位址, 再依網站的說明下載及安裝。

按下此鈕, 即可開始下載及安裝套件

安裝好後, 在 Word 2000/XP/2003 中執行『**檔案/開啟舊檔**』命令, 即可開啟 .docx 格式的檔案。

2-4 開啟既有的檔案與建立新文件

這一節要說明如何開啟已儲存的檔案, 如果忘記檔名、不記得位置, 還可以在**檔案**頁次的**最近**使用的文件中找找看。若要建立新文件, 可選擇要建立空白新文件, 或開啟已設定格式的範本, 一起來學習這些操作吧!

由「檔案」頁次開啟既有的檔案

要開啟現有的文件, 例如剛才儲存的文件, 可切換到**檔案**頁次, 然後按下**開啟舊檔**項目, 點選**這部電腦**項目後再按下**瀏覽**鈕:

1 切換到存放文件的資料夾

2 選擇文件格式, 亦可選擇**所有 Word 文件**

3 選取要開啟的文件

4 按下**開啟**鈕, 文件就會開啟在工作區了

開啟最近編輯過的文件

如果忘記檔案儲存的位置, 還可以到最近編輯過的文件堆中找找看。請同樣切換到**檔案**頁次, 再按下**開啟舊檔/最近**項目, 即可看到最近編輯過的文件列表了:

按下此項目

最近使用的文件清單預設會列出 25 個曾經開啟過的文件, 這 25 個檔案名稱, 會隨著您開啟的檔案依序變換, 例如當您開啟第 26 個檔案時, 最早開啟的檔案就會被替換掉, 依此類推。如果你希望將某個檔案固定顯示在最近使用的文件清單中, 請按下檔案名稱右邊的 鈕, 使其呈 狀, 它將會被固定在清單中, 並排列在最前面, 也不會因為其它檔案的開啟而被替換。

已固定的文件

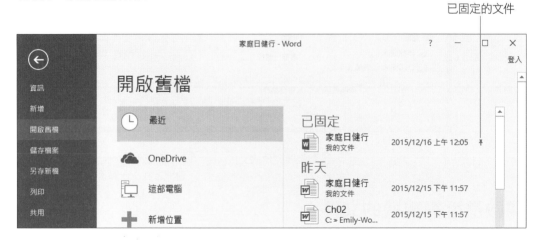

如果想要更改顯示的文件數量可切換到檔案頁次, 再按下左下角的選項, 開啟 Word 選項交談窗切換至進階頁次, 由顯示區的顯示在 [最近的文件] 之文件數進行設定。

從先前離開的地方繼續編輯文件

Word 還有一個「記憶」功能, 它會記住你上次關閉檔案前, 最後編輯的地方。當你再度開啟檔案, 在右側的捲軸會出現「歡迎回來」的訊息, 詢問你是否要從先前離開的地方繼續編輯或閱讀。

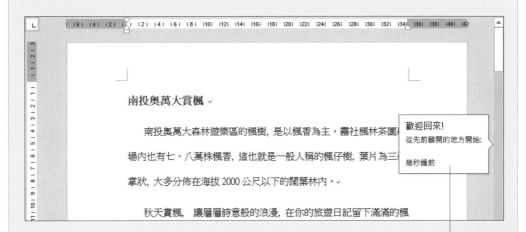

點按此訊息框, 即可回到上次編輯的地方

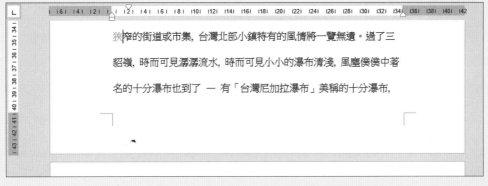

▲ 跳到上次編輯的地方, 可繼續閱讀或修改

建立空白新文件及套用文件範本

當你切換到**檔案**頁次，再按下左側的**新增**，可在右側窗格中選擇現成的文件範本，例如商業傳單、部落格文章、報告設計、教師的課程大綱、年度報告、履歷表、…等，應有盡有！若是這些都不符合你的需求，還可以在最上面的搜尋欄輸入關鍵字，搜尋網路上的 Word 範本。若是要建立一份新的空白文件，那麼請點選**空白文件**項目。

在此輸入關鍵字, 可透過網路尋找及下載更多範本

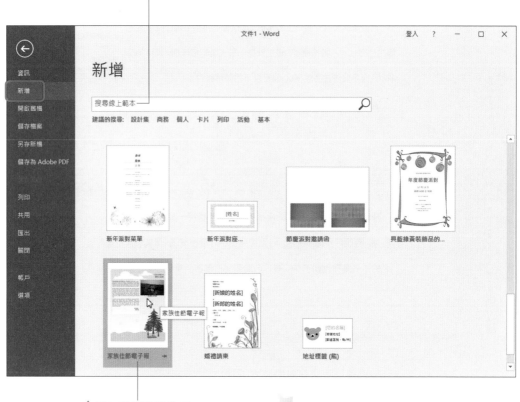

1 例如我們點選此項

按左、右兩側的箭頭可瀏覽上一個/下一個範本

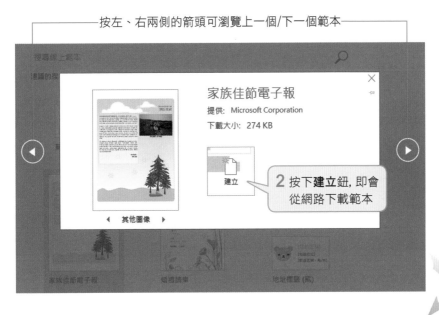

家族佳節電子報

提供: Microsoft Corporation

下載大小: 274 KB

2 按下**建立**鈕, 即會從網路下載範本

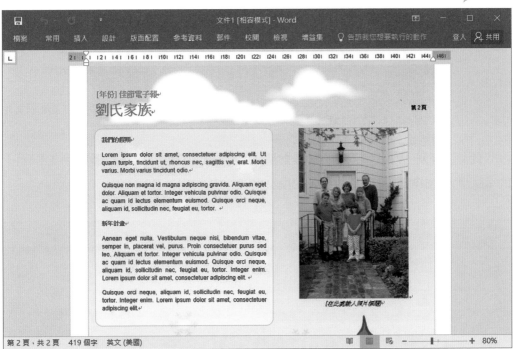

▲ 建立好一份範本了, 你只需要將內容代換成自己的就可以了

 若想要建立空白的文件, 可按下 Ctrl + N 鍵快速建立。

2-5 多份文件的視窗操作

有時候我們會需要同時開啟多份 Word 文件, 例如要彙整不同文件的內容、參考其它文件的資料等, 此時若懂得切換文件視窗的方法, 就能讓工作效率大為提升。

切換 Word 文件

開啟多份文件後, 請切換到**檢視**頁次, 由**切換視窗**鈕來選擇要編輯的文件視窗:

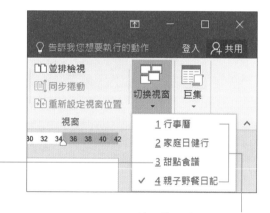

按下要編輯的檔案名稱, 即可切換到該文件

目前一共開啟了 4 份文件

此外, 每個 Word 視窗都有其對應的工作鈕, 您也可以將指標移到工作列上的 圖示, 由對應的檔案名稱來切換文件

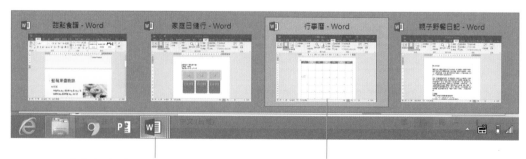

將指標移到縮圖上, 可預覽視窗內容　　按下縮圖可切換至該文件

 若您的作業系統無法顯示縮圖, 亦可按下工作列上對應的檔案名稱來切換至該文件。

並排文件方便比對

　　若是要同時對照多份文件, 或是在不同文件之間進行資料搬移與複製 (搬移與複製的操作可參考第 3 章), 也可以將文件視窗加以排列, 方便進行內容的比對或複製動作。

　　同樣是在**檢視**頁次的**視窗**區中進行設定, 請先開啟 2 份文件並切換到**檢視**頁次, 再按下**並排檢視**鈕, 即可將兩文件垂直排列。

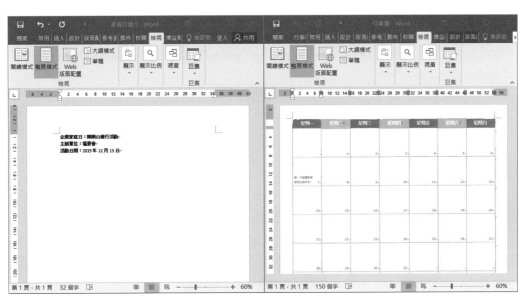

▲ 將兩文件視窗併排

 若按下**並排顯示**鈕 ▭, 可將兩文件視窗水平併排。

用 Word 開啟與 編輯 PDF 檔案

從 Word 2010 開始, 已經可以將 Word 文件儲存成 PDF 檔了, 現在更進一步可讓你直接開啟 PDF 檔並進行編輯, 你不需額外安裝 PDF 的編輯程式, 就能用 Word 輕鬆做編輯。

開啟 PDF 文件, 並轉換成 Word 文件

開啟 Word 後, 請切換到**檔案**頁次, 按下左側的**開啟舊檔**, 再按下**瀏覽**鈕, 選擇 PDF 檔案的儲存位置。

1 切換到檔案所在的資料夾　　2 點選要開啟的 PDF 檔

3 按下**開啟**鈕

4 提醒你轉檔時可能會需要一點時間, 而且轉換後的格式會跟原始的 PDF 有差異, 請按下**確定**鈕, 開始做轉換

轉換檔案時, Word 視窗最下方的**狀態列**會顯
示轉換的進度, 若要取消轉換, 請按 Esc 鍵

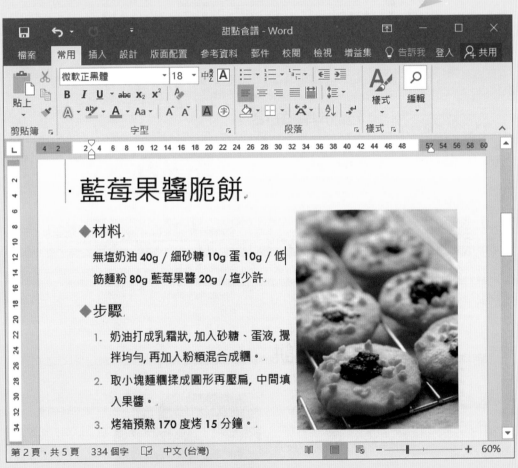

▲ 如果 PDF 文件含有較多圖片, 經轉換後格式及圖片
位置無法像原始 PDF 般準確, 你得再做調整

編輯 PDF 文件

　　將 PDF 檔轉換成 Word 文件後，你可以像編輯一般 Word 文件般，直接做修改，修改後可以儲存成 Word 檔，或是在**另存新檔**交談窗中，從**存檔類型**列示窗中，選擇 **PDF** 儲存成 PDF 格式。

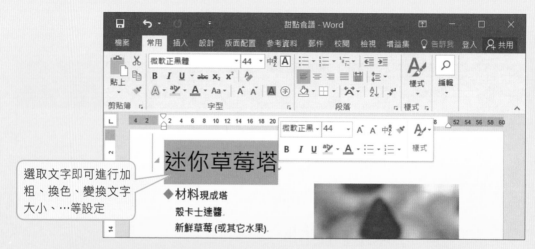

選取文字即可進行加粗、換色、變換文字大小、…等設定

圖片或表格也都可以任意編輯或調整

3 快速編輯一份
完整的文件

學會了 Word 的基本操作後，本章將介紹文字的選取、搬移複製的方法，以及改變文字的外觀、調整行距與段落的縮排、復原前一個操作的技巧，還有尋找和取代字串的方法，並介紹列印文件的各種設定，讓您完成一份文件。

- 選定要設定的文字、行和段落
- 設定文字格式
- 調整段落的縮排、對齊和行距
- 搬移與複製文字的操作
- Office 剪貼簿－收集多筆資料再貼上
- 復原與重複操作的功能
- 尋找與取代字串
- 列印文件

3-1 選取要設定的文字、行和段落

當我們要設定文件中部份文字的字型、顏色時, 必須先選取要設定的文字, 讓 Word 知道要處理的對象是誰。因此在介紹所有的設定前, 我們先來學會如何選取欲處理的對象。

選取文字再編輯內容

選取文字最簡單的方法, 就是直接用滑鼠拉曳來選取。請先建立一份新文件, 並隨意輸入幾個文字 (或是輸入如下圖的文字), 我們來練習選取的操作:

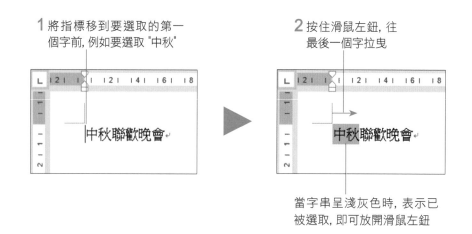

1 將指標移到要選取的第一個字前, 例如要選取 "中秋"

2 按住滑鼠左鈕, 往最後一個字拉曳

當字串呈淺灰色時, 表示已被選取, 即可放開滑鼠左鈕

在文件中任一處按鈕, 可取消選定狀態。

選取文字後, 會自動顯示**迷你工具列**, 方便我們就地設定文字格式;若將滑鼠移開選取範圍, 工具列會自動隱藏起來。由於此處暫時不需要設定格式, 待稍後學會文字的格式設定, 再使用此工具列進行設定。

選取文字後若是輸入文字, 將會取代被選定的文字；按下 Delete 鍵則可將選定的文字刪除。假設我們要將 "中秋聯歡晚會" 改成 "歲末晚會"。

1 選取 "中秋"

2 輸入 "歲末"

3 按下 Delete 鍵刪除 "聯歡"

修改完成！

迅速選取整行、段落

選定的對象有時是字、句子, 有時是行、段落, 甚至整篇文章。如果純粹使用拉曳法的方式來選取的話, 當要選定 10 行、20 行的文字內容時, 就會有些力不從心, 所以接下來我們要介紹快速選定句子、段落的技巧。請開啟範例檔案 Ch03-01 來練習。

選取整行

當我們要選取以「行」為單位的文字內容, 可利用**選取長條**來輕鬆選取：

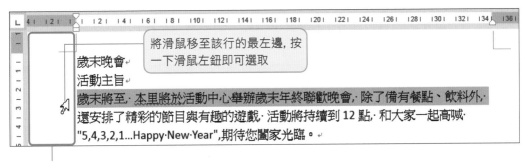

將滑鼠移至該行的最左邊, 按一下滑鼠左鈕即可選取

這裡就是**選取長條**區

若要選取多行文字, 請在**選取長條**區從第 1 行開始按住滑鼠左鈕, 由上往下拉曳至選取的最後一行。

選取段落

要選取整個段落時, 將指標移至段落中任一處, 連按 3 下滑鼠左鈕, 可迅速選取整個段落；另一個方法是將滑鼠移到**選取長條**區, 當指標呈 ⤶ 狀時, 雙按滑鼠左鈕也可以選取整個段落。

方法 1：將指標移至要選取段落中的任何一處, 連按 3 下滑鼠左鈕

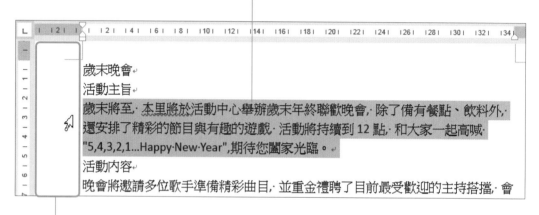

方法 2：在**選取長條**區雙按滑鼠左鈕

除了上述介紹的方法外, 以下再列出選取不同範圍的小技巧：

選取的對象	選取的方法
中文詞彙或英文單字	雙按滑鼠左鈕
以句點、問號、驚嘆號等結束的一段文字	按住 Ctrl 鍵 + 滑鼠左鈕
由插入點到滑鼠點選之間的文字	按住 Shift 鍵 + 滑鼠左鈕
整份文件	方法 1：在**選取長條**區連按 3 下滑鼠左鈕 方法 2：按 Ctrl + A 快速鍵

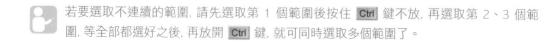 若要選取不連續的範圍, 請先選取第 1 個範圍後按住 Ctrl 鍵不放, 再選取第 2、3 個範圍, 等全部都選好之後, 再放開 Ctrl 鍵, 就可同時選取多個範圍了。

3-2 設定文字格式

除了輸入文字外, 適時的為文字設定格式, 更能達到強調及美化的作用, 例如可為標題設定比內文大的字級、為想強調的重點變換顏色等, 只要稍加變化就能讓標題、重點更為醒目。

想要改變文字的外觀, 可利用**常用**頁次中**字型**區的工具鈕來進行設定。底下為您介紹**字型**區中最常用到功能。

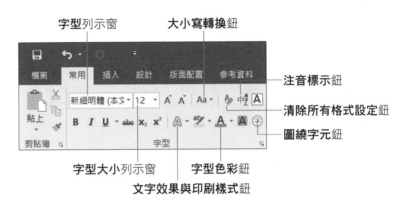

- 字型列示窗 新細明體 ▼：拉下此列示窗, 可為選取的文字設定字型。當我們選取文字, 再拉下列示窗將指標移至字型名稱上時, 可預覽文字套用字型的結果。

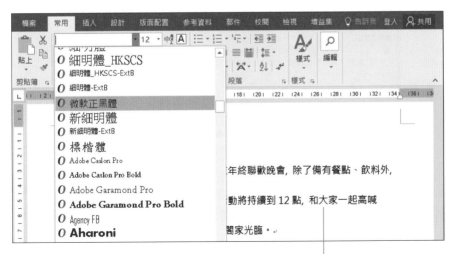

選取文字再將指標移至**微軟正黑體**字型上, 即可預覽結果

● 字型大小列示窗 `12 ▾`：拉下此列示窗, 可選取字級大小, 亦可直接在此欄鍵入
數值自訂字級大小, 且與**字型**列示窗一樣具有預覽的功能。

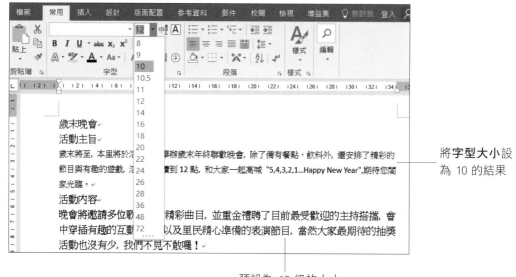

將**字型大小**設
為 10 的結果

預設為 12 級的大小

● 注音標示鈕 `中ㄭㄡ`：選取文字後按下此鈕, 會開啟**注音標示**交談窗, 可為選取的文
字加上注音標示。

預設的注音標示, 亦
可自行更改讀音

若選取多個文字, 這裡會
逐一列出每個字的讀音

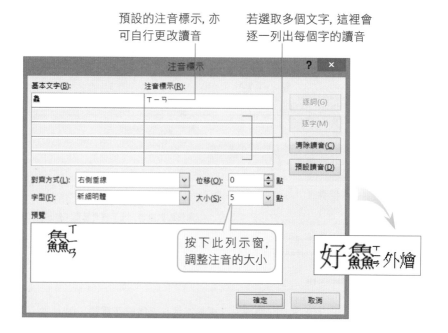

按下此列示窗,
調整注音的大小

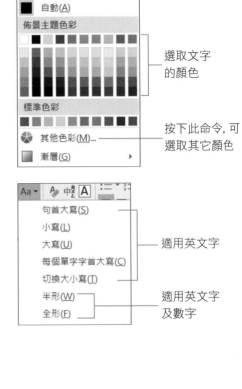

- **字型色彩**鈕 ：按下工具鈕旁的下拉鈕，可選取要套用的文字顏色。

- **清除所有格式設定**鈕 ：清除目前選取文字的所有格式，若不清楚文字設定了什麼格式，可利用此鈕清除文字格式再重新設定。

選取文字的顏色

- **大小寫轉換**鈕 ：按下右邊的下拉鈕，可選擇要使用的大、小寫設定。

按下此命令，可選取其它顏色

- **圍繞字元**鈕 ：按下此鈕會開啟**圍繞字元**交談窗，讓我們設定圍繞文字。

句首大寫(S)
小寫(L)
大寫(U)
每個單字字首大寫(C)
切換大小寫(T)

適用英文字

半形(W)
全形(F)

適用英文字及數字

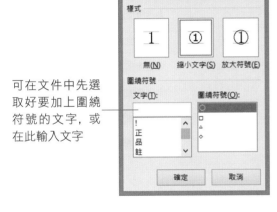

可在文件中先選取好要加上圍繞符號的文字，或在此輸入文字

- **文字效果與印刷樣式**鈕 ：為選取的文字設定特殊樣式，包括**陰影、反射、光暈**等效果，若套用在標題上可達到突顯的作用。

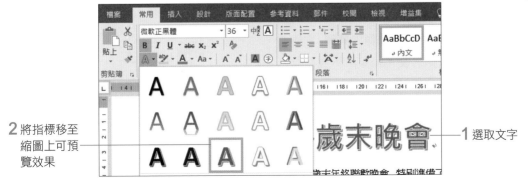

2 將指標移至縮圖上可預覽效果

1 選取文字

我們再將可直接套用的工具鈕及效果列於下表, 方便您在設定時選用。這些按鈕都有一個相同的特性, 當你選取文字並按下按鈕時, 文字就會套用效果；取消時請同樣選取文字, 再按一次按鈕就能取消。

 範例中淡灰色部份為設定時選取的文字範圍。

按鈕	作用	範例
A 字元框線鈕	替文字加上外框	為健康加油 → 為健康加油
B 粗體鈕	可使文字變粗	為健康加油 → 為健康**加油**
I 斜體鈕	使文字向右傾斜	為健康加油 → 為健康*加油*
U ▾ 底線鈕	替文字加上底線	為健康加油 → 為健康加油
abc 刪除線鈕	替文字加上刪除線	為健康加油 → 為健康加油
x₂ 下標鈕	將文字設為下標字	為健康加油 2 → 為健康加油 ₂
x² 上標鈕	將文字設為上標字	為健康加油 2 → 為健康加油 ²
aᵇ✓ ▾ 文字醒目提示色彩鈕	為文字加上類似螢光筆的醒目標示	為健康加油 → 為健康加油
A 字元網底鈕	替文字加上網底	為健康加油 → 為健康加油
A˄ 放大字型鈕	會放大字級	為健康加油 → 為健康加油
A˅ 縮小字型鈕	會縮小字級	為健康加油 → 為健康加油

 除了一次選取一個文字範圍來設定格式外, 我們也可以配合 **Ctrl** 鍵, 一次選取多個不連續的文字範圍來設定。

善用「迷你工具列」設定文字格式

在選取文字時, 只要將指標移至選取範圍上, 就會自動顯示**迷你工具列**, 方便你進行一般常用的文字設定。下次要進行格式設定時, 記得多加利用哦！

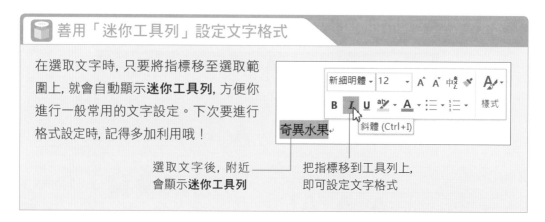

選取文字後, 附近會顯示**迷你工具列**

把指標移到工具列上, 即可設定文字格式

3-3 調整段落的縮排、對齊和行距

學會了文字的格式設定, 我們再來學習調整段落的外觀, 包括左右縮排設定、段落縮排設定、調整段落的對齊方式, 以及變更行與行的距離等, 透過這些段落設定, 更能提升文件整體的專業程度。

認識段落和段落標記

在學習設定的方法之前, 我們先來釐清 Word 中「段落」的概念。「段落」是一串文字、圖形或符號, 最後再加上一個 Enter 鍵的組合, 在 Word 中是以「段落標記」 ↵ 做為一個段落的結束記號。

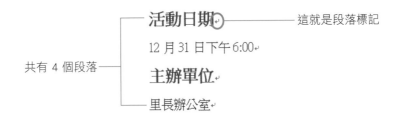

每當我們按一次 Enter 鍵, 不但會往下多加一行, 插入點之後還會加上一個「段落標記」; 換言之, 每按一次 Enter 鍵, 就會新增一個段落。因此, 「段落標記」會標明本段的結尾處, 同時也是本段與下段的分界。一旦刪除此標記, 則本段會與下段合併。

 如果沒看到段落標記, 請確認**常用**頁次**段落**區中的**顯示/隱藏編輯標記**鈕 ↵ 是否已啟用。

設定左右縮排、首行縮排

想要了解紙張的邊界與文字區域的位置, 你得將**尺規**顯示出來才能清楚查看。由於在**整頁模式** 📖 下預設不會顯示尺規, 所以請切換到**檢視**頁次的**顯示**區, 勾選**尺規**項目。

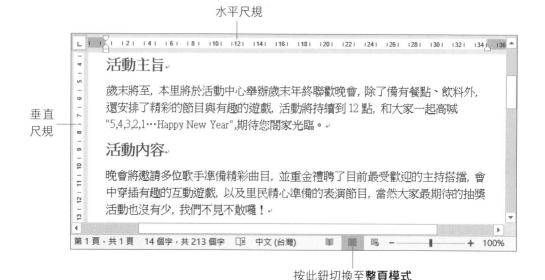

水平尺規

垂直尺規

按此鈕切換至**整頁模式**

我們先來看看稍後設定的成果：

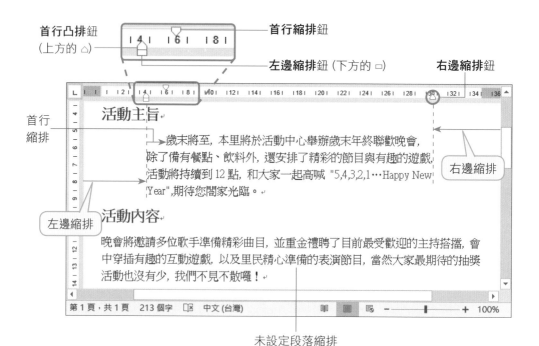

首行凸排鈕（上方的 △）

首行縮排鈕

左邊縮排鈕 (下方的 □)

右邊縮排鈕

首行縮排

右邊縮排

左邊縮排

未設定段落縮排

以工具鈕設定段落的左右縮排

左右縮排的文字量是由文字區域的左右邊界算起, 我們可以透過**常用**頁次內**段落**區中的**減少縮排**鈕 、**增加縮排**鈕 來控制段落的縮排效果。

請開啟範例檔案 Ch03-02 來一同練習。假設要調整 "歲末..." 段落的左右縮排, 先將插入點移至段落中:

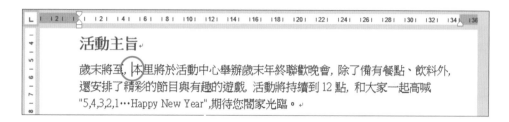

連按兩下**增加縮排**鈕 , 每按一次按鈕, 整段即向右縮排一個字, 所以現在整段向右縮排了兩個字:

移動縮排鈕位置設定段落縮排

經由尺規上的**左邊縮排**鈕、**右邊縮排**鈕, 也可以設定段落文字的左右邊界。請接續上例, 將插入點移至該段落中的任一處, 再拉曳尺規上**左邊縮排**鈕 (左側長方形符號 □) 至約刻度 4 的位置。

此時**首行縮排**鈕與**首行凸排**鈕會同步移動。接著, 再將**右邊縮排**鈕向左拉曳至約刻度 30 的位置。

文字在刻度 4 與刻度 30 之間重新排列

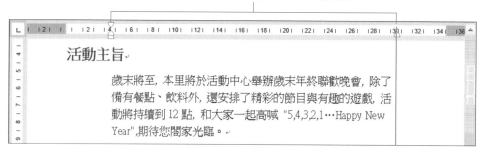

設定段落的首行縮排效果

學會段落的左右縮排後, 再來看看如何設定首行的縮排效果。請確認插入點已在 "歲末..." 段落, 按住**首行縮排**鈕 (左側倒三角符號) 再向右拉曳至約刻度 6 的位置。

此段的第 1 行立即向內縮排了

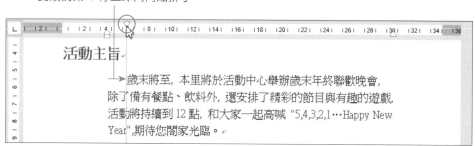

設定第 1 行向左突出的排列效果

若要讓段落的第 1 行向左側突出排列, 即**首行凸排**效果, 只要將插入點移至該段的任一處, 然後拉曳**首行縮排**鈕 (左側倒三角符號) 至**首行凸排**鈕 (左側下方三角符號) 的左側, 就會產生首行凸排的版面了。

首行凸排
的效果

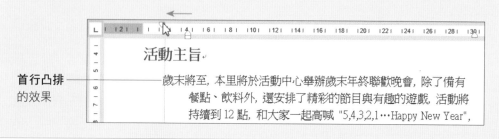

設定段落的對齊方式

透過**段落**區中的**置中**鈕 、**靠左對齊**鈕 、**靠右對齊**鈕 、**左右對齊**鈕 與**分散對齊**鈕 ，我們可以調整段落的對齊方式。

 在還沒做任何設定的情況下，Word 會將段落設定為**靠左對齊**。

請重新開啟範例檔案 Ch03-02，由於 "歲末..." 段落中含有英文、半形逗點及數字，所以段落結尾不太整齊，我們利用對齊方式來改善這個情況。先將插入點移至該段落中，再按下**左右對齊**鈕 ：

活動主旨↵

歲末將至，|本里將於活動中心舉辦歲末年終聯歡晚會，除了備有餐點、飲料外，還安排了精彩的節目與有趣的遊戲，活動將持續到 12 點，和大家一起高喊 "5,4,3,2,1⋯Happy New Year"，期待您闔家光臨。↵

活動主旨↵

歲末將至，|本里將於活動中心舉辦歲末年終聯歡晚會，除了備有餐點、飲料外，還安排了精彩的節目與有趣的遊戲，活動將持續到 12 點，和大家一起高喊 "5,4,3,2,1⋯Happy New Year"，期待您闔家光臨。↵

▲ 段落**左右對齊**的效果

上述的練習是改變單一段落的對齊方式，如果想要同時改變多個段落，例如想將每個標題都置中對齊，可先按住 Ctrl 鍵，選定全部要設定的標題段落，再設定對齊方式。

調整行與行的距離

行與行的距離在 Word 稱為**行距**, 如果想要設定某段落內文字的行距, 只要將插入點移至該段落即可；若想要設定好幾個段落文字的行距, 則可以先選取數個段落, 再進行設定。

接續上例, 請將插入點移至 "歲末⋯" 段落, 再按下**行距與段落間距**鈕 旁的下拉鈕, 選定想要調整的行距大小：

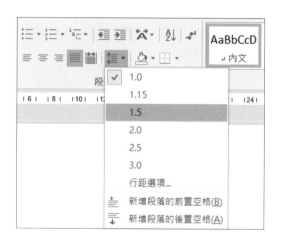

活動主旨↵

歲末將至, 本里將於活動中心舉辦歲末年終聯歡晚會, 除了備有餐點、飲料外, 還安排了精彩的節目與有趣的遊戲, 活動將持續到 12 點, 和大家一起高喊 "5,4,3,2,1⋯Happy New Year",期待您闔家光臨。↵

▲ 行距 1.0

活動主旨↵

歲末將至, 本里將於活動中心舉辦歲末年終聯歡晚會, 除了備有餐點、飲料外,

還安排了精彩的節目與有趣的遊戲, 活動將持續到 12 點, 和大家一起高喊

"5,4,3,2,1⋯Happy New Year",期待您闔家光臨。↵

▲ 行距 1.5, 行距加大了

3-4 搬移與複製文字的操作

在編輯文件時, 複製和搬移都是經常發生的動作, 這裡我們介紹「剪貼法」和「拉曳法」兩種方式, 來搬移或複製文字, 省去重複輸入相同文字、設定格式的麻煩。

利用工具鈕搬移與複製文字

首先我們來介紹「剪貼法」。在**常用**頁次的**剪貼簿**區中有 3 個按鈕是運用剪貼法搬移、複製時不可或缺的工具:

● 剪下鈕 ✂ : 會將選定的文字拷貝到 **Office 剪貼簿**裡, 並將原選定文字刪除。

Office 剪貼簿是 Office 剪下、複製時, 暫存資料的地方。

● 複製鈕 📋 : 會將選定的文字拷貝到 **Office 剪貼簿**裡, 且保留原選定文字。

● 貼上鈕 📋 : 會將上一次剪下或複製的內容, 加在插入點所在的位置。

搬移文字＝剪下文字再貼上

搬移的動作相當於先「剪下」再「貼上」, 請同樣利用範例檔案 Ch03-02, 和我們進行以下的練習。

STEP 01　我們要編輯文件最後 "晚會節目" 的內容, 請先選取如圖的 "成果發表" 字串:

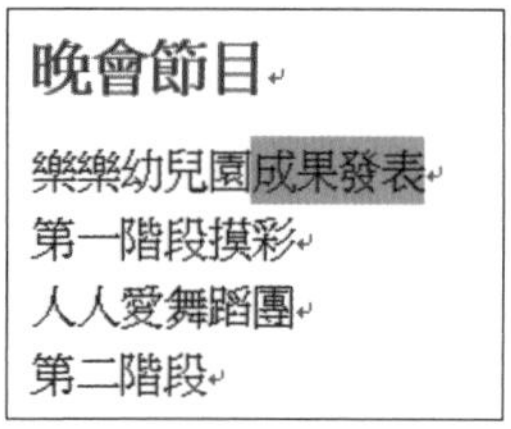

> **晚會節目**
> 樂樂幼兒園成果發表
> 第一階段摸彩
> 人人愛舞蹈團
> 第二階段

STEP 02　按下**剪下鈕** ✂ , 被選定的字串會因被剪下而消失。請再將插入點移至如圖 "舞蹈團" 之後:

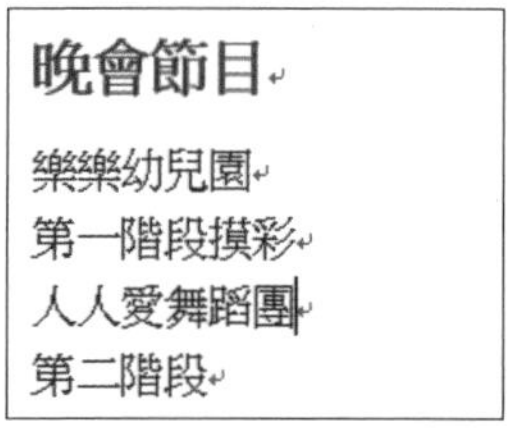

> **晚會節目**
> 樂樂幼兒園
> 第一階段摸彩
> 人人愛舞蹈團
> 第二階段

03 按下**貼上鈕** ，剛剛剪下的文字便會出現在插入點之前：

> 晚會節目↵
>
> 樂樂幼兒園↵
> 第一階段摸彩↵
> 人人愛舞蹈團成果發表↵
> 第二階段↵　　　　　 (Ctrl) ▾

完成貼上動作時, 插入點附近會自動顯示**貼上選項**按鈕 (Ctrl) ▾, 可設定貼上時是否要套用格式。

複製文字＝複製文字再貼上

複製的動作相當於先「複製」再「貼上」。例如我們要把上例中的 "成果發表" 複製到原來的位置, 請用滑鼠選定該字串, 再按下**複製鈕** 。

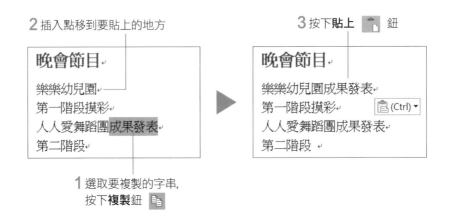

2 插入點移到要貼上的地方

3 按下**貼上** 鈕

> 晚會節目↵
>
> 樂樂幼兒園↵
> 第一階段摸彩↵
> 人人愛舞蹈團成果發表↵
> 第二階段↵

▶

> 晚會節目↵
>
> 樂樂幼兒園成果發表↵
> 第一階段摸彩↵　 (Ctrl) ▾
> 人人愛舞蹈團成果發表↵
> 第二階段 ↵

1 選取要複製的字串, 按下**複製鈕**

用滑鼠拉曳搬移與複製文字

如果要搬移、複製的目的位置, 與原來的位置距離不遠, 我們還可以直接用滑鼠拉曳的方式來完成搬移和複製的動作。

拉曳文字到目的位置

請您利用同樣的範例檔案來練習。我們要將 "摸彩" 字串, 搬到 "第二階段" 後面：

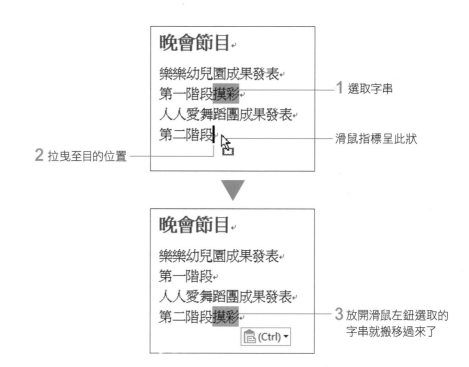

1 選取字串

滑鼠指標呈此狀

2 拉曳至目的位置

3 放開滑鼠左鈕選取的字串就搬移過來了

複製文字到目的位置

再來試試用滑鼠拉曳來進行複製。我們要將剛才的 "摸彩" 字串, 複製到原來的位置：

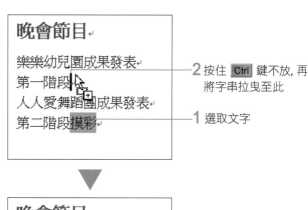

2 按住 Ctrl 鍵不放, 再將字串拉曳至此

1 選取文字

3 到達目的後, 先放開滑鼠左鈕再放開 Ctrl 鍵

選定文字會複製到插入點處, 原先的文字也還在

搬移與複製除了可以在同一份文件內進行外, 還可以跨文件做資料的共享、交換。

「貼上選項」按鈕

在搬移、複製的動作完成時，您會發現目的地附近出現了一個小按鈕  ，這是 Word 的貼心設計哦！這個按鈕叫做**貼上選項**按鈕，它會在您進行貼上、複製時自動出現，目的是方便您選擇如何套用文字的格式化設定。若您不需要設定文字的格式，也可以不理它，待我們進行下一個動作時，此按鈕就會自動消失了。

底下仍以範例檔案 Ch03-02 來說明。我們要將有粗體、藍色效果的 "晚會節目" 字串，複製到下方墨綠色文字的段落中，那麼套用**貼上選項**按鈕後會產生什麼效果呢？請看以下的說明。

下表列出套用**貼上選項**按鈕 3 個選項的結果：

選項	說明	示範
📋 保持來源的格式設定	即不改變剪下或複製文字的格式設定	晚會節目 樂樂幼兒園成果發表 晚會節目第一階段摸彩 人人愛舞蹈團成果發表
📋 合併格式設定	保留原來的格式設定，再套用目的地的文字格式	晚會節目 樂樂幼兒園成果發表 晚會節目第一階段摸彩 人人愛舞蹈團成果發表
📋 只保留文字	設定為純文字，再套用目的地的格式	晚會節目 樂樂幼兒園成果發表 晚會節目第一階段摸彩 人人愛舞蹈團成果發表

若原始格式中包含**粗體**、**斜體**、**底線**，或是**上**、**下標**的效果，選擇**合併格式設定**項目將會保留其格式設定，再套用目的地的其它格式；其它像字型大小、字型色彩、刪除線、陰影等效果則不會被保留，一律直接套用目的地格式。

3-5 Office 剪貼簿 — 收集多筆資料再貼上

上一節我們提到, 被剪下或複製的資料, 會先存放在 **Office 剪貼簿**中, 這一節我們就為您說明各種操作技巧, 著實讓 **Office 剪貼簿**成為您編輯文件的好幫手。

Office 剪貼簿一共可以容納 24 筆來自各個 Office 軟體複製或剪下的資料項目, 讓您可以一次先將資料項目收集齊全以後, 再進行貼上的動作。按下**常用**頁次下**剪貼簿**區右下角的 鈕, 視窗的左側就會開啟**剪貼簿**窗格。

收集資料項目

當**剪貼簿**窗格顯示出來以後, 便可開始進行資料的收集。請接續上例來練習：

STEP 01 請先選取要複製的字串, 然後按下**常用**頁次中的**複製**鈕, 即可將此字串收集到 **Office 剪貼簿**中：

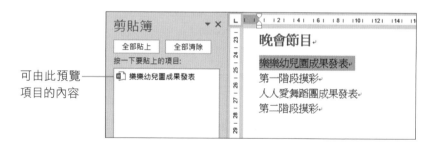

可由此預覽—— 項目的內容

STEP 02 接著要繼續收集第 2 個字串。請改選 "第一階段..." 字串, 同樣按下**複製**鈕, 將資料收集到 **Office 剪貼簿**裡：

新增加的資料項目會顯——示在最上面

重複如上的操作, 即可依序將文字都複製到 **Office 剪貼簿**中。若 **Office 剪貼簿**中已經記錄了 24 筆資料項目, 此時我們又複製或剪下另一個資料項目時, **Office 剪貼簿**就自動將最新收集的資料項目覆蓋掉第 1 筆資料項目, 如此循環不已。

貼上 Office 剪貼簿的資料項目

當資料收集齊全以後, 就可以進行貼上的工作了。我們想要將 **Office 剪貼簿**中的 "第一階段摸彩" 貼入文件中, 可如下操作:

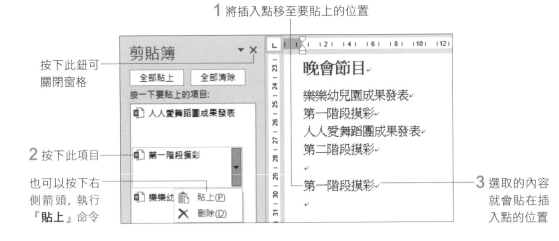

1 將插入點移至要貼上的位置

按下此鈕可關閉窗格

2 按下此項目

也可以按下右側箭頭, 執行『貼上』命令

3 選取的內容就會貼在插入點的位置

 「Office 剪貼簿」與「貼上」鈕的關係

當您收集了一些資料項目後, 若按下**貼上**鈕, 此時貼上的會是 **Office 剪貼簿**中收集的最後一筆資料 (即**剪貼簿**窗格中最上面的那個項目); 若您已貼上**剪貼簿**窗格中的任一個資料項目後, 再按下**貼上**鈕, 則貼上的會是您最後一次從**剪貼簿**窗格貼上的資料項目。

 若要一次將所有的資料項目貼入文件中, 請按下**剪貼簿**窗格中的**全部貼上**鈕。

清除 Office 剪貼簿的資料項目

若想要清除 **Office 剪貼簿**中的某個資料項目, 請按下資料項目右方的下拉鈕執行『**刪除**』命令, 即可刪除此筆資料項目; 若想一次將 **Office 剪貼簿**中的資料項目全都刪除, 只要按下**全部清除**鈕即可。

3-6 復原與重複操作的功能

編輯文件時若執行了錯誤的操作, 只要立即進行復原, 就不用重頭來過了, 這是編輯過程中一定要會的操作; 若有需要再次執行的動作, 也只要利用**重複**功能, 就能迅速再做一次。

首先來認識**復原**與**重複**按鈕的位置及作用, 我們會在**快速取存工具列**上看到**復原鈕** 與**重複鈕** 。

如果沒看到這兩個按鈕, 請參考第 1 章的說明, 將這 2 個按鈕加入**快速存取工具列**中。

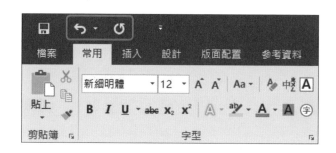

● **復原鈕** :可復原 (取消) 上一個動作。

● **重複鈕** :可重做上一個動作; 若執行了復原的操作, 此鈕的作用會是**取消復原**, 按下此鈕可取消復原的動作。

例如在編輯文件時, 將一整段的文字刪除之後, 可按下 來復原刪除的動作 (或是按下 Ctrl + Z 快速鍵); 若仔細想想還是要刪除, 就可以按下 鈕來取消剛才執行的復原動作。

如果在執行一連串的動作之後, 才後悔想要回復這些操作, 可按下**復原鈕** 右側的下拉鈕, 由其中的命令回復操作。請建立一份新文件, 和我們一起進行以下的練習。

STEP 01 我們在新文件上輸入 "快報" 二字。

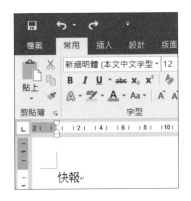

STEP 02 按下 🔄 鈕會重做上一個動作, 因此會再輸入一個 "報" 字。

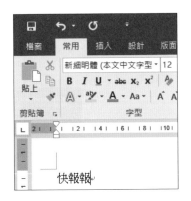

STEP 03 拉下**復原**列示窗, 按下剛才的『**鍵入**』動作, 即可復原至輸入 "快報" 2 字的狀態。

1 拉下**復原**列示窗

2 復原**鍵入**動作

復原至一開始輸入的狀態了

　　在此我們要特別提醒您, 無論是復原之前執行的哪一個動作, 都必須先從上一個動作開始往前復原, 無法跳著回復到上一個動作之前的某個動作。

3-7 尋找與取代字串

如果我們要在一篇文章中尋找或是替換某一字串, 使用 Word 提供的「尋找與取代」功能, 將可替您節省不少寶貴的時間哦!

尋找字串

STEP 01 請開啟範例檔案 Ch03-03, 我們要在這份文件當中尋找 "點按" 這個字串, 確認目前在**常用**頁次, 按下功能區最右邊**編輯**鈕的向下箭頭, 執行『**尋找**』命令。

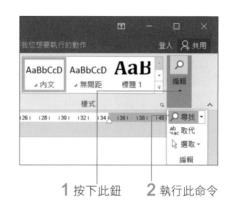

1 按下此鈕   **2** 執行此命令

STEP 02 開啟**導覽**窗格後, 如下輸入 "點按" 字串, 輸入時便會自動開始進行搜尋:

1 在此輸入要搜尋的字串

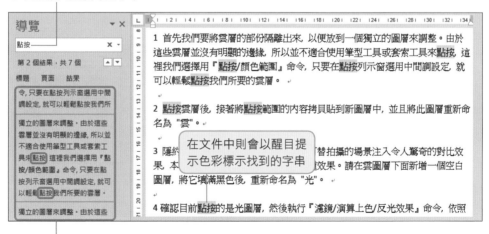

2 此處會依序顯示搜尋到的字串及其前後文摘要, 目標字串會以粗體顯示

STEP 03 選擇**導覽**窗格中搜尋到的字串, 右邊文件窗格會以不同顏色標示該字串, 方便您尋找。

按下此箭頭, 還可搜尋圖形、表格、…等其他選項

文件中該字串會以不同的顏色標示

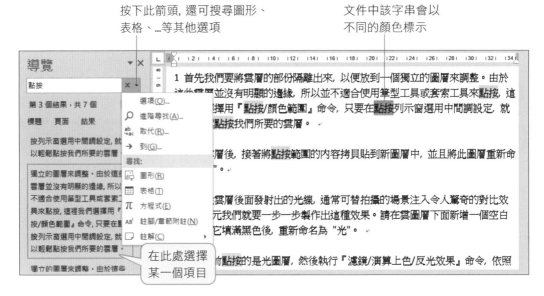

在此處選擇某一個項目

STEP 04 在**導覽**窗格中切換到**頁面**頁次, 可以用頁面縮圖預覽字串的位置。

接著要介紹的**尋找及取代**交談窗中也有**尋找**頁次, 亦可在其中輸入要搜尋的字串搜尋。此外, 按下**尋找及取代**交談窗中的**更多**鈕, 會展開交談窗的下半部, 讓我們設定更多的搜尋條件, 如果需要設定更精準的條件, 可由此進行設定。

按此鈕可關閉窗格

切換到此頁次

可瀏覽搜尋到的字串在頁面中的位置

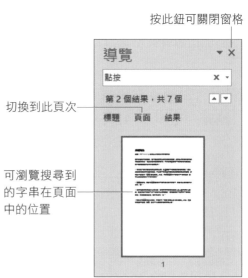

取代字串

除了尋找功能外, Word 還提供了取代功能, 讓我們可以將尋找到的字串以另一個字串來代替。我們同樣以 Ch03-03 為例, 教您如何將文件內的 "點按" 字串取代成 "選取" 字串。

STEP 01　請按下**編輯**鈕的向下按鈕, 執行『**取代**』命令, 會開啟**尋找及取代**交談窗, 並自動切換至**取代**頁次:

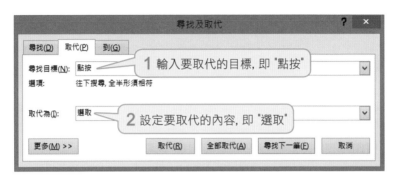

STEP 02　先按下**尋找下一筆**鈕, 讓 Word 在文件中標示出找到的字串, 如果確定是我們想要取代的內容, 就按下**取代**鈕; 如果不需要取代, 就再按下**尋找下一筆**鈕, 繼續往下尋找, 此例請按下**取代**鈕。

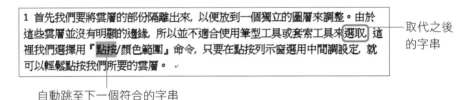

繼續以相同的方式往下尋找, 就能逐一過濾文件中的 "點按" 字串並決定是否要以 "選取" 取代。如果想一次替換文件中所有符合的字串, 請在設定完成後按下**全部取代**鈕, 完成後還會出現訊息窗說明共有幾個字串被取代。這也是在編輯文件時常用的一個技巧喔:

3-8 列印文件

完成文件編修後，接著就是把文件列印出來，Word 可以讓您在列印之前先確認實際列印出來的版面，並可調整列印方向與紙張大小…等，然後再列印出來，就不會因印錯而浪費紙張了。

要列印文件，首先必須外接一台印表機，然後開啟欲列印的文件，再切換到**檔案**頁次按下**列印**項目，並依照實際需求設定好下圖各選項內容：

按**列印**鈕即可列印

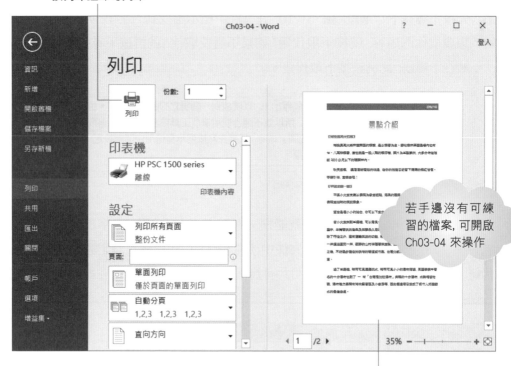

若手邊沒有可練習的檔案，可開啟 Ch03-04 來操作

此處可預覽實際列印出來的版面

以下分別介紹**列印**頁面各區塊的設定。

指定要使用的印表機及列印份數

在**列印**區可設定要印出幾份文件，若電腦上有安裝多台印表機，則可指定要使用哪台印表機列印：

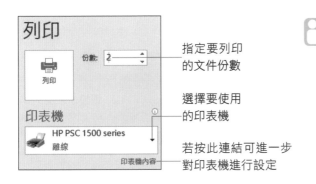

指定要列印的文件份數

選擇要使用的印表機

若按此連結可進一步對印表機進行設定

開啟 Word 執行第一次列印時, 會以您安裝的預設印表機做為實際列印的印表機, 除非您之前沒有安裝印表機, 則會沿用系統預設的印表機 (Microsoft XPS Document Writer), 不過它並不是一台真正的印表機, 而是將文件轉成 XPS 格式的檔案。

「設定」區的列印選項

除了指定要使用的印表機及列印份數之外, 還可以在**設定**區進一步指定要列印文件的哪些部份、要使用的紙張大小、設定自動分頁… 等。

指定列印範圍

此處可設定要列印文件的哪些部份:

按此鈕設定列印的範圍, 預設會列印整份文件

若只要列印特定幾頁, 則可在**頁面**欄指定要列印的頁數

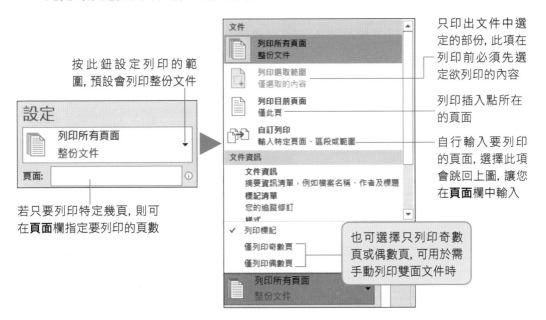

只印出文件中選定的部份, 此項在列印前必須先選定欲列印的內容

列印插入點所在的頁面

自行輸入要列印的頁面, 選擇此項會跳回上圖, 讓您在**頁面**欄中輸入

也可選擇只列印奇數頁或偶數頁, 可用於需手動列印雙面文件時

在**頁面**欄位可以逗號分隔, 輸入要列印的頁數, 如 "2,5,8,11", 或指定連續幾頁如 "4-10", 亦可混合使用, 如 "5,8-10,13"。若輸入 "10-" 則表示從第 10 頁開始列印到最後。

提示手動雙面列印

　　如果印表機不提供自動翻面以列印雙面文件功能時, 可以選擇**手動雙面列印**項目, 這樣 Word 會在要列印第 2 面時, 提示您重新放入紙張。

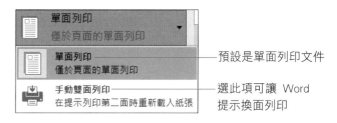

單面列印 — 預設是單面列印文件

手動雙面列印 — 選此項可讓 Word 提示換面列印

設定列印多份文件時的排列方式

　　列印多份文件時, 可設定是否要**自動分頁**：

自動分頁 — 選擇此項會根據頁碼列印完一份完整的文件後, 再列印第二份

未自動分頁 — 將每一份的第一頁全部印完, 再印下一頁

指定列印方向及紙張大小

　　如果希望文件以橫向方式列印, 可在此處設定：

此處可選擇文件要直印或橫印

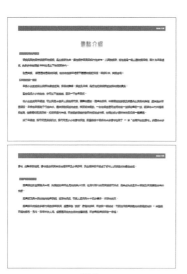

橫印

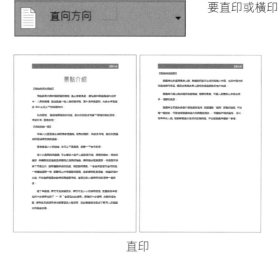

直印

若打算將文件列印在特殊開數的紙張上, 亦可自行設定：

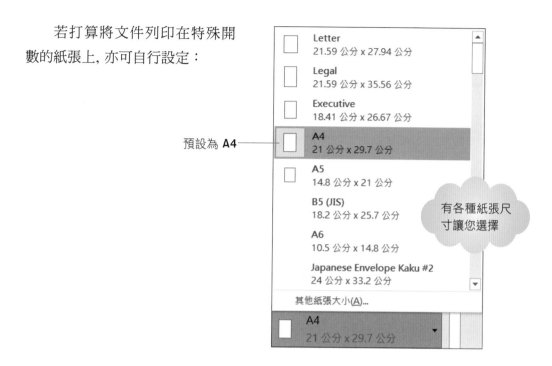

預設為 **A4**

有各種紙張尺寸讓您選擇

設定邊界 (紙張四周留白的大小)

由列示窗可選擇想要套用的邊界範本：

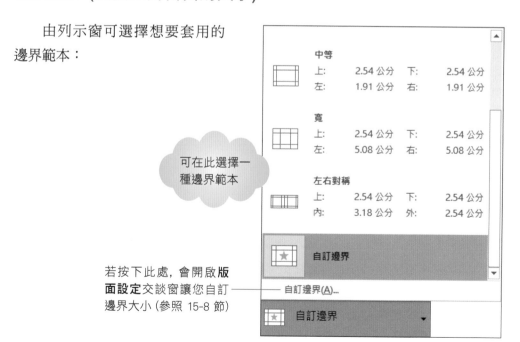

可在此選擇一種邊界範本

若按下此處, 會開啟**版面設定**交談窗讓您自訂邊界大小 (參照 15-8 節)

選擇在一張紙上要列印幾頁

您可選擇在一張紙上列印出多個頁面, 或用不同的紙張大小來調整列印比例:

也可選擇不同的紙張大小來設定列印比例

在一張紙上列印的文件頁數, 若超過一頁則文件會依選擇的頁數自動調整以「直向」或「橫向」列印

每張 1 頁	不變更比例
每張 2 頁	Letter 21.59 公分 x 27.94 公分
每張 4 頁	Legal 21.59 公分 x 35.56 公分
每張 6 頁	Executive 18.41 公分 x 26.67 公分
每張 8 頁	A4 21 公分 x 29.7 公分
每張 16 頁	A5 14.8 公分 x 21 公分
配合紙張調整大小	B5 (JIS) 18.2 公分 x 25.7 公分
每張 1 頁	A6 10.5 公分 x 14.8 公分

各區塊都設定好之後, 按下 **列印** 鈕後便可將文件列印出來。列印文件時, Word **狀態列** 會顯示目前正在列印的檔案名稱, 再過一會兒即可由印表機得到列印結果。

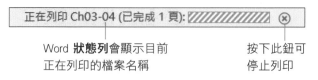

正在列印 Ch03-04 (已完成 1 頁): ⊗

Word **狀態列** 會顯示目前正在列印的檔案名稱

按下此鈕可停止列印

快速列印整份文件

若您覺得每次列印都得切換到 **檔案** 頁次, 再執行『列印』命令很麻煩, 那麼您可以將 **快速列印** 鈕加入 **快速存取工具列**, 以後要列印時只要按下該鈕, 不必經過任何設定, 即可馬上將文件列印出來。

文件的格式化

上一章介紹了變化文字、調整段落的方法, 本章我們要帶您深入更多細部的文字、段落格式設定, 還有很重要的文件版面設定, 像是定位點、項目符號及編號、直書…等功能, 讓您的 Word 文件更添幾分專業感。

- 文字的格式設定
- 段落格式的處理
- 使用「定位點」讓文章整齊排列
- 美化條列項目
- 為文字及段落加上框線與網底
- 複製文字與段落的格式
- 設定文字的方向與亞洲方式配置
- 將段落首字放大
- 調整英文字的大小寫與全半形

4-1 文字的格式設定

除了利用功能區的工具鈕設定文字大小、顏色及加粗、斜體…, 還可以進一步設定讓文字出現不同顏色的底線、上標、下標等效果, 甚至能調整字和字之間的距離, 讓文件中的文字排列更符合我們的期待。

設定文字的字型變化

首先來看看文字的格式變化有哪些, 您可以開啟範例檔案 Ch04-01, 再按下**常用**頁次下**字型**區右下角的 鈕, 開啟**字型**交談窗, 跟著我們如下操作:

經典手機遊戲 Top 10 ——**1** 選定要設定的文字

2 開啟**字型**交談窗並確認已切換至**字型**頁次

3 指定要使用的字型、樣式及大小

4 設定文字的顏色、底線樣式、色彩

由此窗格預覽設定的結果

5 設定完成請按下**確定**鈕

經典手機遊戲 Top 10

可一次設定好所有想要呈現的效果

在**字型/字型**交談窗的**效果**區中, 還有多種特殊效果可供選擇, 如果您在**功能區**找不到想要套用的格式, 可由此區進行設定, 我們以下表來說明:

效果	範例	效果	範例
刪除線	經典手機遊戲	小型大寫字	Top 10 → TOP 10
雙刪除線	經典手機遊戲	全部大寫字	Top 10 → TOP 10
上標	經典手機遊戲	隱藏	經典手機遊戲 TOP 10 ↓ 經典 TOP 10
下標	經典手機遊戲		

調整字元間距

若覺得字與字距離太近, 或是想調整文字的垂直位置, 可進入**字型/進階**交談窗進行設定。

調整字元的比例, 設定 100% 為正常;設定100% 以下文字會變瘦長;設定100% 以上文字會變寬扁

設定字元的垂直位置, 再由**位移點數**設定距離

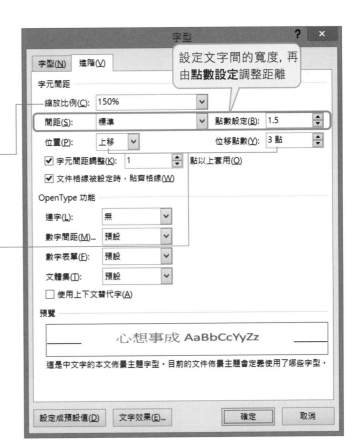

設定文字間的寬度, 再由**點數設定**調整距離

設定字元的垂直位置

在**字型/進階**交談窗中的**位置**欄, 可用來設定字元的垂直位置, 其基準線是一條位於字元底端的假想線。將**位置**設為**下移**, 表示將字元往基準線下方移動; 設為**上移**表示將字元往基準線上方移動, 移動的點數可在**位移點數**欄中設定。以**上移**為例:

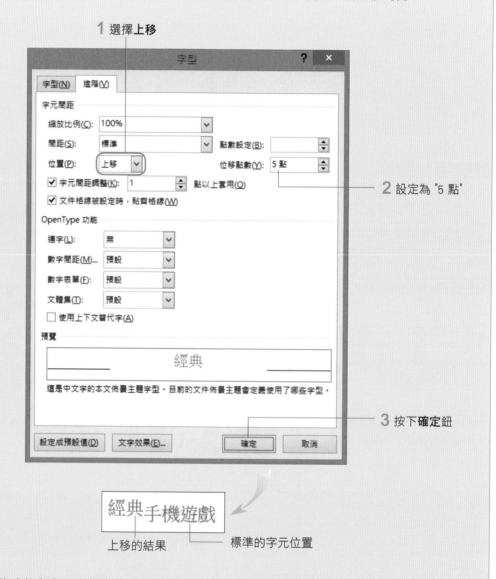

1 選擇**上移**

2 設定為 "5 點"

3 按下**確定**鈕

上移的結果　　　標準的字元位置

此功能與上、下標字的差異, 在於設定上、下標字時會自動縮小字級, 以**位置**調整高度時, 不會改變字級大小。

4-2 段落格式的處理

除了使用先前介紹方式調整段落縮排外, 還可以更精確的設定縮排距離或行距, 也可以控制段落在版面上的分頁編排或斷字處理, 甚至可以設定不要出現在行首、行尾的字元。

在設定段落格式前, 同樣要先選定處理對象。如果是單一段落, 只要將插入點移至段落內任一處即可;如果是多個段落, 請先一併選取所有段落, 再一次完成設定。

設定段落縮排、對齊與行距

在 3-3 節我們曾經介紹過利用**增加縮排鈕** 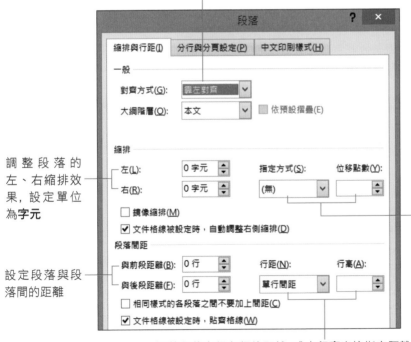 與**減少縮排鈕** 來調整段落縮排, 在一般的情況下就已經夠用了。但是如果您想要更精確的設定縮排距離或行距時, 可開啟**段落/縮排與行距**交談窗來進行設定。請先選取要設定的段落, 再按下**段落**區右下角的 鈕, 並切換至**縮排與行距**交談窗:

設定段落的對齊方式, 可選擇
靠左對齊、**靠右對齊**等 5 種

調整段落的左、右縮排效果, 設定單位為**字元**

選擇首行要凸排或縮排效果設定**第一行**表示要縮排, 再由**位移點數**指定字元數

設定段落與段落間的距離

調整段落中行與行的距離, 或由**行高**直接指定距離

段落的版面與斷字設定

若要控制段落在版面上的分頁編排或斷字處理, 請切換至**常用**頁次並按下**段落**區的 鈕, 開啟**段落**交談窗, 然後切換至**分行與分頁設定**頁次如下做設定:

Ⓐ 避免將段落的最後一行列印到下一頁, 或將段落的第一行列印在整頁的最後一行

Ⓑ 強迫此段要與下一段列印在同一頁

Ⓒ 避免將一個段落分頁列印

Ⓓ 讓該段落列印在整頁的開頭

Ⓔ 段落中不設置行號

Ⓕ 避免段落中的英文做斷字處理

中英文字元間距的設定

若改切換至**中文印刷樣式**頁次, 則可進行有關中文字與英數字之間的字元間距、換行設定, 以及避頭尾字元的控制:

Ⓐ 啟用「避頭尾」功能 (稍後介紹)

Ⓑ 自動在中文字與英文字之間增加間距

Ⓒ 在中文字與數字之間增加間距

Ⓓ 設定文字在行高內的垂直位置

Ⓔ 按下此鈕可自訂「避頭尾字元」

若要整份文件都套用**段落**交談窗的設定格式, 記得要先選取整篇文件 (按下 Ctrl + A 鍵)再進行設定。

避頭尾的設定

有些符號不宜出現在行尾, 例如「(」, 而有些符號也不宜出現在行首, 例如「。」。這些行首行尾想要避開的字元, 稱作「避頭尾字元」。若想要自訂「避頭尾字元」, 請按下**段落**交談窗**中文印刷樣式**頁次中的**選項**鈕, 此時會開啟 **Word 選項**交談窗來讓您做設定:

以 Word 預設的符號
作為避頭尾的字元

避頭字元

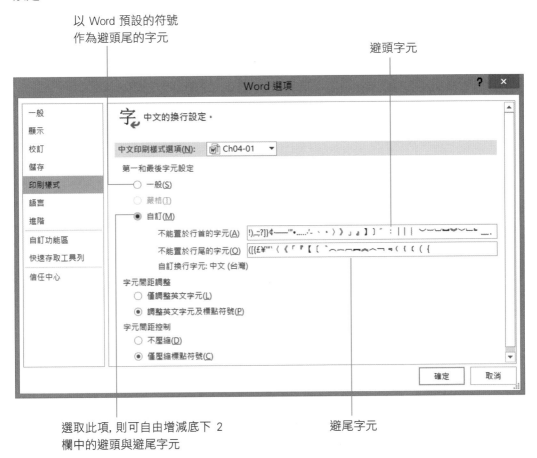

選取此項, 則可自由增減底下 2
欄中的避頭與避尾字元

避尾字元

自訂好避頭尾字元後, 若沒有勾選**段落/中文印刷樣式**交談窗中的**使用中文規則控制第一和最後字元**項目, 則仍無法啟用避頭尾功能。

4-3 使用「定位點」讓文章整齊排列

在 Word 的編輯環境中, 最好使用定位點來輸入長距離的空白, 而不要使用連續按下空白鍵的方式, 因為空白字元會在處理字元格式時 (如字型、字距…等), 造成大小不一的問題, 其位置也較不易控制。

設置適當的定位點, 除了可以替我們省去許多鍵入空白字元來做上下對齊的時間, 編輯操作上也很便捷, 例如在同一個段落中只需按一下 Tab 鍵, 插入點就會立刻移到下一定位點；按一下 ← 方向鍵, 則可回到上一個定位點。

下圖就是利用**定位點**來達到對齊的效果, 底下我們就以範例來說明。

使用定位點

請接續範例檔案 Ch04-01 的練習, 並將插入點移至第 2 段的行首, 然後如下操作：

1 在行首按下 Ctrl + Tab 鍵, 插入一個定位符號

2 在其餘文字前按下 Tab 鍵來插入定位符號

> 如果您沒有看到定位符號, 請按下**常用**頁次下**段落**區的**顯示/隱藏編輯標記**鈕

3 在「5.全民打棒球」後方按一下 `Enter` 鍵,讓版面排列得較為整齊美觀

 若在行首直接按下 `Tab` 鍵,則會變成設定首行縮排,而不會插入定位符號。

當您按下 `Tab` 鍵後,插入點便向右移約 2 個中文字元的距離,這是因為 Word 在水平尺規上,每隔 2 個字元位置便設置一個「預設定位停駐點」的緣故。

在水平尺規上設置定位點

如果覺得預設的定位停駐點不適用,我們也可以直接在水平尺規上設置想要的定位點。只要先在水平尺規最左邊的 ∟ 鈕選取想要設置的定位方式,再到水平尺規上按一下,就會設置一個定位點了。

我們先來看看有哪些定位方式可選用。按一下水平尺規左邊的按鈕即可切換定位方式,按一次切換一個,依序循環。

定位點	定位方式	示範
∟	靠左定位點	→ 經典手遊
⊥	置中定位點	→ 經典手遊
⅃	靠右定位點	→ 經典手遊
⊥	對齊小數點之定位點	→ 3.1419
|	分隔線定位點	→ 經典手遊

其中較特別的是**分隔線定位點**,此鈕並無定位功能,而是在插入點的位置加入一條垂直線,而且列印時也會列印出來,使用時請多加注意。

請重新開啟 Ch04-01 來進行以下的練習。先切換定位方式, 再到要設置定位點的水平尺規上按一下:

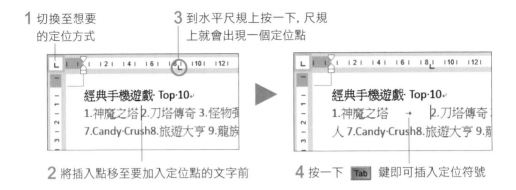

1 切換至想要的定位方式

3 到水平尺規上按一下, 尺規上就會出現一個定位點

2 將插入點移至要加入定位點的文字前

4 按一下 Tab 鍵即可插入定位符號

若要調整定位點的位置, 可在尺規上直接拉曳定位點進行調整。如果想要清除定位點, 請將定位點向上或向下拉曳至超出尺規範圍, 即可清除該定位點。

設定更精確的定位點位置

我們還可以進行更精準的設定。接續上例的練習, 在每個項目前按一下 Tab 鍵, 再於水平尺規上的定位點雙按, 開啟**定位點**交談窗來進行設定:

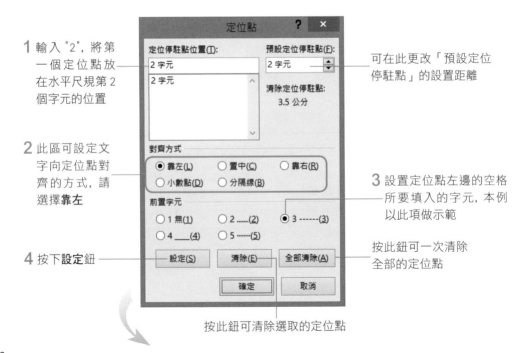

1 輸入 "2", 將第一個定位點放在水平尺規第 2 個字元的位置

可在此更改「預設定位停駐點」的設置距離

2 此區可設定文字向定位點對齊的方式, 請選擇**靠左**

3 設置定位點左邊的空格所要填入的字元, 本例以此項做示範

按此鈕可一次清除全部的定位點

4 按下**設定鈕**

按此鈕可清除選取的定位點

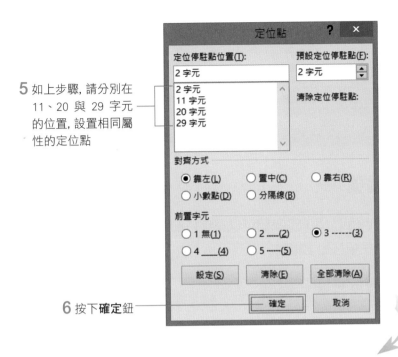

5 如上步驟, 請分別在 11、20 與 29 字元 的位置, 設置相同屬 性的定位點

6 按下**確定**鈕

水平尺規上出現了剛剛設定的 4 個靠左定位點

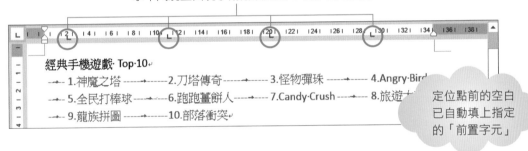

定位點前的空白 已自動填上指定 的「前置字元」

什麼是「前置字元」?

「前置字元」會出現在定位點之 前用來填滿空格的符號, 有下列 5 種選擇:

5 種不同的 前置字元

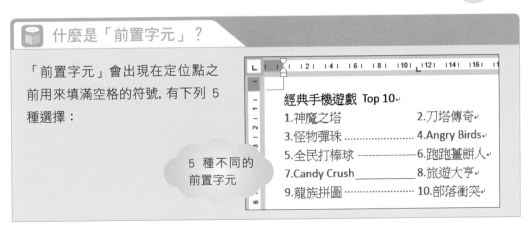

4-4 美化條列項目

輸入條列式的項目時, 可利用 Word 提供的「項目符號」與「編號」功能, 在輸入時自動加上 ●、◆ 等項目符號, 或 1、2、3 ...; 一、二、三 ... 的編號, 若覺得單色符號缺乏變化, 還可以用圖片做為項目符號。

加上項目符號或編號

當文字內容要以條列項目呈現時, 我們可以在項目前加上符號以利區別; 或是要強調數量或順序, 則可在項目加上編號。

將現有的文字加上項目符號或編號

請先選定欲設定的段落, 如圖中選定了 2 個段落:

> 本期贈品:
> 小魚系列繪本
> 安全積木組

按下**常用**頁次**段落**區的**項目符號**鈕 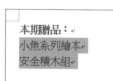 (或**編號**鈕), 段落前即會自動顯示項目符號 (或編號):

> 本期贈品:
> ● 小魚系列繪本
> ● 安全積木組
>
> 項目符號

> 本期贈品:
> 1. 小魚系列繪本
> 2. 安全積木組
>
> 編號

按下 Enter 鍵再新增段落時, Word 還會自動加上項目符號 (或編號):

> 本期贈品:
> ● 小魚系列繪本
> ● 安全積木組
> ●
>
> 項目符號

> 本期贈品:
> 1. 小魚系列繪本
> 2. 安全積木組
> 3.
>
> 編號

如果不希望在新段落套用編號, 只要連續按兩下 Enter 鍵即可取消套用。

鍵入文字時加上項目符號或編號

接著我們要介紹如何在鍵入文字時, 即啟用自動**項目符號**或**編號**的功能。請開啟一份新文件, 輸入 "1." 再按下空白鍵, 然後輸入如圖的內容:

此時會出現**自動校正選項**鈕　　　按下 Enter 鍵　　　Word 自動依序編號了

新增項目符號或編號時, 符號或編號附近會顯示一個**自動校正選項**鈕 ☰, 提供您符號或編號的相關設定, 例如**取消編號**動作、**繼續編號**等。若不需要設定, 則可以不理會它, 待新增下一個符號或編號時, 此鈕即會自動消失。

更改項目符號或編號

項目符號及編號還有許多的變化及格式可設定, 例如調整顏色、變換符號等, 可以視需要為文件版面做適當的調整哦!

更改編號樣式

底下以實際範例來說明自訂編號樣式的操作。請將插入點移至已加入編號的段落中, 再按下**編號**鈕右側的向下箭頭, 即會出現選單讓我們選擇想要套用的樣式:

目前套用的樣式

新套用的樣式

▲ 套用的結果會立即顯示在段落中

改變項目符號

改變項目符號也是相同的做法, 請將插入點移至已設定項目符號的段落中, 再按下**項目符號**鈕右邊的向下箭頭, 從列出來的項目符號中選取想要套用的符號。

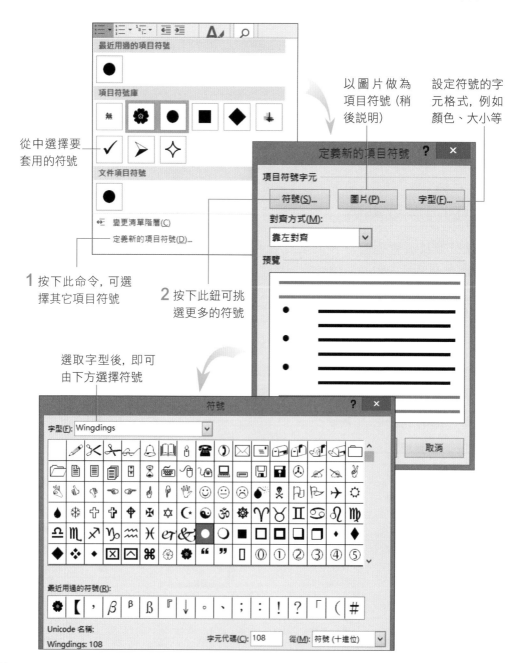

從中選擇要套用的符號

以圖片做為項目符號 (稍後說明)

設定符號的字元格式, 例如顏色、大小等

1 按下此命令, 可選擇其它項目符號

2 按下此鈕可挑選更多的符號

選取字型後, 即可由下方選擇符號

使用圖片做為項目符號

　　覺得這些項目符號都不好看嗎？沒關係, 換個圖片式的項目符號吧！請選取要設定的段落, 再進入前述的**定義新的項目符號**交談窗, 按下**圖片**鈕開啟**插入圖片**交談窗。你可以選擇插入自己電腦中的圖片, 或是透過網路連到 **Bing** 網站來搜尋要插入的圖片, 底下我們以插入電腦中的圖片做示範：

1 點選**瀏覽**項目, 從電腦中挑選圖片插入到文件裡

Bing 圖像搜尋是**微軟**提供的搜尋引擎, 只要在搜尋欄輸入關鍵字, 就可從中搜尋符合條件的圖片, 需注意的是由 Bing 搜尋引擎尋找的圖片, 得經過擁有者授權同意才可使用。

2 點選要插入的圖片或照片　　3 按下**插入**鈕

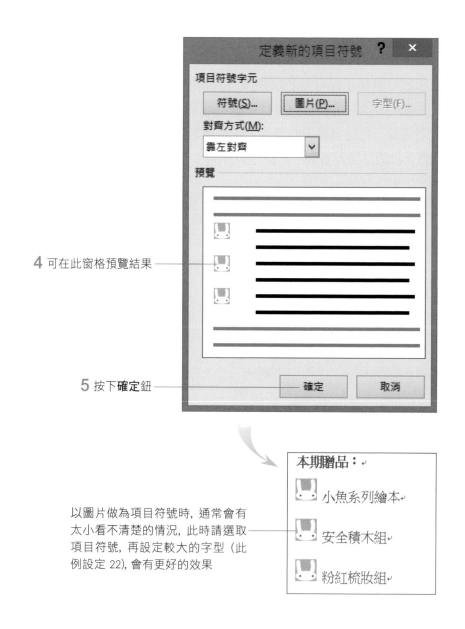

4 可在此窗格預覽結果

5 按下**確定**鈕

以圖片做為項目符號時, 通常會有太小看不清楚的情況, 此時請選取項目符號, 再設定較大的字型 (此例設定 22), 會有更好的效果

本期贈品：
🐰 小魚系列繪本
🐰 安全積木組
🐰 粉紅梳妝組

如果在已套用項目符號的段落, 按下**項目符號**鈕即會移除項目前的圖片。

4-5 為文字及段落加上框線與網底

我們介紹過利用**字元框線**鈕 **A** 及**字元網底**鈕 **A** 為文字加上框線和網底的方法, 但如果想讓文字的框線、網底再多點變化, 光靠這兩個按鈕是不夠的。本章就來看看如何為框線、網底設定更多的效果吧!

為文字、段落加上網底

請接續範例檔案 Ch04-02, 選取要設定網底的文字或段落, 然後按下**常用**頁次**段落**區中的**網底**鈕 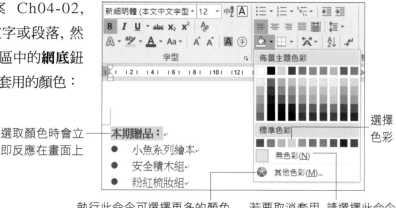, 即可從中選取要套用的顏色:

選取顏色時會立即反應在畫面上

選擇色彩

執行此命令可選擇更多的顏色　　若要取消套用,請選擇此命令

如果覺得單一顏色的填滿效果不好看, 我們也可以試著在純色背景加入不同的花紋, 讓網底有更多的變化, 請按下**網底**鈕右邊的**框線** 鈕, 執行『**框線及網底**』命令切換到**網底**頁次:

1 設定填滿的顏色

2 挑選喜歡的紋路

3 選擇網底的顏色

設定**網底**顏色時, 務必與**填滿**顏色不同, 套用之後才能看出效果哦!

本期贈品:

4 設定為**文字**　　**5** 按下此鈕

為文字、段落加上框線

如果將選取的文字或段落加上明顯的框線，可以讓文字在版面中更醒目。不過將框線套用在文字與段落上的操作略有差異，我們分別為您說明。

為文字套用框線

請先選取要設定框線的文字 (不包含段落標記)，再按下**段落**區的 鈕，然後選擇**外框線**：

抽獎日期：本刊發行後第 2 週　　▶　　抽獎日期：本刊發行後第 2 週

> 這個工具鈕最主要的目的，是方便我們在文件上繪製表格，不過要在文字外加上框線，就像是把文字放在表格中，所以也可以利此鈕來達成。繪製表格的說明，請參考第 6 章。

按下 ⊞▾ 鈕再執行『**框線及網底**』命令，還可以利用交談窗設定框線樣式、顏色及粗細：

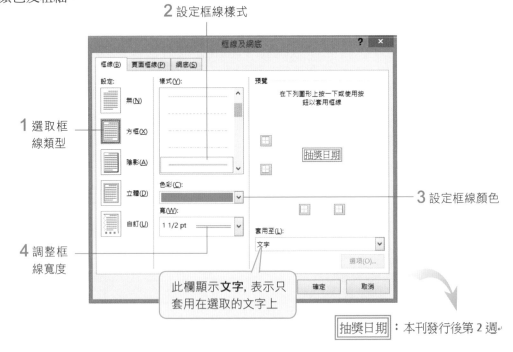

在**框線及網底／框線**交談窗中，若將框線**設定**選擇為**無**，可取消套用框線；或是按下 ⊞▾ 鈕選擇其中的**無框線**，同樣可取消框線。

為段落套用框線

如果只想要上、下的框線, 或左、右的框線, 那麼就得將框線套用至段落上才做得到。請先將插入點移至要設定框線的段落中, 按下 ⊞▼ 鈕執行『**框線及網底**』命令, 並切換至**框線**頁次:

2 選擇框線類型   **3** 設定樣式、顏色及寬度

4 預設會套用在所有的框線上, 按一下可取消套用該框線, 再按一下可重新套用

1 選擇**段落**

參加辦法:請以本刊回函寄回, 並仔細填妥抽獎人姓名、住址、電話、電子郵件。除以回函抽獎外, 參加刊中徵求繪圖作品、幼兒食譜、精彩照片等活動的讀者, 亦同樣具有抽獎資格, 歡迎踴躍投稿。

調整段落文字與框線的距離

當段落套用框線時, 只要將滑鼠指標指在段落框線上, 指標就會變成 ↔、↕ 狀, 拉曳框線即可調整框線與段落文字的距離。

此外, 我們亦可在**框線及網底/框線**交談窗中, 按右下角的**選項**鈕 (**套用至**欄要設定成**段落**, 此鈕才會有作用), 開啟**框線及網底選項**交談窗來設定距離:

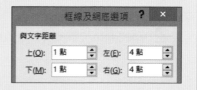

套用頁面框線

我們還可以為整份文件的頁面加上框線，讓文件變得更活潑豐富。請開啟範例檔案 Ch04-03，然後按下**段落**區的 ▦▾ 鈕執行『**框線及網底**』命令，並切換至**頁面框線**頁次：

4 利用**框線**鈕設定想要套用或取消花邊的位置

日後若要移除頁面框線，請設定為**無**

3 設定顏色或寬度（依選取的花邊不同，可設定的選項也不同）

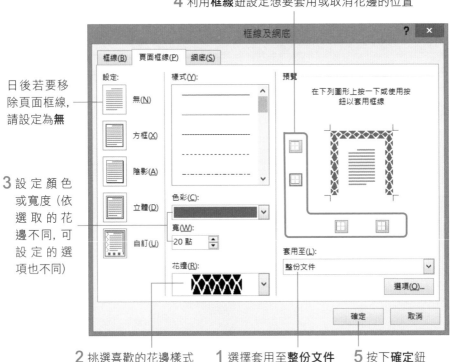

2 挑選喜歡的花邊樣式　　1 選擇套用至**整份文件**　　5 按下**確定**鈕

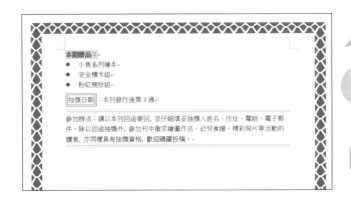

可由**檢視比例**工具列縮小比例來檢視設定結果

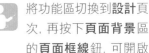 將功能區切換到**設計**頁次，再按下**頁面背景**區的**頁面框線**鈕，可開啟相同的設定交談窗。

4-6 複製文字與段落的格式

當你想要讓多段文字或段落套用相同格式時, 可善用**複製格式鈕** 來迅速完成。**複製格式鈕**只會複製文字及段落的格式, 而不影響文字及段落的內容, 利用此鈕來統一文字及段落的樣式, 將可達到事半功倍之效。

請重新開啟範例檔案 Ch04-02 替「抽獎日期」文字設定框線, 並如下操作:

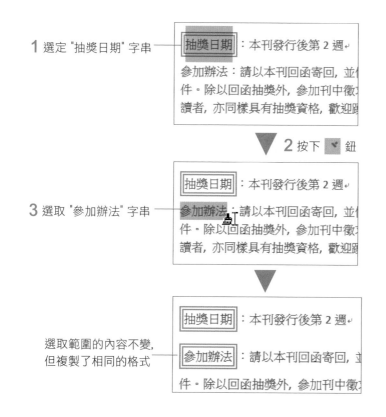

1 選定 "抽獎日期" 字串

2 按下 鈕

3 選取 "參加辦法" 字串

選取範圍的內容不變, 但複製了相同的格式

若要進行一連串的複製格式動作, 可雙按**複製格式鈕**, 再一一選取要複製格式的文字或段落, 待完成所有的複製動作之後, 再按一下**複製格式鈕** (或按 Esc 鍵), 即可結束複製格式的動作。

 若要複製 "段落" 格式, 記得在選定「被複製的目標」與「複製目標」時, 都要包含段落標記才行。

4-7 設定文字的方向與亞洲方式配置

在 Word 中輸入的文字通常都是橫著排的, 若是需要製作公告、公文等文件時, 直排的文字會比較合適。這一節我們就來看看在 Word 中如何將文件內容改為直排吧!

設定文字的方向

請先開啟範例檔案 Ch04-03, 再跟著我們做以下的練習:

母親節自由創作展

- 參加資格:A 組 幼幼組【幼稚園小朋友皆可參加】
  - B 組 兒童組【國小一至六年級】
  - C 組 成人組【18 歲以上】
- 指導單位:馬山美術中心
- 主辦單位:自由創作推廣處
- 收件時間:4 月每週六上午 09:00 至下午 05:00

請將插入點移至文件中任一處, 然後切換至**版面配置**頁次, 再按下**版面設定**區的**文字方向**鈕:

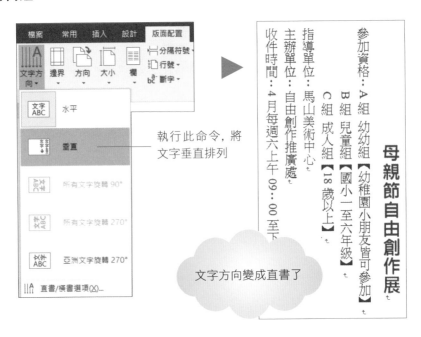

執行此命令,將文字垂直排列

文字方向變成直書了

　　若想要改回橫式, 請同樣按下**文字方向**鈕執行『**水平**』命令, 即可回復到預設的橫排狀態；執行『**直書/橫書選項**』命令, 還可進一步設定文字的方向：

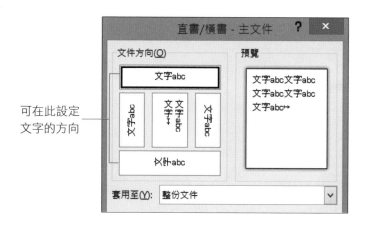

可在此設定
文字的方向

　　經由以上示範的例子, 您或許會覺得改為直書的文件中, 英文與數字的方向也同時被翻轉了 90 度, 看起來有點怪怪的, 稍後我們將會告訴您調整這些細節的方法。

亞洲方式配置

　　Word 還提供了許多專門針對亞洲語言所設計的功能, 讓我們在處理中文文件時能更加得心應手。請切換至**常用**頁次, 並在**段落**區按下**亞洲方式配置**鈕  右方的下拉箭頭, 即可看到這些命令：

按下此處

橫向文字

　　橫向文字功能適用於直書的文件中必須將文字橫排的情況下, 例如直書文件中的英文、數字以及日期格式, 就比較適合以橫書的方式排列。接續上例, 我們要將文件中的英文與數字改為橫向文字, 請先選取要橫排的文字, 例如 "A"：

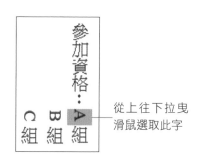

從上往下拉曳
滑鼠選取此字

按下**亞洲方式配置鈕** 右方的下拉箭頭並執行『**橫向文字**』命令, 開啟橫向文字交談窗：

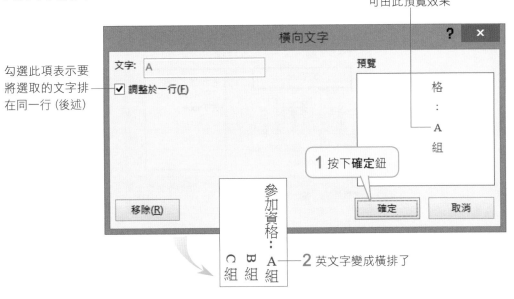

可由此預覽效果

勾選此項表示要將選取的文字排在同一行 (後述)

1 按下**確定**鈕

2 英文字變成橫排了

利用同樣的方式, 將其它的英文字與數字也設定為橫排的文字：

英文字與數字都設定為橫排的文字, 文件閱讀起來就變得方便許多

此處設定請參考下頁上方文字的詳述

如果想要取消橫向文字的效果, 只要先選取橫向文字, 然後執行同樣的命令, 按下**橫向文字**交談窗中的**移除**鈕即可。

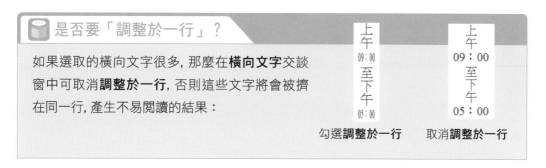

是否要「調整於一行」？

如果選取的橫向文字很多, 那麼在**橫向文字**交談窗中可取消**調整於一行**, 否則這些文字將會被擠在同一行, 產生不易閱讀的結果：

勾選**調整於一行**　　取消**調整於一行**

組排文字

組排文字功能可以讓我們將文字由一行並排成兩行。請接續上例進行以下的操作：

將插入點移至要加入組排文字的位置, 例如這裡

按下**亞洲方式配置鈕** 右方的下拉箭頭並執行『**組排文字**』命令, 由**組排文字**交談窗中進行設定：

組排成兩行了

1 在此輸入或修改要組排的文字, 最多只能容納 6 個字元

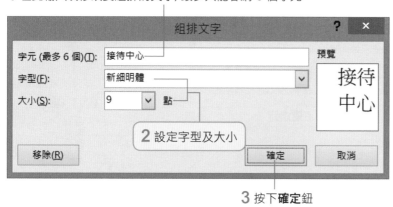

2 設定字型及大小

3 按下**確定**鈕

　　若要取消組排文字的設定, 可選取組排文字, 然後執行同樣的命令, 按下**組排文字**交談窗中的**移除**鈕即可。

並列文字

並列文字的功能和組排文字類似, 都是將文字做並排的顯示, 但設定並排文字後並不會影響到段落的行高 (因為並排的文字會被縮小), 而且沒有字數的限制, 必要時可在前後加上括弧, 例如 ()、[]… 等。請接續上例如下操作:

請將插入點移到要插入並列文字的地方, 例如這裡

按下**亞洲方式配置**鈕 右方的下拉箭頭並執行『**並列文字**』命令, 開啟**並列文字**交談窗:

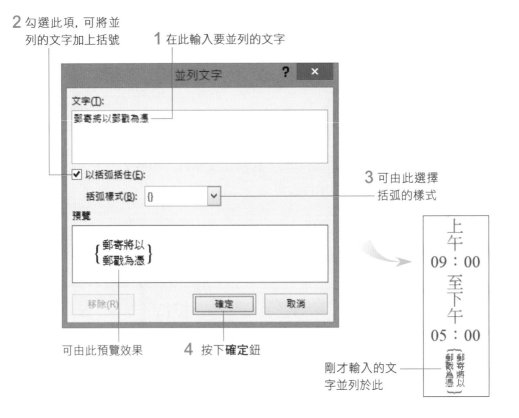

2 勾選此項, 可將並列的文字加上括號

1 在此輸入要並列的文字

3 可由此選擇括弧的樣式

可由此預覽效果

4 按下**確定**鈕

剛才輸入的文字並列於此

若要取消並列文字設定, 可先將插入點移到並列文字中, 然後執行同樣的命令, 按下**並列文字**交談窗中的**移除**鈕即可。

4-8 將段落首字放大

在報紙、雜誌的文章中, 經常可以看到將第 1 個字放大的排版方式, 以達到引起讀者閱讀興趣的目的, Word 也提供了這樣的版面設定, 而且設定步驟非常容易。

想要設定第 1 個字放大的版面, 可透過**首字放大**功能來達成, 請開啟一份已輸入多行文字的文件, 或重新開啟範例檔案 Ch04-03 來練習, 首先將插入點移至 "為慶祝母親節…" 段落中, 然後切換至**插入**頁次按下**文字**區的**首字放大**鈕, 即可從中選取要套用的樣式。

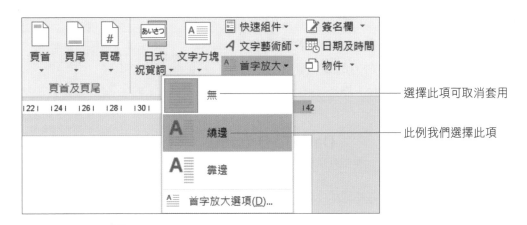

套用**首字放大**功能後, Word 會將首字設定成一個**文字方塊**, 除了可以依照一般文字設定格式的方法來編輯外, 還可以任意移動位置。關於**文字方塊**的操作, 請參考 7-5 節。

若是不喜歡預設的樣式, 請按下**首字放大**鈕後, 執行『**首字放大選項**』命令, 在交談窗中設定首字的**字型、放大高度**及**與文字的距離**。

4-9 調整英文字的大小寫與全半形

這節將為您介紹 Word 專門針對英文字母設計的大小寫與全半形轉換功能, 它可以方便我們做文件中英文字母的統一處理, 大大省去為了修改大小寫或全半形而一個字一個字重新輸入的時間。

調整英文字的大小寫

當我們想要改變英文的大小寫時, 請先選定文件中要修改的英文字串或句子：

Dare to dream!

選定此字串

請切換至**常用**頁次, 並按下**字型**區的**大小寫轉換**鈕 Aa▾ 右方的下拉選單, 執行『**每個單字字首大寫**』命令：

執行此命令

Dare To Dream!

每個英文單字的字首都改為大寫字了

以下是其他大小寫轉換的效果, 您可以自行試試看。

dare to dream!
小寫

DARE TO DREAM!
大寫

dARE TO DREAM!
切換大小寫

調整英文字的半全形

剛剛介紹的**大小寫轉換**鈕 Aa▾ 也可以用來調整英文字的半全形。請先選取要修改的英文字串或句子, 再按下該鈕右方的下拉選單, 執行『**全形**』命令：

Dare to dream! ▶ Ｄａｒｅ　ｔｏ　ｄｒｅａｍ！

每個英文單字都改為全形了

由於原本的英文句子是使用英文字型, 而英文字型只有半形字集, 因此調整為全形英文字時, Word 自動將其改為中文字型顯示。

再按下該鈕右方的下拉選單, 執行『**半形**』命令, 便可回復原本的半形英文字。

CHAPTER

5

套用樣式
提升工作效率

當您花了不少時間，將文件中某個段落設定了文
字格式之後，若是希望文件中的其它段落也能套
用相同的設定，運用樣式將是又快又有效率的方
法；或是你也可以直接套用 Word 提供的各種
樣式，製作出來的文件一樣具備專業水準哦！

- 認識樣式

- 套用內建文字樣式

- 為整份文件套用樣式改變整體風格

- 檢視與修改樣式

- 新增與移除樣式

- 在其他文件套用自行建立的樣式

5-1 認識樣式

樣式是一連串格式設定的集合, 像是標題、內文、一般文字…等。只要選取文字再套用樣式, 即可一次完成多項格式化的動作。總而言之, 套用樣式的優點, 就是可為您節省設定文字及文件格式的時間。

請建立一份新文件, 在常用頁次的樣式區就會看到 Word 提供的樣式了:

按下此處, 即可瀏覽 Word 內建多樣化的快速樣式

切換到設計頁次的文件格式設定區, 還可從中為整份文件套用樣式、顏色, 或是字型、段落設定等, 這些都將在本章一一為您說明。

5-2 套用內建文字樣式

了解什麼是樣式之後，緊接著我們就來學習如何套用 Word 內建的樣式，透過本節實際的練習，您就會了解樣式正是我們設定文件格式的好幫手。

套用文字樣式強化標題

請開啟範例檔案 Ch05-01，目前文件中只有標題設定了粗體樣式，看起來就像只完成了初步的文件製作，請再跟著我們如下操作，為整份文件套用樣式，讓內容更容易閱讀。

01 首先為文件的標題套用明顯的樣式，請選取文件的標題：

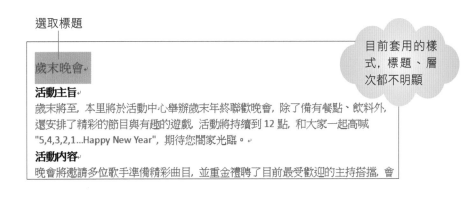

選取標題

目前套用的樣式，標題、層次都不明顯

02 切換至**常用**頁次，再按下**樣式**區樣式列示窗的**其他**鈕 ⏷，從中選取喜愛的樣式，這裡我們要突顯文章的標題，所以請按下**標題 1** 樣式：

1 按下此鈕

2 此例套用**標題 1** 樣式

將指標移至樣式名稱時，文件會即時顯示套用的結果讓您預覽

歲末晚會

套用之後我們再將其設定為**置中**的對齊方式

活動主旨
歲末將至，本里將於活動中心舉辦歲末年終聯歡晚會，除了備有餐點、飲料外，還安排了精彩的節目與有趣的遊戲，活動將持續到 12 點，和大家一起高喊 "5,4,3,2,1...Happy New Year"，期待您閤家光臨。

活動內容
晚會將邀請多位歌手準備精彩曲目，並重金禮聘了目前最受歡迎的主持搭擋，會

STEP 03 接下來請選取 "活動主旨"，用同樣的方式套用**標題**樣式：

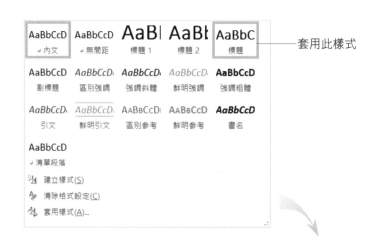

套用此樣式

活動主旨
歲末將至, 本里將於活動中心舉辦歲末年終聯歡晚會, 除了備有餐點、飲料外, 還安排了精彩的節目與有趣的遊戲, 活動將持續到 12 點, 和大家一起高喊 "5,4,3,2,1...Happy New Year", 期待您闔家光臨。
活動內容
晚會將邀請多位歌手準備精彩曲目, 並重金禮聘了目前最受歡迎的主持搭擋, 會

▲ 套用前

活動主旨

歲末將至, 本里將於活動中心舉辦歲末年終聯歡晚會, 除了備有餐點、飲料外, 還安排了精彩的節目與有趣的遊戲, 活動將持續到 12 點, 和大家一起高喊 "5,4,3,2,1...Happy New Year", 期待您闔家光臨。
活動內容

▲ 套用後

　　請您繼續為文件中的 "活動內容"、"活動日期"、"主辦單位"、"贊助單位" 4 個小標題, 都套用**標題**樣式。

歲末晚會

活動主旨

歲末將至, 本里將於活動中心舉辦歲末年終聯歡晚會, 除了備有餐點、飲料外, 還安排了精彩的節目與有趣的遊戲, 活動將持續到 12 點, 和大家一起高喊 "5,4,3,2,1...Happy New Year", 期待您闔家光臨。

活動內容

晚會將邀請多位歌手準備精彩曲目, 並重金禮聘了目前最受歡迎的主持搭擋, 會中穿插有趣的互動遊戲, 以及里民精心準備的表演節目, 當然大家最期待的抽獎活動也沒有少, 我們不見不散囉!

活動日期

12 月 31 日下午 6:00

主辦單位

里長辦公室

贊助單位

好贊外燴、美味小點、奇異水果

按住 Ctrl 鍵可一一選取不相鄰的多個範圍

套用『標題』類樣式，可自動收合或展開內文

當你套用了**樣式區**的**標題**類樣式，例如**標題1**、**標題2**、**副標題**、…等，各文字標題前會出現一個倒三角形符號 ◢，點選後可以收合底下的內容，當你要列印目錄或是想要一次編輯所有標題格式時相當好用。

點選此符號

◢ 活動主旨

歲末將至，本里將於活動中心舉辦歲末年終聯歡晚會，除了備有餐點、飲料外，還安排了精彩的節目與有趣的遊戲，活動將持續到 12 點，和大家一起高喊 "5,4,3,2,1...Happy New Year"，期待您闔家光臨。

活動內容

晚會將邀請多位歌手準備精彩曲目，並重金禮聘了目前最受歡迎的主持搭擋，會

再點按一次此符號，內文可再顯示出來

▷ 活動主旨

活動內容

晚會將邀請多位歌手準備精彩曲目，並重金禮聘了目前最受歡迎的主持搭擋，會中穿插有趣的互動遊戲，以及里民精心準備的表演節目，當然大家最期待的抽獎活動也沒有少，我們不見不散囉！

其下的內文，全部都收合起來

將所有內文收合起來可方便我們列印大綱，或是一次更改所有標題的格式：

歲末晚會

▷ 活動主旨

▷ 活動內容

▷ 活動日期

▷ 主辦單位

▷ 贊助單位

▶ 收合內文後, 可方便選取所有標題, 並變更其格式

修改與移除已套用的文字樣式

如果對於套用後的樣式效果不滿意，只要選取文字，再按下其他樣式就會重新套用了。若是想要移除樣式可先選取文字，再按下**樣式**列示窗的**其他**鈕，執行『**清除格式設定**』命令，或是按下**常用**頁次下**字型**區的**清除所有格式設定**鈕 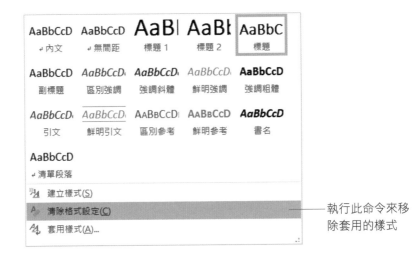，就可移除樣式設定：

執行此命令來移除套用的樣式

5-3 為整份文件套用樣式 改變整體風格

剛才我們已經為文字套用了基本的樣式, 接下來您可以再為文字設定顏色或粗體、斜體等, 如果您對於自己的樣式配置、配色沒有自信, 也可以直接套用 Word 內建的樣式套餐, 一次做好所有的樣式設定。

套用文件樣式

請接續上例, 或開啟範例檔案 Ch05-02, 因為是要將樣式套用在整份文件, 所以不用選取任何範圍, 只要切換到**設計**頁次, 在**文件格式設定**區, 即可看到 Word 內建的**樣式集**:

1 按下此鈕

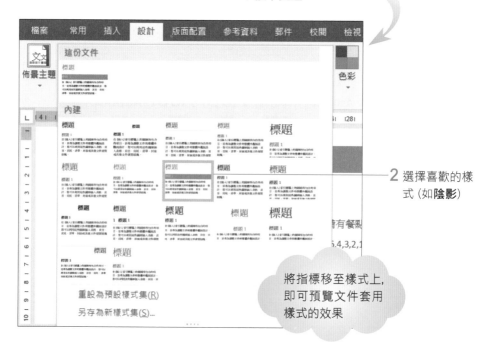

2 選擇喜歡的樣式 (如**陰影**)

將指標移至樣式上, 即可預覽文件套用樣式的效果

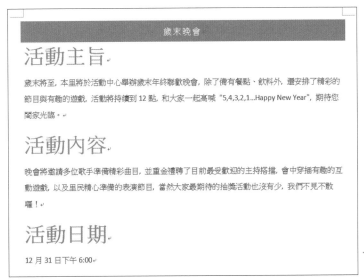

◀ 馬上就讓文件
　煥然一新囉！

套用佈景主題

　　如果在套用了內建樣式之後，還是不滿意整體的配色效果，你可以按下**設計**頁次的**佈景主題**鈕，挑選現成的配色樣式來套用。

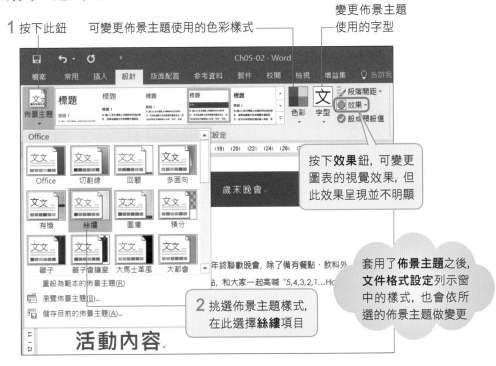

1 按下此鈕　　可變更佈景主題使用的色彩樣式

變更佈景主題
使用的字型

按下**效果**鈕，可變更
圖表的視覺效果，但
此效果呈現並不明顯

2 挑選佈景主題樣式，
在此選擇**絲縷**項目

套用了**佈景主題**之後，
文件格式設定列示窗
中的樣式，也會依所
選的佈景主題做變更

套用顏色配置

如果想要保留文件的架構，但對於內建樣式的顏色不滿意，或是已套用了**樣式集**，還想看看其它顏色的效果，那麼你可以試著套用 Word 內建的顏色範本，或許會有不錯的效果哦！

我們接續剛才套用樣式的文件來練習。請切換到**設計**頁次，按下**色彩鈕**，再點選其中喜歡的顏色配置：

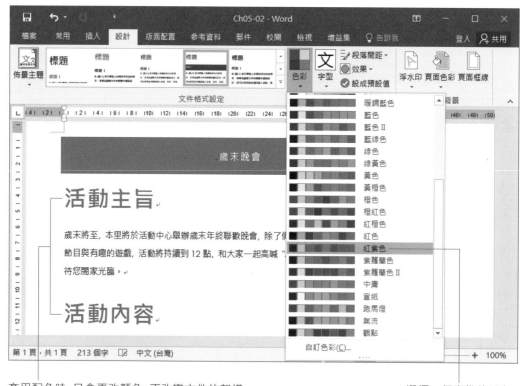

套用配色時, 只會更改顏色, 不改變文件的架構　　　　　　　　選擇一個喜歡的配色

由於內建樣式的顏色，會套用在**內建樣式**中設定顏色的部份，因此在套用配色前，請先套用文件樣式或是為文字套用內建樣式，較能看出顏色的效果。若文件中只套用了**內文**樣式 (預設的文字樣式)，顏色效果可能無法呈現。

 套用顏色範本後, **文件格式設定**列示窗內的樣式也會跟著調整。

套用字型樣式

　　字型在文件中也扮演著重要的角色，當文件中包含中文及英、數字時，你可以套用 Word 內建的字型樣式省去一一設定的麻煩。我們接續剛才的範例來進行字型樣式的練習，請按下**設計**頁次的**字型**鈕挑選喜愛的字型樣式：

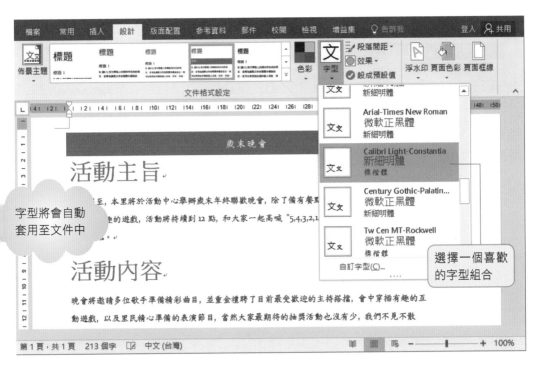

字型將會自動套用至文件中

選擇一個喜歡的字型組合

　　若您手動更改過字型 (例如選取標題文字並套用**標楷體**)，那麼在套用字型樣式時，該文字將不會套用新的樣式設定。

　　您可以多試幾種字型設定，找到最適合閱讀的字體。若是想要回復至 Word 預設的字體 (中文是**新細明體**，英文是 **Calibri**)，執行『**字型/Office**』命令，即可回復至套用前的字型：

回復至設定字型前的狀態

套用段落間距樣式讓文件更好閱讀

　　行與行之間及段落與段落之間若可以保持適當的距離，文件看起來會更為美觀，閱讀也較為舒適、整體架構更是一目了然。Word 同樣內建了一些段落間距樣式供您立即套用，我們接續先前的範例來進行段落間距樣式的練習。請按下**段落間距**鈕，從選單中挑選合適的間距樣式：

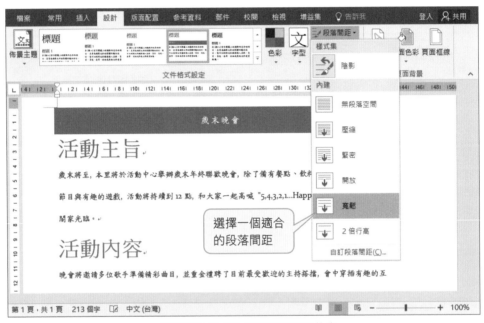

▲ 段落間距樣式會自動套用至文件中

　　若您手動更改過段落或行距設定 (例如選取第一段文字並設定**行距**為 **1.5 倍行高**)，那麼在套用段落間距樣式時，該段文字將不會套用新的樣式設定。

　　套用段落間距樣式後，若是想要回復至 Word 預設的段落間距 (與前段與後段距離皆為 **0 點**，行距為**單行間距**)，請執行『**段落間距/無段落空間**』樣式，即可回復至套用前的段落間距：

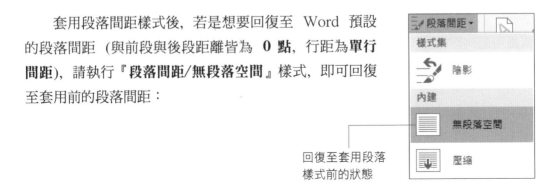

回復至套用段落
樣式前的狀態

5-4 檢視與修改樣式

在編輯文件時, 相同層級的文字應該要套用相同的樣式, 才能提升文件樣式的一致性。我們可以在開啟已套用樣式的文件後, 利用樣式工作窗格來檢視目前文件中的樣式, 進而迅速點選文件中已建立 (或已使用) 的樣式, 以維持文件樣式的統一風格。

檢視文件中已套用的樣式

請開啟範例檔案 Ch05-03, 我們已在文件上套用了多個樣式, 這就來一探究竟！開啟文件後, 請按下**常用**頁次下**樣式**區的 ⬜ 鈕, 開啟**樣式**工作窗格, 預設會顯示 Word 建議使用的樣式, 請按右下角的**選項** 進行如下設定：

1 按下此處

2 按下列示窗選擇**使用中**

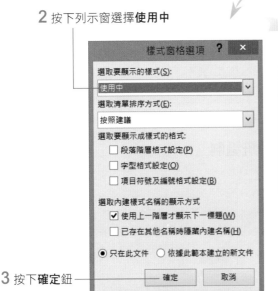

3 按下**確定**鈕

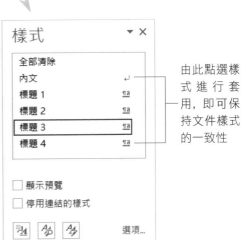

由此點選樣式進行套用, 即可保持文件樣式的一致性

修改樣式內容

如果對於 Word 的內建樣式不滿意，也可以將樣式稍加修改，讓它更符合我們的需求。接續上例，我們想將**標題 1** 加上網底，並將字型大小改成 16，可依下列步驟操作：

STEP 01 將插入點移至「才藝…」段落，並將指標移到**樣式**工作窗格中**標題 1** 樣式名稱上，其右側就會顯示下拉箭頭，在此選擇『**修改**』命令：

按此可清除套用的樣式，改為預設的樣式

1 按下此鈕

2 選擇此命令

STEP 02 在開啟的**修改樣式**交談窗中設定想要的樣式，首先我們要為**標題 1** 設定網底，請如下操作：

2 選擇此命令

可由此開啟相關的交談窗進行設定

1 按此鈕

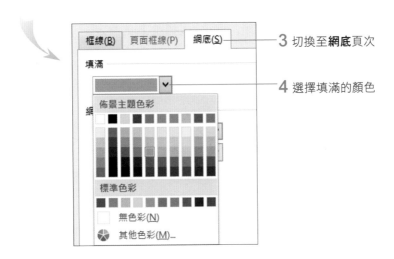

3 切換至**網底**頁次

4 選擇填滿的顏色

STEP 03 按下**框線及網底**交談窗的**確定**鈕, 回到**修改樣式**交談窗, 將文字大小改為 16:

可由此預覽
標題 1 的設
定結果

可在此處修
改樣式設定

勾選**自動更新**選項 (稍後說明)

按下**修改樣式**交談窗的**確定**鈕, 即可完成**標題 1** 的設定:

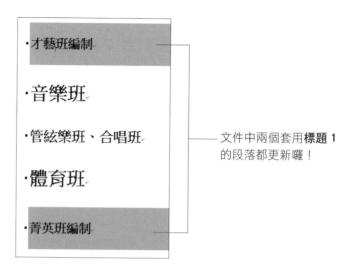

文件中兩個套用**標題 1** 的段落都更新囉!

📦 「自動更新」選項的作用

在**修改樣式**交談窗中**自動更新**選項的目的, 在於方便我們日後修改樣式時, 能直接更新該文件中所有套用此樣式的段落或字元, 不必再進入**修改樣式**交談窗修改。例如我們剛才修改了**標題 1** 的格式內容, 並勾選了**自動更新**選項, 此時將「才藝…」該段的字型色彩改成紅色:

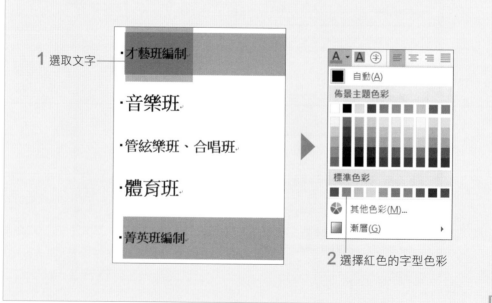

1 選取文字

2 選擇紅色的字型色彩

Next

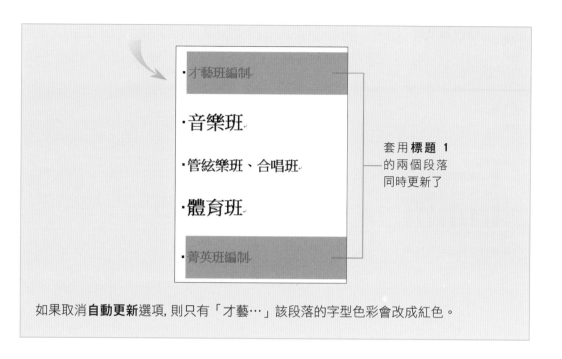

套用**標題 1**
的兩個段落
同時更新了

如果取消**自動更新**選項, 則只有「才藝…」該段落的字型色彩會改成紅色。

以顏色深淺樣式區分標題

　　若想設定**標題 2** 和**標題 3** 的字型大小, 和網底的深淺來區分段落的話, 可如下操作:

STEP 01 將指標移至**樣式**工作窗格中欲修改的樣式名稱**標題 2** 上, 然後按下其右側的下拉箭頭:

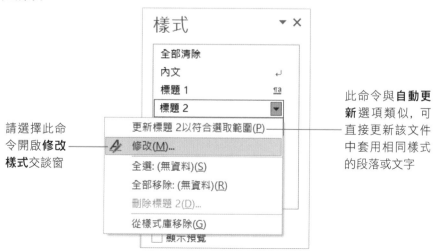

請選擇此命
令開啟**修改
樣式**交談窗

此命令與**自動更
新**選項類似, 可
直接更新該文件
中套用相同樣式
的段落或文字

STEP 02 在**修改樣式**交談窗中, 利用相同的方式將**標題 2** 的網底顏色如圖設定、文字大小設定為 14, 並勾選**自動更新**選項。

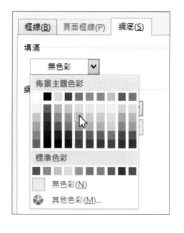

STEP 03 接著再將**標題 3** 的網底設定為更淺的藍色、文字大小設定為 12, 也勾選**自動更新**選項。

STEP 04 完成後即可看到**標題 1** 至**標題 3** 的字型大小相同, 但網底的深淺卻不同:

樣式修改完成

5-5 新增與移除樣式

內建樣式的種類雖多，但有時仍然無法滿足所有使用者的需求，所以 Word 允許我們自行新增樣式，以後可以直接到**樣式清單**套用這個樣式，不必每次都重新設定，使用起來方便許多。此外，之前新增的樣式以後若都不需再使用了，也可將其移除。

新增樣式

我們現在就來新增一個「紅色粗斜」的樣式。請開啟範例檔案 Ch05-04，在此要將「精彩曲目」字串的文字格式設為新樣式。請先選取該字串，再按下**樣式**區的 ▼ 鈕，執行『**建立樣式**』命令：

1 執行此命令

2 輸入新樣式的名稱

3 按下**修改**鈕

4 選擇**字元**

5 勾選此項

6 按下**確定**鈕

新增樣式到**樣式庫**中了 (也同時新增到該文件中)

可以馬上為其它字元設定為這個新樣式

在**樣式**工作窗格中按下**新增樣式**鈕 ，亦會出現**從格式建立新樣式**交談窗讓您新增樣式。

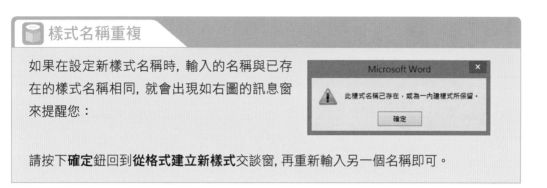

樣式名稱重複

如果在設定新樣式名稱時, 輸入的名稱與已存
在的樣式名稱相同, 就會出現如右圖的訊息窗
來提醒您:

> Microsoft Word
>
> ⚠ 此樣式名稱己存在, 或為一內建樣式所保留。
>
> 確定

請按下**確定**鈕回到**從格式建立新樣式**交談窗, 再重新輸入另一個名稱即可。

刪除不再使用的樣式

　　若要刪除之前新增的樣式, 可在該
樣式上按滑鼠右鈕執行『**從樣式庫移
除**』命令, 例如刪除之前建立的紅色粗
斜樣式:

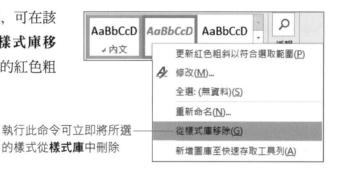

執行此命令可立即將所選
的樣式從**樣式庫**中刪除

　　執行上述命令後, 雖然**紅色粗斜**樣式已從**樣式清單**中刪除, 但它仍存在於文件
中。若要刪除文件中的樣式, 可在**樣式**工作窗格中如下操作:

1 選取要刪除的樣式
並按下此鈕

2 選擇『**刪
除紅色粗
斜**』命令

> Microsoft Word
>
> ❓ 您要從文件刪除樣式 紅色粗斜 嗎?
>
> 是(Y)　　否(N)

按下**是**鈕即可刪除

請注意, Word 內建的樣式是無法刪除的。

5-6 在其他文件套用自行建立的樣式

若我們在文件 A 中新增或修改了許多樣式, 而在文件 B 中也想套用同樣的樣式, 那麼最便捷的方法就是將文件 A 的樣式複製給文件 B 使用, 一起來練習看看!

假設我們想將 Ch05-05 中建立好的「首行縮排」樣式, 複製給 Ch05-06 文件使用, 可如下操作:

STEP 01 請開啟範例檔案 Ch05-05, 並在**樣式**工作窗格中按下**管理樣式**鈕 ⚡, 在開啟的**管理樣式**交談窗中按下匯入/匯出鈕:

按下此鈕

STEP 02 在**組合管理**交談窗中切換至**樣式**頁次，並按一下右邊的**關閉檔案**鈕，此時該鈕會變成**開啟檔案**鈕，請再按一次，然後由**開啟舊檔**交談窗中選擇複製的目的文件 Ch05-06，再按下**開啟**鈕：

將**檔案類型**改為**所有 Word 文件**，才會看到 Ch05-06

Ch05-05 文件所套用的樣式　　　　　　　Ch05-06 文件所套用的樣式

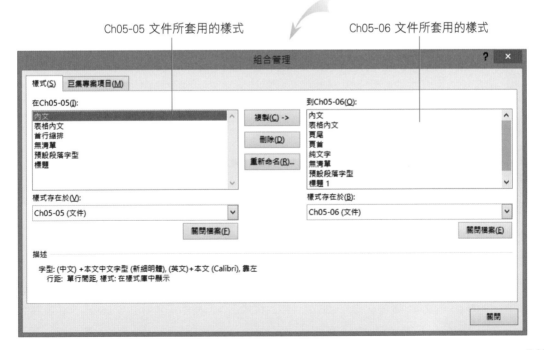

於左邊的列示窗選定要複製的樣式，然後按下**複製**鈕，該樣式名稱就會出現在
右邊的列示窗中：

最後按下**關閉**鈕時，會出現如下的交談窗，詢問我們是否要將變更儲存在
Ch05-06 文件中，請按下**儲存**鈕，則當我們下次開啟 Ch05-06 文件時，在**樣
式**工作窗格中，就可以套用由 Ch05-05 文件複製而來的樣式了。

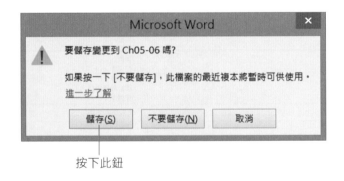

如果此時 Ch05-06 文件已開啟，那麼就不會出現詢問交談窗，而會直接儲存變更至
Ch05-06 的文件，接著在 Ch05-06 文件中的**樣式**工作窗格即可套用由 Ch05-05 文件複製而
來的樣式。

CHAPTER

6

插入歸納資料
的表格

您經常碰到要製作單據、表格類文件的情況嗎？
或者您常常需要將資料作分類整理？Word 的表
格功能可幫您做出想要的任何表格，而且表格不
再侷限於整理資料的用途，它還可以應用在圖文
內容的對齊、排版時的版面配置等，本章就為您
詳細說明 Word 繪製表格的各項實用功能。

- 在文件中建立表格

- 在表格中輸入文字

- 選取儲存格、欄、列和表格

- 調整表格大小與欄寬、列高

- 增刪與分割、合併儲存格

- 套用表格樣式美化表格

- 設定表格的文繞圖效果

- 設定表格標題可跨頁重複

- 表格與文字的轉換

6-1 在文件中建立表格

在文件中加入表格, 可以使版面有更多的變化, 對於閱讀者來說, 透過表格的歸納、整理, 更能迅速了解作者要表達的內容。我們將以製作請假單為例, 從無到有建立一個完善又實用的表格。

在此要建立一個 2 欄、4 列的表格, 請先建立一份新文件, 然後切換到**插入**頁次, 按下**表格**區中的**表格**鈕:

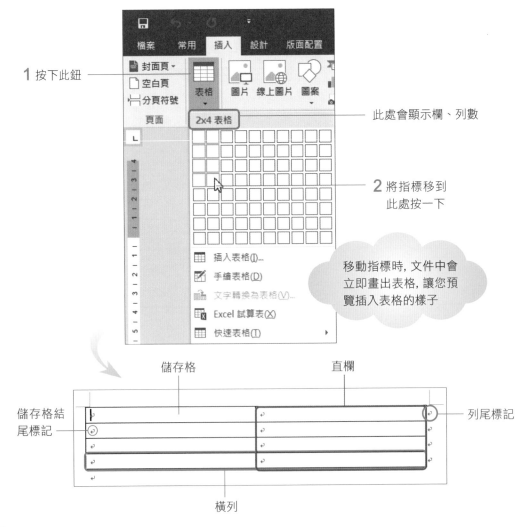

1 按下此鈕

此處會顯示欄、列數

2 將指標移到此處按一下

移動指標時, 文件中會立即畫出表格, 讓您預覽插入表格的樣子

儲存格

直欄

儲存格結尾標記

列尾標記

橫列

表格中每一儲存格內都有「儲存格結尾標記」，只要將插入點移至儲存格結尾標記前即可輸入資料。在每一列右端則會顯示「列尾標記」，表示該列的結束。

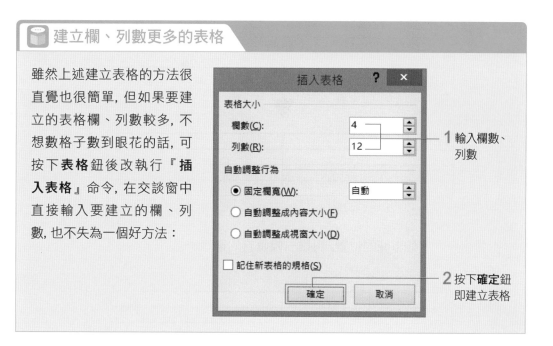

建立欄、列數更多的表格

雖然上述建立表格的方法很直覺也很簡單，但如果要建立的表格欄、列數較多，不想數格子數到眼花的話，可按下**表格**鈕後改執行『**插入表格**』命令，在交談窗中直接輸入要建立的欄、列數，也不失為一個好方法：

插入表格

表格大小
欄數(C): 4
列數(R): 12
1 輸入欄數、列數

自動調整行為
◉ 固定欄寬(W): 自動
○ 自動調整成內容大小(F)
○ 自動調整成視窗大小(D)

☐ 記住新表格的規格(S)

確定　　取消
2 按下**確定**鈕即建立表格

在表格上畫出想要的線段

表格初步的樣子建立好了，接著再依需要加以修改，這裡要介紹**手繪表格**的使用方法，請接續上例，並確認已切換至**整頁模式**，然後進行以下的練習：

STEP 01 請在表格間任意處按一下，畫面上會看到**表格工具/版面配置**頁次標籤，切換到該頁次再按下**手繪表格**鈕：

按下此鈕

文件1 - Word　　　表格工具

檔案　常用　插入　設計　版面配置　參考資料　郵件　校閱　檢視　增益集　設計　版面配置

選取　手繪表格　　插入下方列　合併儲存格　0.64 公分
檢視格線　清除　刪除　插入上方列　插入左方欄　分割儲存格　7.32 公分　直書
內容...　　插入右方欄　分割表格　自動調整

表格　繪圖　列與欄　合併　儲存格大小　對齊方

STEP 02 此時滑鼠指標會變成鉛筆狀 ✏，按住左鈕拉曳就可以畫出框線。請如圖在表格上拉曳：

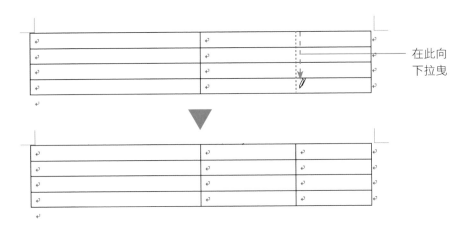

在此向
下拉曳

STEP 03 接著到左邊如下圖的位置, 再畫一條垂直的框線。

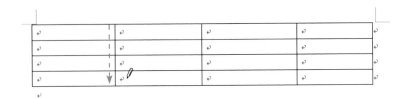

　　啟動**手繪表格**功能後, 拉曳滑鼠即可畫出框線, 以上的練習是畫出垂直框線；若由左向右拉曳, 可畫出水平框線；在空白處由左上向右下拉曳, 可畫出獨立的方框。另一個常見的應用, 則是在表格內畫一條斜線, 以便輸入欄及列的標題：

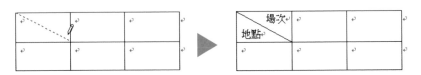

在儲存格內拉曳斜線, 可畫出對角線

　　當您不需要再使用**手繪表格**功能時, 請按下**手繪表格**鈕 (使其呈彈起狀態), 或直接按下 Esc 鍵, 就可以繼續編輯文件了。

清除表格上不需要的線段

　　若要清除表格上的線段, 可利用**清除**鈕來擦除。按下**清除**鈕時, 指標會呈橡皮擦狀 ⬭, 點按框線或在框線上拉曳, 就會將框線擦掉, 請接續上例的練習 :

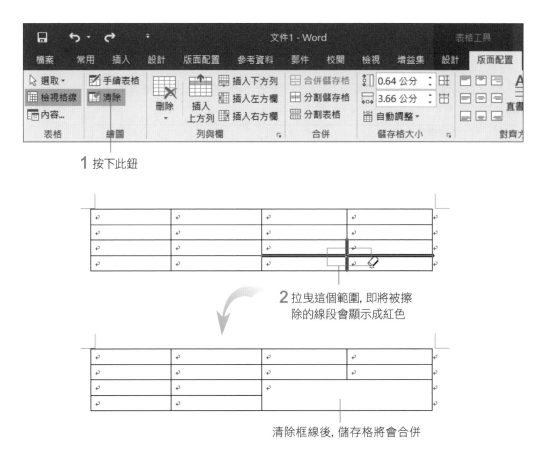

1 按下此鈕

2 拉曳這個範圍, 即將被擦除的線段會顯示成紅色

清除框線後, 儲存格將會合併

　　請再如下圖練習清除其它框線, 就完成請假單的表格了 :

點按上方的框線, 即可將其擦除

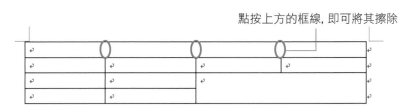

　　完成後再按一下**清除**鈕, 或是按下 Esc 鍵, 就會回到文件的編輯狀態了。

在表格中輸入文字

只要在儲存格內按一下，將插入點移至儲存格中就能輸入文字了。這一節要介紹在表格中快速移動插入點的技巧，並說明儲存格內文字的對齊方式。

請在上一節畫好的請假單上練習輸入文字。在欲輸入文字的儲存格內按一下，顯示插入點就可以開始輸入文字了，參考下圖完成輸入的練習吧！

請假單			
姓名		填寫日期	
請假日期		備註說明	
請假天數			

在儲存格間移動插入點

範例的表格很單純，點按滑鼠就可以輸入文字、移動插入點位置；萬一是動輒十幾欄、十幾列的表格，在輸入資料的過程中，就要不斷地來回移動滑鼠點按或用鍵盤輸入。以下我們要告訴你如何在儲存格間用快速鍵移動插入點，即可專心使用鍵盤來輸入表格資料。

要移動到的位置	按鍵
下一列	↓
上一列	↑
下一個儲存格 (同一列的右方儲存格)	Tab
上一個儲存格 (同一列的左方儲存格)	Shift + Tab
該列的第一格	Alt + Home
該列的最後一格	Alt + End
該欄的第一格	Alt + Page Up
該欄的最後一格	Alt + Page Down

儲存格的文字對齊方式

儲存格內文字的水平對齊方式與一般文字相同, 若是表格的列較高, 還可以設定文字的垂直對齊方式。對齊時請將插入點移至儲存格內, 再切換到**表格工具/版面配置**頁次, 由**對齊方式**區中的對齊按鈕進行設定:

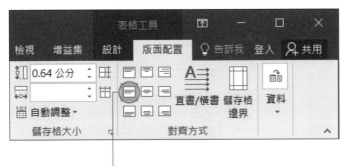

此例請設定為**置中左右對齊**

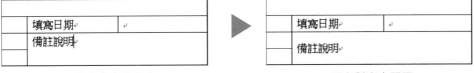

▲ 原本文字在左上角　　　　　　　　　　▲ 垂直對齊中間了

在儲存格中輸入直排文字

要將儲存格內的文字改為直排, 請將插入點移到儲存格內, 再按下**表格工具/版面配置**頁次下**對齊方式**區的**直書/橫書**鈕, 文字就會改為直式走向了:

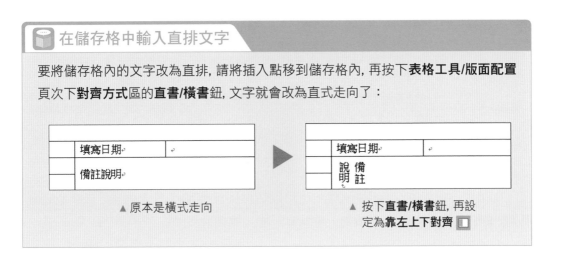

▲ 原本是橫式走向　　　　　　　　　　▲ 按下**直書/橫書**鈕, 再設
　　　　　　　　　　　　　　　　　　　 定為**靠左上下對齊**

6-3 選取儲存格、欄、列和表格

接下來的各節我們要介紹多項編輯表格的技巧，但在學習這些技巧之前，得先學會如何選取要處理的對象，所以這裡就先花點時間，好好學習各種選取的操作吧！

選取儲存格最簡單的方法，就是在欲選取的第 1 個儲存格按下滑鼠左鈕，直接向最後一格拉曳，顯示為淡灰色時，即表示被選取：

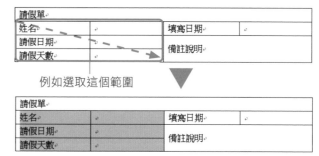

▲ 淺灰色表示已選取

若是要選取一整欄、一整列、單一儲存格，或是整個表格，還有更方便的做法：

選定範圍	操作方法
單一儲存格	將指標移至儲存格左框線上，當指標變成 ➚ 時按一下
多個儲存格	方法 1：在儲存格上按住滑鼠左鈕拉曳 方法 2：將插入點移至儲存格內，按住 Shift 鍵 + 方向鍵來選取相鄰的多個儲存格
整列	將指標移到列左端，當指標變成 ⟋ 時按一下。若按住左鈕垂直拉曳，可以選取相鄰數列
整欄	將指標移到欄頂端的格線，當指標變成 ↓ 時按一下。若按住左鈕水平拉曳，可以選取相鄰數欄
整個表格	將指標移至表格上 (不要按下)，表格左上端會出現 ⊞ 符號，按一下 ⊞ 即可選取整個表格

如果覺得上表的操作不好記憶，也可以切換到**表格工具/版面配置**頁次再按下**選取**鈕，從中選定插入點所在的欄、列或表格：

6-4 調整表格大小與欄寬、列高

按下**表格**鈕插入表格時，表格會符合文件的寬度，列則只有一個字的高度，但有時配合版面會希望表格小一點、每列再高一點等。這一節就來學習調整表格欄寬、列高的方法。

調整表格大小

首先說明調整表格大小的操作，請開啟範例檔案 Ch06-01，再移動指標到第 2 個表格上，此時表格的左上角會出現 ⊞ 調整控點，右下角還會出現 ▫ 控點，拉曳 ▫ 控點即可調整表格大小：

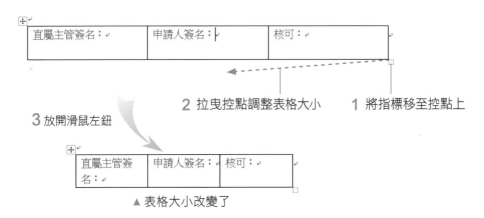

2 拉曳控點調整表格大小　　**1** 將指標移至控點上

3 放開滑鼠左鈕

▲ 表格大小改變了

調整表格的欄寬

調整表格欄寬的方式有很多，端看您的需求為何，以下為您分別說明。

直接拉曳欄邊界調整欄寬

要調整欄寬，最快速的方法就是直接拉曳欄邊界。將指標移至欄邊界上時，指標會呈 ↔ 狀，即可直接拉曳調整邊界。

另外，我們還可以在拉曳欄邊界時，配合其他按鍵來進行各種表格欄寬的調整，底下我們就分別來說明。

- 按住 Alt 鍵拉曳欄邊界：在拉曳欄邊界時，按住 Alt 鍵可直接在尺規上看到目前的欄位寬度。

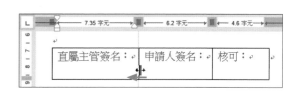

- 按住 Shift 鍵拉曳欄邊界：先按住 Shift 鍵再拉曳欄邊界，會改變欄邊界左方欄的寬度，其它欄的寬度不變。

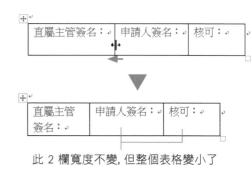

此 2 欄寬度不變，但整個表格變小了

- 按住 Ctrl 鍵拉曳欄邊界：先按住 Ctrl 鍵再拉曳欄邊界，會改變欄邊界左方欄的寬度，但整個表格寬度不變，所以右方所有欄的寬度會等比例縮小或放大。

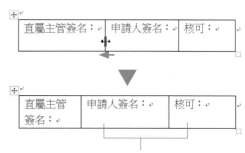

這 2 欄等比例變寬了，表格整體寬度不變

平均分配欄寬

除了自由調整欄位寬度之外，我們也可能需要將表格的欄寬平均分配。如果想要調整表格的所有欄位，請將插入點移至表格內；如果只是要調整數欄，則可先選定多欄，再按下**表格工具/版面配置**頁次下**儲存格大小**區的**平均分配欄寬鈕**：

將欄寬平均分配

自動調整欄寬與固定欄寬

我們也可以讓表格的欄寬隨欄內資料量的多寡自動調整。請將插入點移至表格中，再按下**表格工具/版面配置**頁次中**儲存格大小**區的**自動調整**鈕，執行『**自動調整內容**』命令：

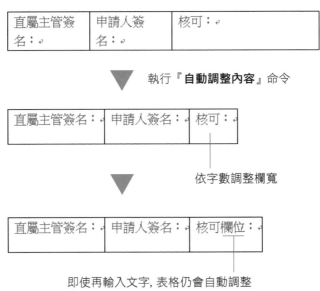

執行『**自動調整內容**』命令

依字數調整欄寬

即使再輸入文字，表格仍會自動調整

相反的，若想讓表格的欄寬固定（不隨資料量多寡而改變），請選擇**自動調整**鈕的『**固定欄寬**』命令。而選擇『**自動調整視窗**』時，表格的寬度會符合文件的寬度，省去我們自行調整的動作。

以數值設定欄寬

若想要準確的設定欄位寬度時，請先將插入點移至要設定的儲存格，再由**儲存格大小**區上的**寬度**欄進行調整，使用的設定單位為公分，此時整欄的寬度會一併調整：

調整列高

調整欄寬

每按一下會調整 0.1 公分，或是直接在左欄輸入數字來調整

調整單一儲存格的寬度

若只想調整某儲存格的寬度，而不影響整欄的寬度時，可先選定該儲存格，直接以滑鼠拉曳儲存格的左、右框線，或是由**儲存格大小**區上的**寬度**欄進行調整：

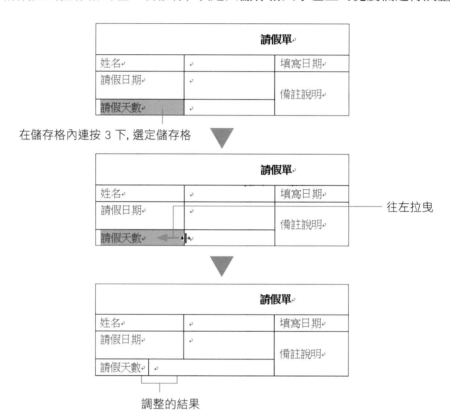

在儲存格內連按 3 下, 選定儲存格

往左拉曳

調整的結果

改變列高

調整列高的方式與欄寬的操作都大同小異，只不過列高的調整彈性較小。您可以參考上述的說明來進行調整，此處我們僅針對較不同的地方加以說明。

拉曳列高

直接拉曳列邊界即可調整列高，按住 Alt 鍵還可以由視窗左側的垂直尺規看到目前儲存格的高度：

平均分配列高

要將整個表格的列高重新平均分配時, 請將插入點移至表格內；僅調整數列時, 則可先選定多列, 然後按下**表格工具/版面配置**頁次下**儲存格大小**區的**平均分配列高** 鈕即可平均分配列高。

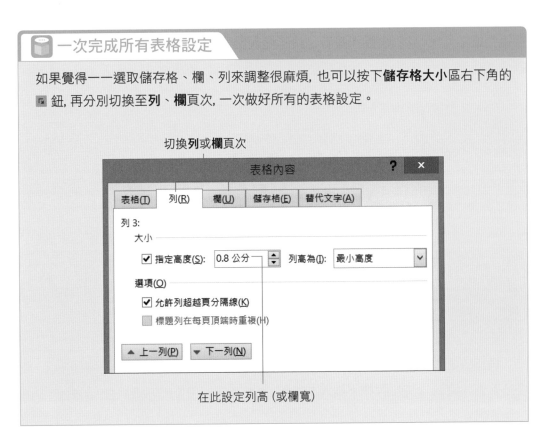

平均分配列高

一次完成所有表格設定

如果覺得一一選取儲存格、欄、列來調整很麻煩, 也可以按下**儲存格大小**區右下角的 鈕, 再分別切換至**列**、**欄**頁次, 一次做好所有的表格設定。

切換**列**或**欄**頁次

| 表格內容 | ? ✕ |

表格(T)　列(R)　欄(U)　儲存格(E)　替代文字(A)

列 3:

大小

☑ 指定高度(S): 0.8 公分　列高為(I): 最小高度

選項(O)

☑ 允許列超越頁分隔線(K)

☐ 標題列在每頁頂端時重複(H)

▲ 上一列(P)　▼ 下一列(N)

在此設定列高 (或欄寬)

6-5 增刪與分割、合併儲存格

在本章一開始我們練習了使用手繪表格的方式來修改表格, 其實 Word 還提供不少可快速增加、刪除儲存格, 以及分割、合併儲存格的方法。

在表格中增加欄或列

在輸入資料時可能會覺得表格仍有不足, 好像這裡少一欄、那裡少一列, 或是想在表格中間插入一格等, 這些都是編輯表格資料時常會遇到的問題, 只要花點時間學會這些技巧, 日後遇到表格上的問題就能迎刃而解了。

在表格中插入欄、列的操作大同小異, 這裡我們以加入一欄來說明, 您可以開啟範例檔案 Ch06-02 來操作看看。請將插入點移至 "廚房" 儲存格中, 然後切換至**表格工具/版面配置**頁次, 就可以利用**列與欄**區的按鈕來設定了:

在插入點的上方或下方加入一列

在插入點的左方或右方加入一欄

按下**插入右方欄**

再輸入內容

若同時選取多欄 (或多列), 再利用上述的方式來增加欄、列, 可一次增加多欄 (或多列)。例如選取 2 欄, 再按下**插入左方欄**, 就會在選取欄位的左邊新增 2 欄。

此外, 將指標移到表格每一列的最左側或是每一欄的最上方, 會出現一個 ⊕══ 圖, 按下後會在指定的位置增加新的一列或一欄。

立即新增一列

	外場	廚房	打烊
週六	Amy	Gina	Tommy
週日	Peggy	Mars	John

按下此藍色 + 號

	外場	廚房	打烊
週六	Amy	Gina	Tommy
週日	Peggy	Mars	John

在表格之後建立新表格

　　想在表格之後再插入一個表格, 請先按下 Enter 鍵新增一個段落或輸入文字, 再進行建立表格的動作。因為兩個表格間至少要有一個字元的間隔, 才能插入另一個表格, 如果直接在表格後的段落標記插入表格, 則會合併成同一表格。

刪除欄和列

　　請將插入點移至要刪除的欄或列, 再切換至**表格工具/版面配置**頁次按下**刪除**鈕, 從中選擇要進行的動作; 若要刪除多欄或多列, 則必需先選取欲刪除的範圍, 再進行刪除。

刪除插入點所在的欄 ── 刪除欄(C)

刪除插入點所在的列 ── 刪除列(R)

	外場	廚房	打烊
週六	Amy	Gina	Tommy
週日	Peggy	Mars	John

執行『**刪除列**』命令

	外場	廚房	打烊
週六	Amy	Gina	Tommy
週日	Peggy	Mars	John

將多個儲存格合併成一個

　　要將多個儲存格合併成一個時, 先選取要合併的儲存格, 再按下**表格工具/版面配置**頁次中**合併**區的**合併儲存格**鈕, 將儲存格合併成一格。

	外場	廚房	打烊
週六	Amy	Gina	Tommy
週日	Peggy	Mars	John

	外場	廚房	打烊
週六	Amy	Gina	Tommy
週日	Peggy	Mars	John

將一個儲存格分割成多個

如果想把一個儲存格切割成多欄 (或多列), 請將插入點移至儲存格內, 再按下**合併區的分割儲存格**鈕：

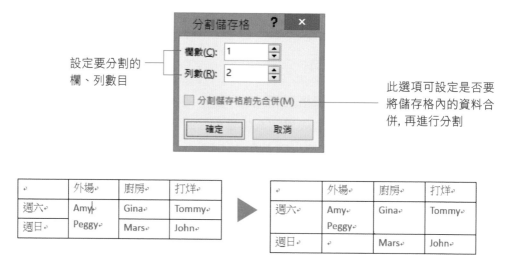

設定要分割的欄、列數目

此選項可設定是否要將儲存格內的資料合併, 再進行分割

分割表格

我們也可以把表格一分為二, 請將插入點移至儲存格中, 再按下**合併區的分割表格**鈕, 即可由插入點的位置將表格分割開來。

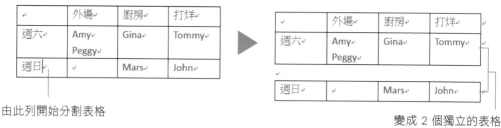

由此列開始分割表格

變成 2 個獨立的表格

分割表格後, 在中間的空白段落按下 [Delete] 鍵刪除段落標記, 可將兩個表格再次合併成同一個表格。

6-6 套用表格樣式美化表格

表格調整好之後，接著要進行美化的工作。美化工作最速成的方法，就是套用 Word 提供的表格樣式，只要選取喜歡的樣式，就可以為表格套用設計好的框線、網底等設定。

套用表格樣式

請重新開啟範例檔案 Ch06-02 來操作。先將插入點移至表格內，再由**表格工具/設計**頁次來選擇樣式：

按下這兩個鈕可上下捲動，瀏覽更多樣式

也可以按下此鈕，瀏覽更多的表格樣式

從中選取喜歡的樣式

	外場	廚房
週六	Amy	Gina
週日	Peggy	Mars

	外場	廚房
週六	Amy	Gina
週日	Peggy	Mars

▲ 表格會立即套用樣式

微調表格樣式

對於表格的設計樣式，我們也不用全盤接受，您可以在套用樣式後，利用**表格樣式選項**區的選項，來勾選或取消勾選表格樣式：

檔案　常用　插入　設計　版面配置

☑ 標題列　☑ 首欄
☐ 合計列　☐ 末欄
☑ 帶狀列　☐ 帶狀欄

表格樣式選項

	外場	廚房
週六	Amy	Gina
週日	Peggy	Mars

▲ 取消套用**首欄**，就是取消第 1 欄的樣式

	外場	廚房
週六	Amy	Gina
週日	Peggy	Mars

▲ 取消套用**標題列**，就是取消第 1 列的樣式

清除表格樣式

想要取消表格樣式時，請按下**表格樣式**區的**其他鈕**  選擇**純表格**區的**表格格線**，即可讓表格回到單純表格的狀態。

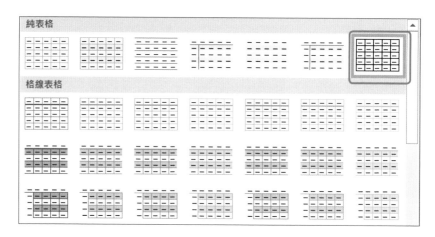

設定表格的框線

以下利用實際的範例操作來說明如何設定表格框線。請開啟範例檔案 Ch06-03，這是一份公司用的請假單，我們想將一定要填的欄位以粗框線標示出來。

STEP 01 如下圖選定儲存格：

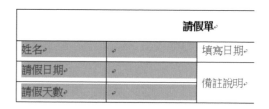

STEP 02 切換至**表格工具/設計**頁次，並依右圖進行設定：

1 選擇框線的顏色　　2 設定框線的樣式及寬度

STEP 03 此時會再次啟動**手繪表格**功能, 讓您在表格上選擇要套用目前設定的框線。我們也可以按下**框線**鈕, 直接選擇要套用設定的框線位置, 例如我們要套用在**所有框線**上:

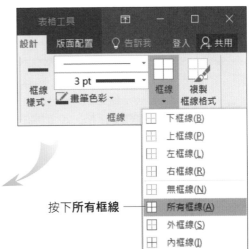

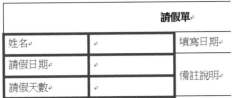

按下**所有框線**

此處**框線**鈕的使用方法, 與**常用**頁次下**段落**區的**框線**鈕相同, 因此您也可以在**常用**頁次下迅速調整要顯示或隱藏的表格框線。

套用之後再次按下**框線**鈕, 會看到已套用的框線呈按下狀態, 表示符合目前線條樣式與寬度設定的儲存格框線, 再按一下可取消套用, 取消套用之後, 將呈現無框線的狀態, 例如我們取消套用**內框線**:

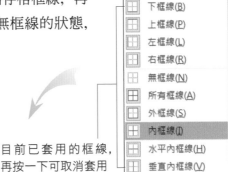

目前已套用的框線, 再按一下可取消套用

取消**內框線**, 表格格線呈淺灰色的虛線狀態

顯示/隱藏格線

取消套用儲存格的下框線後, 並不會將儲存格合併, 儲存格間還是有表格格線。如果沒有看到表格格線, 請按下**表格工具/版面配置**頁次中**表格**區的**檢視格線**鈕, 即可顯示出表格格線。此外, 表格格線只會顯示在螢幕上, 並不會列印出來。

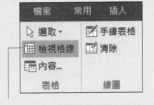

由此切換是否顯示表格格線

設定表格的網底

除了設定粗框線，我們還可以為儲存格設定網底，使欄位更突顯出來。請接續剛才的範例來學習為儲存格加上網底：

STEP 01 選取要設定的儲存格，如下圖的範圍：

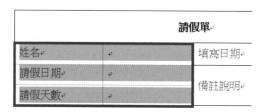

選擇網底顏色

STEP 02 切換至**表格工具/設計**頁次，再按下**網底**鈕，從中選取想要套用的顏色。

若按下**框線**區右下角的 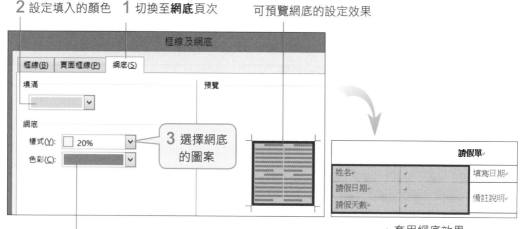 鈕，還可以有更多網底變化：

2 設定填入的顏色　1 切換至**網底**頁次　可預覽網底的設定效果

3 選擇網底的圖案

4 調整網底的顏色，必須與**填滿**的顏色不同才看得出效果

▲ 套用網底效果

6-7 設定表格的文繞圖效果

在 Word 中您可以將表格擺放在頁面的任何位置, 還可以決定表格之外的內容是否要繞著表格, 做出「文繞表格」的效果。我們稱呼這樣可以讓您隨心所欲安排的 Word 表格為「浮動表格」。

移動表格的位置

請重新開啟範例檔案 Ch06-03, 先切換至**整頁模式**, 然後將滑鼠指標移至下方的表格上, 表格左上角會出現表格移動控點 ⊞ , 直接拉曳即可移動表格的位置:

直屬主管簽名:	申請人簽名:	核可:

注意事項:
1. 請先填好請假單, 並完成流程始可休假。
2. 五天以上病假請於假後補附證明。

移動時會出現
虛線的預視框

調整到想要的位置後, 放開滑鼠左鈕

直屬主管簽名:	申請人簽名:	核可:

注意事項:
1. 請先填好請假單, 並完成流程始可休假。

2. 五天以上病假請於假後補附證明。

文字會依表格位置重新排列

文繞表格

表格與週遭內容有兩種互動形式, 一為「文繞表格」, 另一是「文不繞表格」。

文繞表格

注意事項:

直屬主管簽名:	申請人簽名:	核可:

1. 請先填好請假單, 並完成流程始可休假。
2. 五天以上病假請於假後補附證明。

▲ 文字可排列在表格的四周

文不繞表格

直屬主管簽名:	申請人簽名:	核可:

注意事項:
1. 請先填好請假單, 並完成流程始可休假。
2. 五天以上病假請於假後補附證明。

◀ 文字只能排在表格的上、下位置

在 Word 加入的表格，預設為「浮動表格」；也就是說，在預設的情況下，會啟動「文繞表格」功能，所以我們可以將表格移動到頁面的任何位置。如果想要取消文繞表格或改變文繞表格的位置，請將插入點移到表格內，再按下**表格工具/版面配置**頁次中**表格**區的**內容**鈕來進行設定：

切換至**表格**頁次 —

指定表格在頁面的位置

選此項表示文不繞表格

選此項設定文繞表格

選取表格，在表格上按下右鈕執行『**表格內容**』命令，也可開啟相同的交談窗。

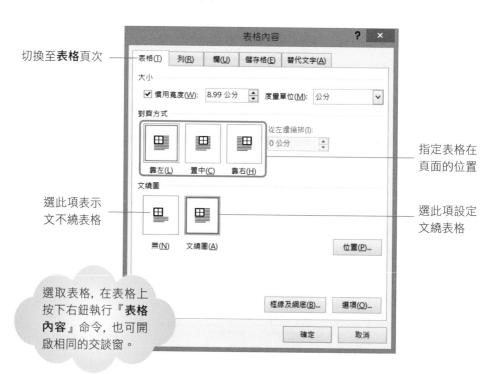

選擇**文繞圖**項目後，按下**位置**鈕還可針對表格的位置、表格與文字的距離等，做進一步設定：

由此可調整表格與周圍文字的距離

6-8 設定表格標題可跨頁重複

如果表格屬於「文不繞表格」，且表格又有標題列，當表格跨頁顯示時，可以設定將標題列重複顯示在下一頁，這樣閱讀起來會更方便哦！

由於 Word 設定表格的第一列或是包含第一列的連續多列，才可以做標題列，所以設定時務必選定包含了第一列的標題列。請開啟範例檔案 Ch06-04 並選取第一頁下方藍色表格的第一列，然後切換到**表格工具/版面配置**頁次，按下**資料**區的重複標題列鈕：

當表格跨到下頁時，標題列就會成為跨頁表格的第一列。但我們必須切換至**整頁模式**下，才能在螢幕上看出效果。

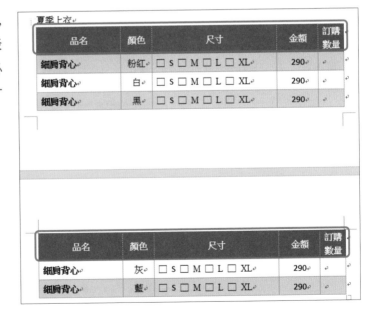

如果表格是屬於「文繞表格」，則無法設定跨頁標題重複功能。若要使「文繞表格」也能夠在下一頁顯示標題，那麼只有分割表格，再複製標題列這個方法了。

6-9 表格與文字的轉換

Word 可以將現有表格直接轉換為文字資料, 也可以將現有的文字資料轉換成表格, 以下我們就來練習使用這項便利的功能吧！

表格轉換為文字

我們有時會需要將網頁中的資料另外整理成文件, 但是從網頁複製下來的內容有許多都是由表格所組成的, 有時還會參雜一些不必要的圖形或欄位, 處理起來很不方便。若遇到類似的情況, 可以利用**表格轉換為文字**功能來讓工作更順利。

請開啟範例檔案 Ch06-05, 檔案內容是一份從網頁複製下來的表格資料, 我們來練習將此表格轉換成文字:

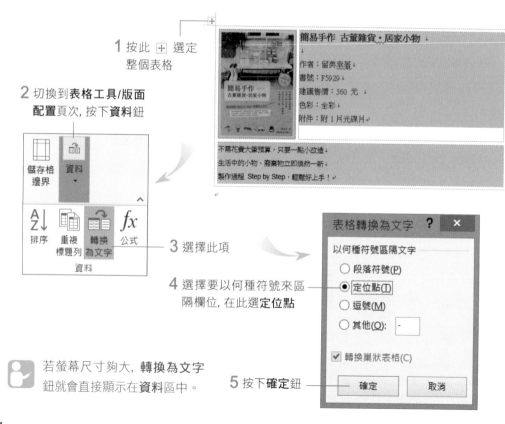

1 按此 田 選定整個表格

2 切換到**表格工具/版面配置**頁次, 按下**資料**鈕

3 選擇此項

4 選擇要以何種符號來區隔欄位, 在此選**定位點**

若螢幕尺寸夠大, **轉換為文字**鈕就會直接顯示在**資料**區中。

5 按下**確定**鈕

表格轉換為文字

以何種符號區隔文字
- ○ 段落符號(P)
- ◉ 定位點(T)
- ○ 逗號(M)
- ○ 其他(O): -

☑ 轉換巢狀表格(C)

確定　　取消

將表格轉成文字了

簡易手作 古董雜貨‧居家小物 ↵

↵

作者：留美幸著↵

書號：F5929↵

建議售價：360 元 ↵

色彩：全彩↵

附件：附 1 片光碟片↵

不需花費大筆預算，只要一點小改造↵

生活中的小物、廢棄物立即煥然一新↵

製作過程 Step by Step，輕鬆好上手！↵

　　將表格轉成文字文件後，就可以一次選取想複製的文字，不必再受限於表格欄位，整理資料也變得更容易了！

文字轉換為表格

　　如果想將以文字輸入的資料，改以表格來整理，則可以按下列方式操作。請開啟範例檔案 Ch06-06：

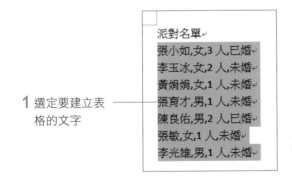

1 選定要建立表格的文字

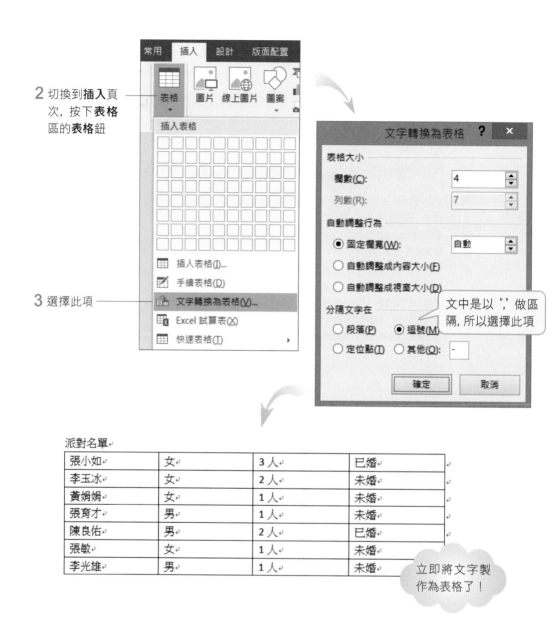

2 切換到**插入**頁次，按下**表格**區的**表格**鈕

3 選擇此項

文中是以 ","做區隔，所以選擇此項

立即將文字製作為表格了！

派對名單

張小如	女	3人	已婚
李玉冰	女	2人	未婚
黃娟娟	女	1人	未婚
張育才	男	1人	未婚
陳良佑	男	2人	已婚
張敏	女	1人	未婚
李光雄	男	1人	未婚

　　利用文字轉表格的功能，立刻就完成表格的製作了！接下來便可利用先前的說明，調整表格的大小、文字格式，甚至套用表格樣式，讓表格更美觀。

刪掉討人厭的空白頁

當表格填滿整張版面，有時候會發生最後一頁空白頁怎麼也刪不掉的情況。雖然說這最後的空白頁不影響內容的正確性，要列印時也可以設定不要列印出來，但若是要上傳或寄送檔案時，這空白頁還是不要出現比較妥當。你可以參考以下的設定，來解決 "刪不掉空白頁" 的問題。

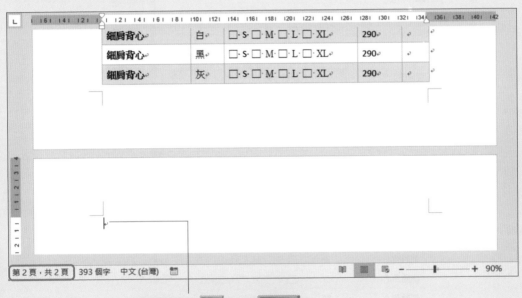

細肩背心↵	白↵	□·S·□·M·□·L·□·XL↵	290↵	↵
細肩背心↵	黑↵	□·S·□·M·□·L·□·XL↵	290↵	↵
細肩背心↵	灰↵	□·S·□·M·□·L·□·XL↵	290↵	↵

第 2 頁，共 2 頁　　393 個字　中文 (台灣) 　　　　　　　　　90%

無論是按下 Delete 或是 ←Backspace 鍵，
都刪不掉這最後的空白頁

解決的方法很簡單，只要將空白頁的段落行距設定到**最小值**，就能將這個段落移到上一頁了。請切換到**常用**頁次，按下**段落**區右下角的 🔲 鈕，開啟**段落**交談窗：

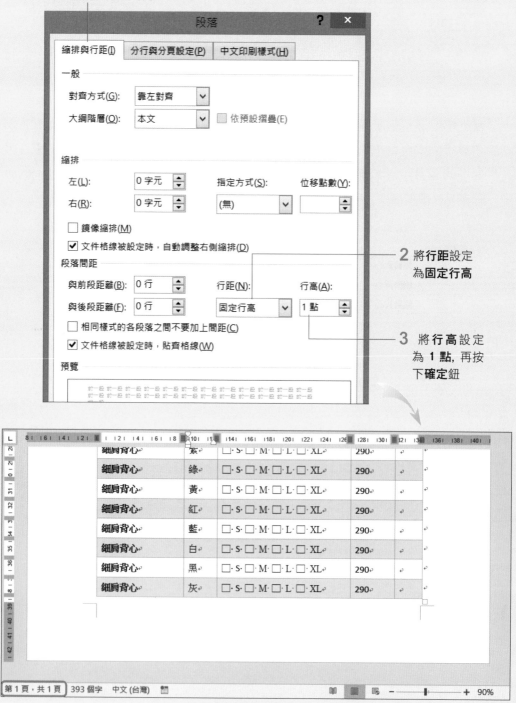

1 切換到**縮排與行距**頁次

2 將**行距**設定為**固定行高**

3 將**行高**設定為 **1 點**, 再按下**確定**鈕

成功刪掉空白頁了

6-28

CHAPTER

7

插入與繪製圖形

在前 2 篇的內容中，我們已經了解到 Word 擁有優異的文字處理能力，從本章開始，我們要讓您領略如何運用 Word 插入與繪製圖形的能力，輕而易舉地製作出圖文並茂、活潑豐富的文件。

- 插入圖片美化文件版面
- 去除圖片背景
- 繪製插圖提升豐富感
- 繪製統計圖表讓數字來說話
- 插入與編輯文字方塊
- 抓取螢幕畫面放入文件中

7-1 插入圖片美化文件版面

想要讓枯燥的文件瞬間變得圖文並茂，最簡單的方法就是插入自己拍攝或繪製的圖片。Word 還提供許多修正色彩、調整明暗及美化的功能，讓你不用透過編修軟體，也能將圖片美美的放入文件中。

插入自己準備的圖片

請先為文件準備好相關的圖片，再如下操作將圖片放入文件中。以下我們利用範例檔案 Ch07-01 來說明插入圖片的操作，請開啟檔案後，將插入點移至如圖的位置，再切換至**插入**頁次，按下**圖例**區的**圖片**鈕：

旅遊夢想計劃書：京都篇

【京都必遊景點：清水寺】

位置：東山區

交通：京都車站市巴士 100、206/京都巴士 18

參觀資訊：票價 300/時間 6:00-18:00

1 將插入點移到此處

來到京都必遊的名寺肯定是【清水寺】，最有名的是壯觀的清水舞台。若要觀賞櫻花，最適合的季節是 4 月上旬；紅葉的最佳賞期則落在 11 月中旬。周邊的石階小路有許多漬物、和菓子、和小物等特色小店，是體驗日式街道風情的最佳景點。

2 按下**圖片**鈕

3 選取儲存圖片的資料夾

4 選取要插入的圖片

5 按下**插入**鈕

　　放入文件中的圖片可能會有尺寸太大的問題, 尤其是未經過裁切、縮小的相片, 因此, 接下來我們要介紹一連串編輯圖片的方法。

調整圖片的大小

　　為讓您可以進行以下的練習, 我們在範例檔案 Ch07-02 準備了數張照片及圖片, 請開啟範例檔案 Ch07-02 來操作。首先要說明如何調整圖片大小, 以剛才插入圖片的操作來說, 預設的圖片寬度會與文字範圍相等, 若想要調整大小, 請在圖片上按一下, 四周出現控點後表示已選取, 這時拉曳控點就能調整大小了。

我們在圖片上方標示了編號, 稍後
請依內文找到相對應的圖片來操作

2 向內拉曳控點

1 按一下圖片

按下 鈕
可以調整文字
與圖片的
排列方式, 稍
後會做說明

拉曳四個邊
上的控點, 則
會將圖片壓
扁或拉長

3 拉曳到理想
大小後放開
滑鼠左鈕

拉曳角落的控點, 可維持圖片的比例做縮放

裁剪圖片與變更圖片形狀

　　假如只想取用局部圖片, 就可以利用裁剪功能將不需要的部份隱藏起來。接續上例, 我們要裁剪相片左邊的部份, 稍後再裁剪成特別的形狀, 請如下操作:

STEP 01　先選取文件上的圖片, 再切換到**圖片工具/格式**頁次, 按下**大小**區的**裁剪**鈕, 此時圖片四周會顯示裁切標示, 指標移到裁切標示上, 如下圖拉曳圖片左側的裁剪標記:

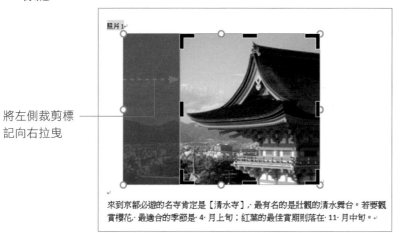

將左側裁剪標記向右拉曳

STEP 02　拉曳時, 即將裁切的部份會以深灰色表示, 確定裁剪範圍後, 請按下 Enter 鍵或再次按下**裁剪**鈕即完成裁剪, 裁切的部份就會被隱藏起來了。當你覺得裁太多、圖太小時, 可以再按下**裁剪**鈕, 向外拉曳裁切標示, 剛才被裁切的部份就又會回復了, 所以被裁切的部份只是被隱藏起來, 並沒有真的被刪除。

不過這樣的造型並不是我們想要的, 要讓版面更加活潑、生動, 還可以裁切成各種圖形。請選取圖片, 這次改按**裁剪**鈕的下半部, 從中執行『**裁剪成圖形**』命令:

此例選擇此形狀

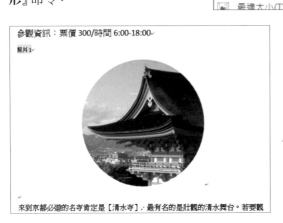

▲ 裁切成指定的形狀了

此例我們先裁切了不要的部份, 再剪裁成圖形, 如果你想要用一整張圖片來裁切, 可改執行『**裁剪/填滿**』或『**裁剪/最適大小**』命令:

▲ 套用**填滿**, 讓圖案填滿所選的裁切形狀。可移動圖片來決定要顯示的內容

▲ 套用**最適大小**, 在裁切形狀中呈現完整的圖片內容, 為符合寬或高, 可能會使裁切形狀不完整

萬一不喜歡裁切的結果, 你可以再次執行『**裁剪/裁剪成圖形**』命令, 重新選取圖形, 或按下調整區中的**重設圖片**鈕, 執行『**重設圖片**』命令, 將圖片回復到裁剪形狀前的狀態。

為圖片套用邊框、陰影、反射等樣式

　　除了將圖片變換成各種圖案之外，還可以為圖片套用樣式，加強視覺效果。請選取 Ch07-02 的**照片2**，切換到**圖片工具/格式**頁次，從**圖片樣式**區選擇一個喜歡的效果：

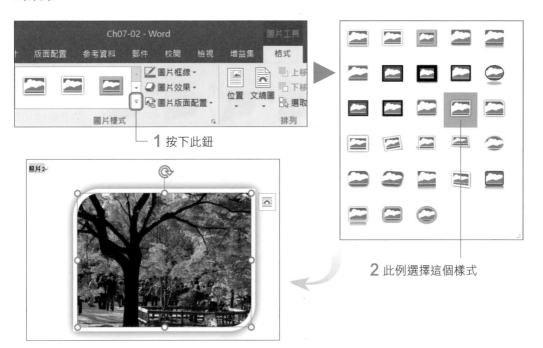

1 按下此鈕

2 此例選擇這個樣式

　　由於圖片樣式是一組組設定好的形狀、邊框、陰影、反射等，所以套用樣式後，會呈現樣式預設的形狀，如果剛才有執行過裁剪形狀就會看不到。若希望圖片能套用樣式，又能有不同的形狀變化，那麼我們可以先套用樣式，再變更形狀，就能兩者並存了。

▲ 先套用樣式　　　　　　　　　▲ 再變更形狀, 仍會套用剛才選擇的樣式

調整圖片的亮度、對比與色彩

若覺得相片的顏色、亮度差強人意，或是對比不夠強烈、色彩不夠鮮豔等，只要在 Word 就可以輕鬆解決這些常見的相片問題了。以範例檔案為例，我們想要加強**照片3** 的對比，再提高一點亮度，請先選取圖片並切換到『**圖片工具/格式**』頁次：

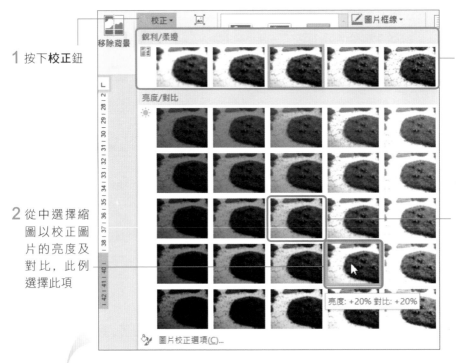

1 按下**校正**鈕

2 從中選擇縮圖以校正圖片的亮度及對比，此例選擇此項

此區可調整圖片的模糊及銳利程度，愈往左愈模糊，往右則愈清晰

縮圖的正中央為原圖，原圖以左會降低亮度、以右會提高亮度；原圖以上會降低對比、以下會提高對比

亮度: +20% 對比: +20%

圖片校正選項(C)...

▲ 調整前圖片有點偏暗

▲ 此例套用**亮度**提高 20%；**對比**提高 20%

　　除了調整亮度、對比外，還可以為圖片套用不同的顏色，以營造符合需要的風格。請選取**照片4** 後，改按下**色彩**鈕，就會看到 Word 提供的顏色效果了：

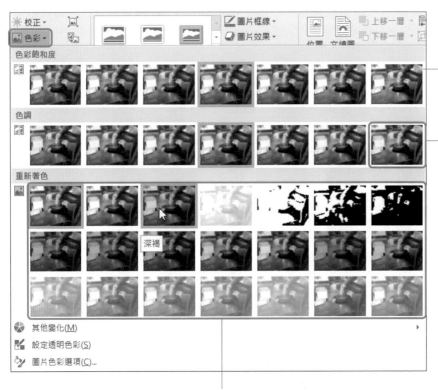

調整圖片的鮮豔度，愈往右顏色愈飽和

依冷、暖色調變化圖片的顏色，左為冷色調；右為暖色調。此例套用最右邊的暖色調

可套用各種不同的色調，若不喜歡這些顏色，還可以按下『**其他變化**』命令從色盤中選取顏色

▲ 調整前

▲ 套用**深褐**

為圖片套用美術效果

　　若想為圖片變化質感, 例如轉換成繪圖風格、馬賽克特效等, 不用開啟影像編輯軟體就能輕鬆做到。請選取**照片5**　, 再切換到**圖片工具/格式**頁次, 由**調整**區**美術效果**鈕的選項中進行設定:

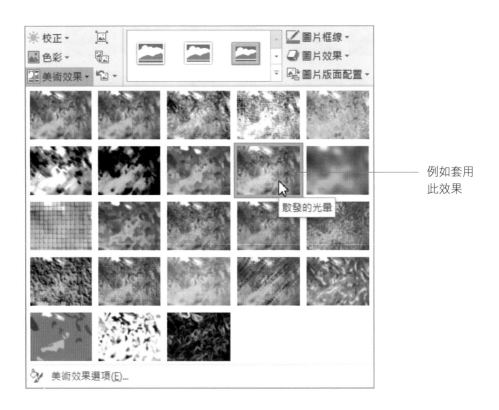

例如套用
此效果

▲ 調整前　　　　　　　　　▲ 此例套用**散發的光暈**

旋轉與翻轉圖片

　　圖片不但可以縮放大小、裁剪形狀, 還可以為圖片旋轉角度。當我們選取圖片時, 圖片上方會延伸出旋轉控點, 以下利用**照片6** 來練習:

▲ 選取圖片時會顯示旋轉控點, 拉曳控點可自由調整角度

　　如果是要水平或垂直翻轉圖片, 除了小心翼翼的拉曳外, 還有更容易的方法。請先選取圖片再切換到**圖片工具/格式**頁次, 按下**排列**區的**旋轉**鈕, 由選單中執行要旋轉的命令:

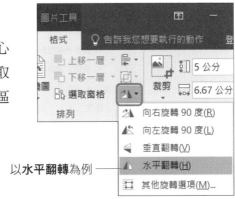

以**水平翻轉**為例

▲ 先按下 Ctrl + Z 鍵取消剛才拉曳的旋轉

▲ 水平翻轉效果

有時候我們會想讓文件上的圖片統一都旋轉 15 度, 此時拉曳的目測法就不管用了, 請改按下**旋轉**鈕執行『**其他旋轉選項**』命令, 開啟如下的交談窗進行角度的調整:

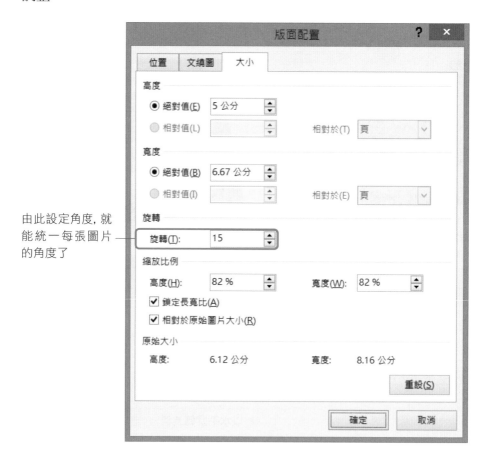

由此設定角度, 就能統一每張圖片的角度了

雖然這裡是以圖片為例, 介紹旋轉、翻轉和自由角度的設定, 但稍後介紹的圖案, 調整方法也相同, 唯一不同只是要改切換到**繪圖工具/格式**頁次而已。

設定圖片與文字的排列方式

接著要設定圖片與文字的排列方式。當我們插入圖片時, 預設圖片會與文字排列, 所以圖片的兩側常會空白一片, 版面顯得鬆散不好看, 這時只要設定文繞圖的排列方式, 就能解決這個問題。

以範例檔案 Ch07-02 來說明, 請先選取**圖片1** , 再按下圖片右上角的  鈕或切換至**圖片工具/格式**頁次, 由**排列**區的**文繞圖**鈕來設定排列方式:

若由**位置**鈕設定圖片位置, 除了會改變圖片的位置外, 文字的排列方式也會變更為**矩形**

此例選擇**矩形**

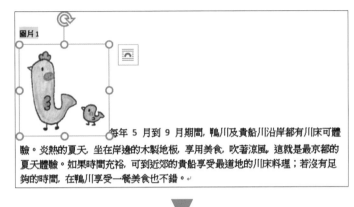

設定好之後, 還可以拉曳圖片至理想的位置, 文字將會自動重新排列, 不用再自己調整:

▲ 我們將圖片拉曳到文字的右側

選取圖片按下**文繞圖**鈕, 再執行選單中的『**其他版面配置選項**』命令, 還可開啟交談窗自行設定圖片與文字間的距離:

選項會依設定的排列
方式而異, 例如**矩形**排
列, 可設定**上**、**下**、
左、**右**的距離; 選擇
上及下的文繞圖方式
就只會有**上**、**下**選項

 選取圖片後, 按下**文繞圖**鈕, 執行選單中的**設成預設配置**命令, 可將慣用的文繞圖方式設成
預設值。

　　如果插入的是不規則的圖案, 或是已去除背景的圖片 (參考 7-2 節), 這時可設
定為**緊密**或**穿透**的排列方式, 讓文字能繞著圖片排列; 一旦不滿意圖片與文字的間
距時, 還可以執行『**編輯文字區端點**』命令, 手動調整文字與圖片間的距離, 你可以
利用**圖片1** 來練習:

拉曳端點可調整距離

在線段間按下左鈕可新增控點　　　　　　修改完點一下圖片外的任意地方可結束編輯狀態

 在大部份的情況下, **緊密**與**穿透**的排列效果相同, 只有較特殊的圖片形狀, 兩者才會有些
微的差異。

利用輔助線調整圖片的位置

　　將圖片設成文繞圖的方式後, 你可以任意調整圖片的位置, 例如將**照片5** 的文繞圖改為**矩形**, 再按住圖片不放, 拉曳到適當的位置。

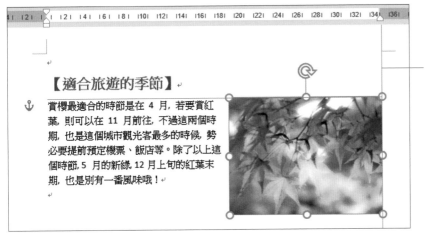

調整圖片位置時, 還會出現綠色的輔助線, 幫助你對齊邊界或置中

　　若是沒有看到綠色輔助線, 你可以切換至**圖片工具**的**格式**頁次, 在**排列**區按下**對齊鈕**, 執行『**使用對齊輔助線**』命令。

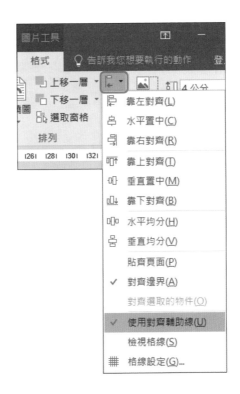

7-2 去除圖片背景

以往要為圖片去除背景，總是得大費周章的開啟編修軟體來進行，現在 Word 也能做到了，只要圖片的主體清楚，就能迅速清除背景。這一節我們以範例檔案 Ch07-02 的**圖片2**為例，來說明去除圖片背景的步驟。

請選取**圖片2**，並切換到**圖片工具/格式**頁次，然後如下步驟練習。

STEP 01 按下**移除背景鈕**，會切換到**圖片工具/背景移除**頁次，圖片也會填入桃紅色以標示移除範圍，顯示正常顏色的部份，就是會留下來的範圍：

選取圖片再按下此鈕

STEP 02 請拉曳圖片上的調整控點，使其完全涵蓋欲保留的主體，只要圖片的背景單純，此時就能完全去除背景：

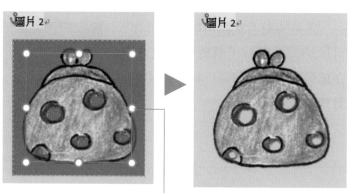

拉曳左、右及上方的調整控點，以涵蓋整張圖片

STEP 03 此例圖片中的白色部份也被移除了，這與我們預期的不同，所以要將這部份再加回來，請按下**圖片工具/背景移除**頁次中的**標示區域以保留**鈕：

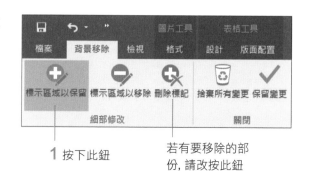

1 按下此鈕

若有要移除的部份，請改按此鈕

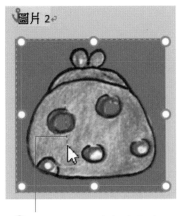

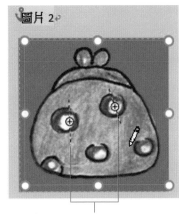

2 在欲保的範圍上拉曳直線

3 把 2 個範圍都加回來

STEP 04 若沒有要再追加或移除的範圍了, 請按下**圖片工具/背景移除**頁次中的**保留變更**鈕, 圖片的去背工作就完成了。

在移除或增加範圍的過程中可按下**刪除標記**鈕再點按 ⊖ 或 ⊕ 圖示, 清除圖上的標記; 或是按下**捨棄所有變更**鈕, 回復圖片到未變更的模樣再重新設定。

在實際應用上, 我們再利用剛才介紹的方法, 套用**繪圖筆刷**的**蠟筆平滑效果**, 就完成如下的成果了。

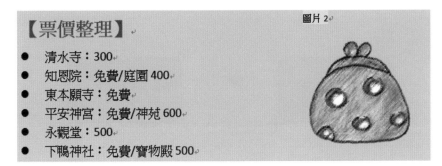

▲ 套用**美術效果**

7-3 繪製插圖提升豐富感

Word 還提供了許多簡單的圖案、線條繪製功能,讓我們任意的組合應用,想要繪製流程圖、與文字內容搭配的插圖,全都可以輕易繪製完成。這一節來看看如何繪製圖案吧!

繪製圖案

先來看看 Word 提供哪些圖案。請切換至**插入**頁次,在**圖例**區按下**圖案**鈕,其中共有 8 種圖案分類,讓您選擇要繪製的圖案:

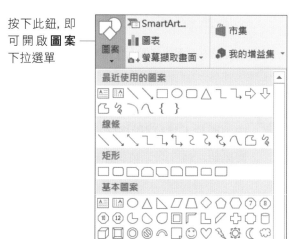

按下此鈕,即可開啟**圖案**下拉選單

底下以範例檔案 Ch07-03 來練習。

STEP 01 開啟檔案後,請如上述步驟開啟**圖案**選單,選擇**圖說文字**類下的**橢圓形圖說文字**,在文字的右側如下拉曳出圖形:

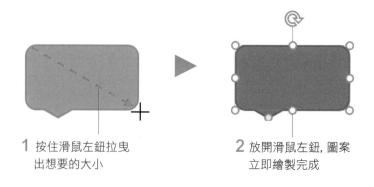

1 按住滑鼠左鈕拉曳出想要的大小

2 放開滑鼠左鈕,圖案立即繪製完成

STEP 02 選定圖案時, 也會和圖片一樣顯示尺寸控點和旋轉控點, 調整方法與圖片相同, 就請您自行練習了。不過, 選定圖案時, 還會出現黃色的調整控點讓我們改變圖案外觀:

調整旋轉控點可改變圖案的角度

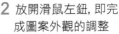

1 拉曳黃色的控點
可調整圖案的外觀

2 放開滑鼠左鈕, 即完
成圖案外觀的調整

STEP 03 由於我們插入的是**圖說文字**類, 所以按一下圖案就會出現插入點, 此例請如圖輸入文字:

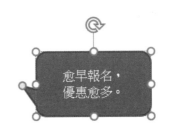

愈早報名,
優惠愈多。

　　若要設定文字格式, 可選取圖案再切換到**常用**頁次設定字型、文字顏色等, 或是選取文字內容, 利用**迷你工具列**來設定文字格式, 其操作與一般文字相同。

如果繪製的是非**圖說文字**類, 插入的圖案不會顯示插入點, 此時可在圖案上按右鈕, 執行
『**新增文字**』命令, 圖案就會出現插入點讓我們輸入文字了。

套用圖案樣式

　　在 Word 繪製的圖案會套用預設的樣式, 若要為圖案變換樣式, 可以在**繪圖工具/格式**頁次的**圖案樣式**區進行調整。請接續上例來練習, 同樣要先選取欲套用樣式的圖案, 再由**圖案樣式**區的列示窗選取要樣式:

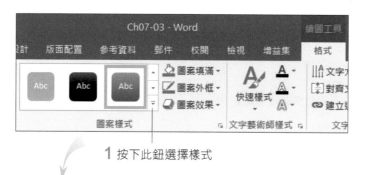

1 按下此鈕選擇樣式

2 按下樣式縮圖

填入色彩與框線設定

如果 Word 提供的樣式中沒有你喜歡的項目, 或是套用之後想變更顏色、調整框線的粗細, 都可以自行變更。

設定填滿效果

接續上例來練習, 請選取圖案再切換至**繪圖工具/格式**頁次, 並在**圖案樣式**區按下**圖案填滿**鈕, 首先為您說明圖案的填滿效果。

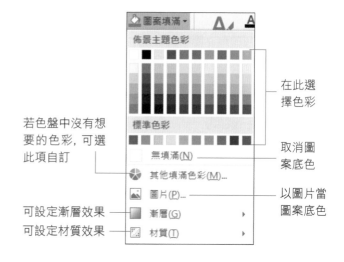

在此選擇色彩

若色盤中沒有想要的色彩, 可選此項自訂

取消圖案底色

以圖片當圖案底色

可設定漸層效果

可設定材質效果

● **圖片**：可選用自己準備的圖片來填滿圖案。

● **漸層**：設定漸層效果前, 您可以先選定一種色彩, 再選用漸層效果, 如此就能以您選定的色彩來建立漸層填色。

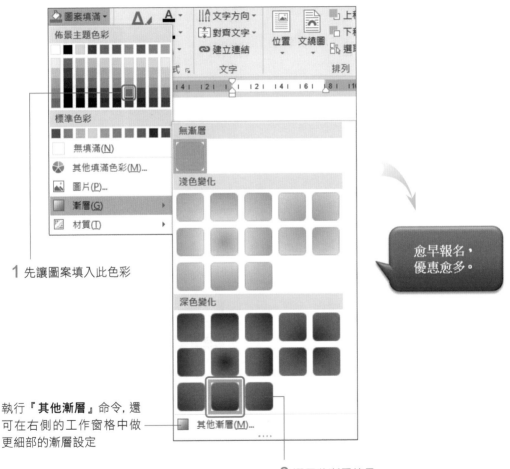

1 先讓圖案填入此色彩

執行『**其他漸層**』命令, 還可在右側的工作窗格中做更細部的漸層設定

2 選用此漸層效果

● **材質**：在此可以
選用 Word 內
建的材質圖片來
填滿圖案。

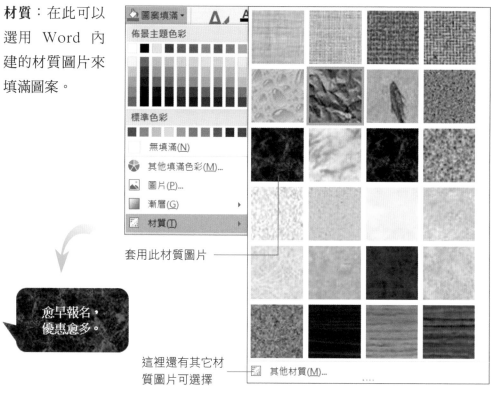

套用此材質圖片

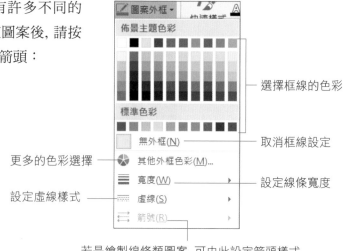

這裡還有其它材
質圖片可選擇

設定圖案框線

圖案的外框線條也有許多不同的
樣式讓您自由設定。選定圖案後, 請按
下**圖案外框**鈕右側的向下箭頭：

選擇框線的色彩

取消框線設定

更多的色彩選擇

設定線條寬度

設定虛線樣式

若是繪製線條類圖案, 可由此設定箭頭樣式

寬度：3 點 ＋ **虛線**：方點　　執行**其他線條**設定**複合類**　　**寬度**：3 點 ＋ **虛線**：圓點
　　　　　　　　　　　　　　　　型為**粗細** ＋ **寬度**：4.5 點

除了繪製的圖案可套用框線, 以 7-1 節的方法插入之圖片, 亦可如上所述套用框線, 只要改切換到**圖片工具/格式**頁次, 即可看到**圖片框線**鈕。

為圖案套用陰影、反射與立體效果

您也可以為圖案增添各種特殊效果, 例如陰影、反射、柔邊、光暈, 甚至將平面圖案變成 3D 立體圖案。以**反射**效果為例, 設定時請選取圖案再如下操作：

1 切換至**繪圖工具/格式**頁次, 並按下**圖案效果**鈕

2 在此選擇要套用的類型

3 按下喜歡的樣式

套用**反射**效果

若是按下**反射選項**, 還
可開啟右側的工作窗格做
進一步的細項設定:

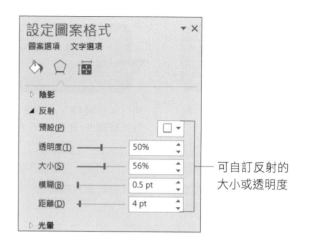

可自訂反射的
大小或透明度

再來試試立體效果。請先取消反射效
果, 再按下**圖案效果**鈕, 然後選擇**浮凸**下的
任一效果, 再套用**陰影**效果:

套用**浮凸** + **陰影**

套用**浮凸**效果, 再執行『**立體選項**』命令, 同樣可開啟工作窗格做細部設定:

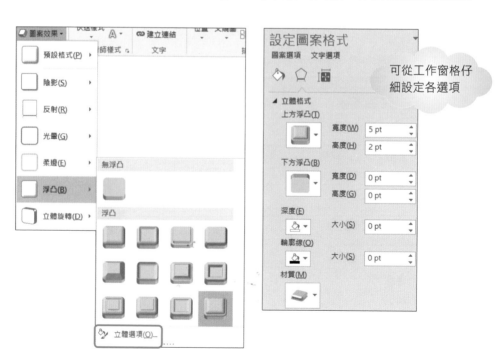

可從工作窗格仔
細設定各選項

　　雖然這裡是以**反射**、**浮凸**為例, 其它的**光暈**、**柔邊**等效果同樣是按下縮圖即可套用；執行最下方的命令即可開啟工作窗格。若是要取消效果, 則可按下各項效果選項最上方的縮圖, 即**無反射**、**無陰影**等。

　　此外, 插入的圖片亦可套用**圖片效果**, 只要選取圖片再切換到**圖片工具/格式**頁次, 即可由**圖片效果**鈕開啟選單進行套用, 其操作與在圖案上套用效果完全相同。

群組圖案

　　當您在一份文件中繪製了多個圖案時, 可以將這些圖案群組成一個物件, 一起進行整體的調整大小、複製、移動位置等操作。以範例檔案　Ch07-03　來說, 除了本節一開始繪製的圖說文字外, 如果再繪製一個相同的圖案就可以將　2　張圖片群組起來, 以便稍後一起搬移位置。

1 按下左圖再按住 Ctrl 或 Shift 鍵點選右圖

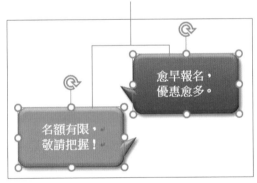

2 在任一個圖形中按右鈕執行『**群組/組成群組**』命令

3 圖片群組成一個物件了

若要將此群組拉曳到文字下方, 只要拉曳其中一個圖案, 群組就會一起移動了:

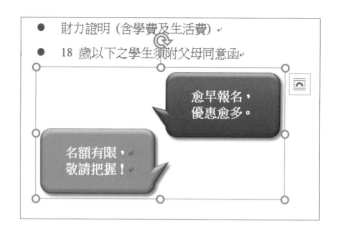

圖片與圖案的編輯技巧

相信您也發現了!圖片與圖案在編輯技巧上其實有許多雷同之處, 例如套用樣式、旋轉 / 翻轉圖片、設定效果等, 所以只要選取圖片或圖案, 再分別切換至**圖片工具/格式**、**繪圖工具/格式**頁次, 就能找到欲調整的工具, 我們也就不再重複說明了, 要懂得舉一反三哦!

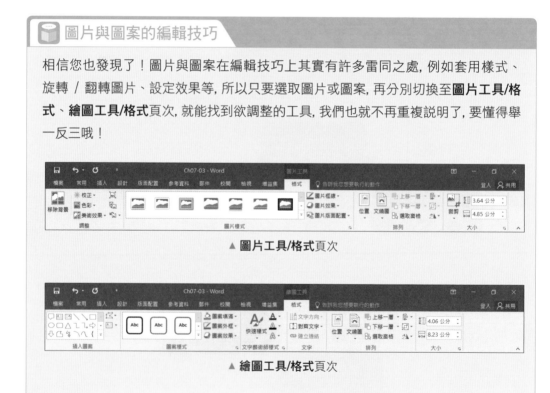

▲ **圖片工具/格式**頁次

▲ **繪圖工具/格式**頁次

7-4 繪製統計圖表 讓數字來說話

在 Word 中也可以直接繪製統計圖表, 因此您不必特別開啟 Excel 去繪製統計圖表再貼過來, 在 Word 中即可一氣呵成, 相當方便, 請接著看以下的說明。

繪製統計圖表

請開啟一份新文件, 如下練習插入統計圖表。

STEP 01 先切換到**插入**頁次按下**圖例**區的**圖表**鈕, 此時會出現**插入圖表**交談窗, 讓你選擇圖表的類型及樣式:

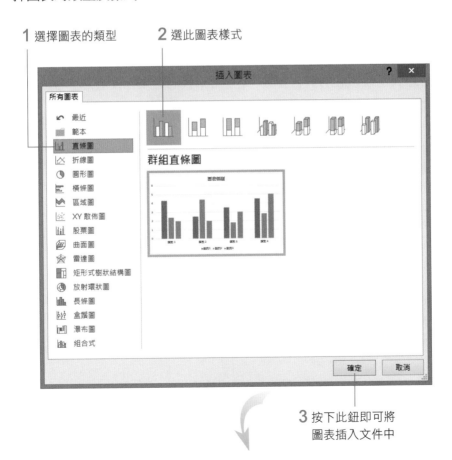

1 選擇圖表的類型
2 選此圖表樣式
3 按下此鈕即可將圖表插入文件中

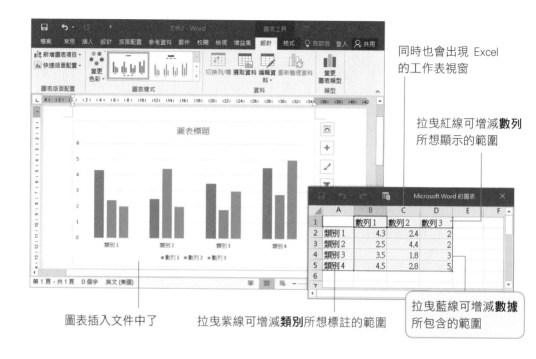

同時也會出現 Excel
的工作表視窗

拉曳紅線可增減**數列**
所想顯示的範圍

拉曳藍線可增減**數據**
所包含的範圍

圖表插入文件中了　　　拉曳紫線可增減**類別**所想標註的範圍

STEP 02 此時圖表是以預設的資料與數字建立的, 我們必須替換成自己的資料, 圖表才算完成:

2 關閉 Excel 視窗

Word 文件中的圖表也會同步更新　　　**1** 在工作表中輸入資料

　　當資料欄位超出了原本的預設值 (4 欄與 5 列), 藍色框線會自動擴大, 並將其範圍涵蓋到您所有的資料。萬一沒有自動調整, 也可以自行手動拉曳；反之, 若不想讓所有資料全部出現在圖表中, 則可拉曳框線, 讓它只框選想要出現在圖表中的資料。

　　之後若要修改圖表資料, 請先選取統計圖表, 再按下**圖表工具/設計**頁次**資料**區的**編輯資料**鈕, 待出現 Excel 的工作表視窗後再進行編輯。

調整統計圖表

　　在您建立統計圖表之後, 依然可以改變其類型與樣式等設定。請開啟範例檔案 Ch07-04, 跟著我們一起做以下的練習。

變更圖表類型

　　一旦覺得圖表類型不適合呈現資料, 不妨換個圖表類型來試試看。請選取該檔案中的圖表, 再切換到**圖表工具/設計**頁次, 然後按下**類型**區的**變更圖表類型**鈕, 即可選擇適合的圖表類型：

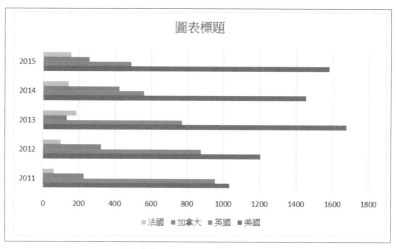

▲ 圖表類型已變更成橫式

變更版面配置

當您的統計圖表繪製好之後, 若覺得有數字顯示在圖表上會更容易閱讀, 那麼您可以按下**圖表版面配置**區的**快速版面配置**鈕, 從中選擇適合的版面配置方式:

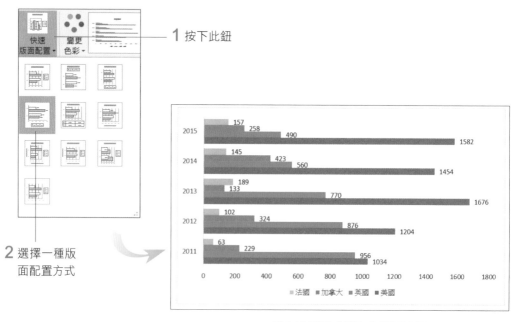

1 按下此鈕

2 選擇一種版面配置方式

▲ 圖表已變更成選取的版面配置

7-5 插入與編輯文字方塊

文字方塊也屬於圖案的一種, 不同之處是可以在其內輸入文字, 並能進行字元、段落、縮排等格式變化。Word 並且提供多種文字方塊的設計樣式, 讓您輕鬆編排美觀的文件。

首先我們要介紹套用樣式以建立文字方塊的方法, 請開啟範例檔案 Ch07-05, 再切換到**插入**頁次, 按下**文字**區的**文字方塊**鈕:

1 按下**文字方塊**鈕

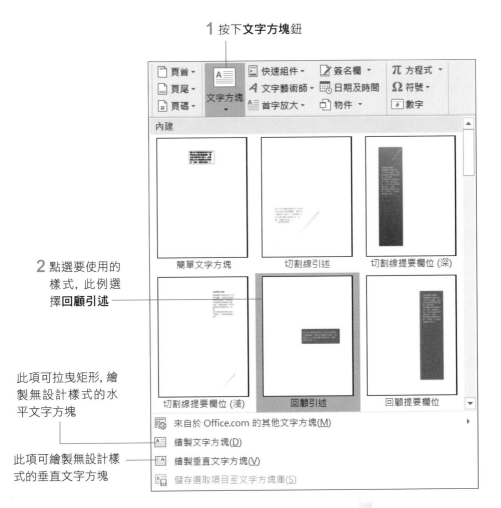

2 點選要使用的樣式, 此例選擇**回顧引述**

此項可拉曳矩形, 繪製無設計樣式的水平文字方塊

此項可繪製無設計樣式的垂直文字方塊

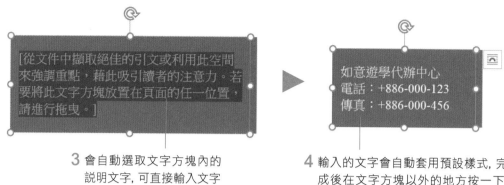

3 會自動選取文字方塊內的
說明文字, 可直接輸入文字

4 輸入的文字會自動套用預設樣式, 完
成後在文字方塊以外的地方按一下,
亦可調整大小, 或移至適當的地方

文字方塊內文字格式的設定方式, 則與一般文字相同, 皆可在選取後由**常用**頁次或**迷你工具列**來調整字型、大小及顏色等。

若要恢復文字方塊的輸入狀態, 只要將指標移至文字方塊內按一下, 即可在文字方塊中出現插入點。

當您建立了文字方塊後, 可以使用文字方塊四周的控點拉曳大小, 並且能自由移動文字方塊的位置。另外, 點選文字方塊後, 切換到**格式**頁次, 還可以再調整色彩、線條、陰影效果等設定。由於操作的方法與圖案相同, 請您參考 7-3 節的說明。

若是按下**文字方塊**鈕後選擇**繪製文字方塊** (或**繪製垂直文字方塊**) 項目, 則可在文件的任意處拉曳出矩形方塊, 並在其中輸入文字。這個建立文字方塊的方式是不是很熟悉呢?其實我們在 7-3 節繪製圖案時就練習過了, 由此可知, 除線條類的快取圖案, 其餘圖案都可以變更為文字方塊, 只要拉曳圖案, 並在圖案上按右鈕執行『**新增文字**』命令, 就可以當文字方塊來使用了。

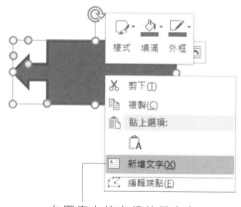

在圖案上按右鈕執行命令,
即可建立圖案類文字方塊

您也可以將現成的文字轉換成文字方塊, 只要先選定文字再按下**文字方塊**鈕, 於開啟的選單中選擇**繪製文字方塊**或**繪製垂直方塊**項目即可。

7-6 抓取螢幕畫面放入文件中

製作軟體操作教學、網頁設計說明等文件時, 以往你需要按下 `Print Screen SysRq` 鍵拍下全螢幕, 再到影像編輯軟體裁切成想要的大小, 才能將圖片插入文件中。現在不用那麼麻煩了, Word 內建了**螢幕擷取畫面**功能, 想要放入完整視窗、部份畫面, 全都辦得到。

請建立一份新文件, 在此我們要在其中加入**旗標**網站的畫面, 以下就來完成這項操作。

STEP 01 請先開啟 IE 並連上**旗標**網站 (http://www.flag.com.tw), 稍後我們要把畫面放入文件裡:

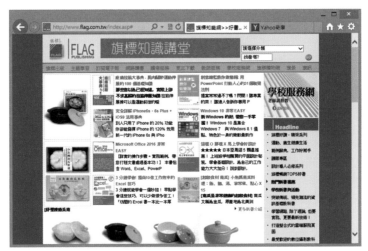

STEP 02 回到 Word 視窗, 將插入點移至欲插入圖片的位置, 再切換到**插入**頁次, 並按下**圖例**區的**螢幕擷取畫面**鈕:

請執行此命令, 我們要自行設定抓取的畫面範圍

目前開啟的所有視窗縮圖會顯示在這裡, 按下縮圖可插入完整視窗

如果你在**可用的視窗**區中看到的不是所有視窗縮圖, 而是出現黑色畫面, 這表示您的顯示卡效能不足, 請直接利用**畫面剪輯**命令來抓取所要的畫面。

STEP 03 接著會切換到排列在最上層的視窗 (此例為 IE), 而且畫面會變成半透明的白色, 指標則變成十字狀, 請按下滑鼠左鈕拉曳, 定義出要抓取的範圍:

放開左鈕, 圖片就貼到文件了

同樣可以拉曳控點調整圖片的大小, 或拉曳圖片調整位置

執行『**螢幕擷取畫面**』命令後, 會立即切換到排列在最上層的視窗, 如果要抓取的螢幕畫面不在最上層, 請先按下 Esc 鍵取消此次的擷取動作, 再切換到欲抓取畫面的視窗, 並重新按下 Word 視窗中的**螢幕擷取畫面**鈕來抓取畫面。

CHAPTER

8

使用 SmartArt 繪製視覺化圖形

Word 的 SmartArt 圖形以視覺化的方式來呈現
資訊，具有多種設計精美的圖形，例如流程圖、
組織圖、矩陣圖、金字塔圖等，您只要從許多
不同的版面配置中選擇，就能輕鬆且快速建立
複雜、美觀、專業的各種圖形。

- 繪製 SmartArt 圖形
- 繪製與美化組織圖
- 繪製圖片式清單

8-1 繪製 SmartArt 圖形

這一節我們先帶您熟悉各種 SmartArt 圖形, 並練習建立圖形, 以及修改、變更圖形等基本操作, 還會建議您各種 SmartArt 圖形的使用時機, 下一節起再針對常用的組織圖及可添加圖片的圖形做練習。

建立 SmartArt 圖形

請開啟一份新文件, 首先要說明如何插入 SmartArt 圖形。在本例中我們以**循環圖**來做示範, 這種圖形適用於說明工作進行的順序與步驟, 請如下操作:

STEP 01 切換到**插入**頁次, 在**圖例**區中按下 **SmartArt** 鈕。

按下此鈕

STEP 02 開啟**選擇 SmartArt 圖形**交談窗後, 選擇要在文件中插入的 SmartArt 圖形。

1 點選圖形分類, 例如**循環圖**　　2 選擇圖形樣式　　可參考此處的圖形說明

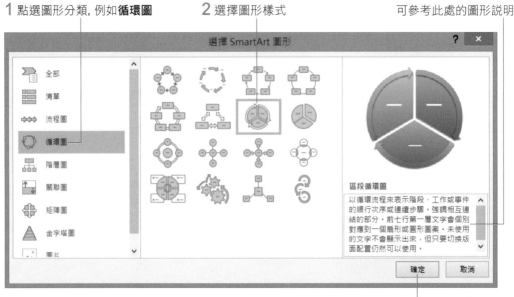

3 按下**確定**鈕

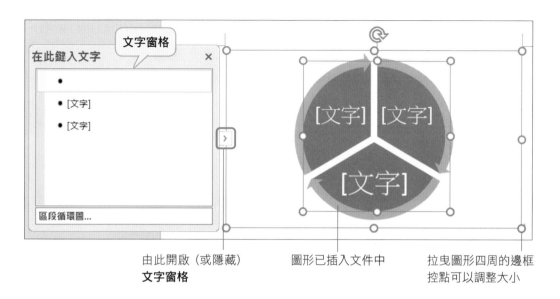

　　　　　　由此開啟（或隱藏）　　　圖形已插入文件中　　　拉曳圖形四周的邊框
　　　　　　文字窗格　　　　　　　　　　　　　　　　　　控點可以調整大小

STEP 03 插入您選擇的 SmartArt 圖形後, 便可在圖形中輸入文字。

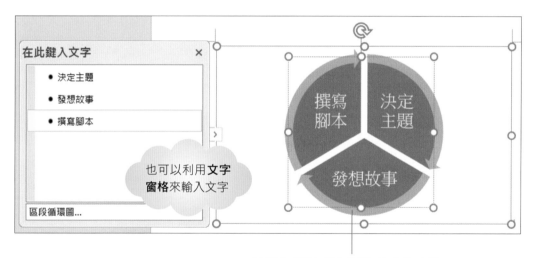

　　　　　　　　　　　　只要在出現 "[文字]" 的方塊中點一
　　　　　　　　　　　　下, 即可輸入內容；輸入完成後, 在圖形
　　　　　　　　　　　　區之外的地方點一下, 可結束編輯狀態

　　若想修改輸入的文字字型, 可以在**常用**頁次的**字型**區中調整, 或是選取圖形中的文字後, 切換到 **SmartArt 工具**的**格式**頁次, 在**文字藝術師樣式**區中進行設定。

剛剛我們建立的 SmartArt 圖形只有 3 個欄位, 不夠用時, 還可以自行新增。
請將插入點移至**文字窗格**中「撰寫腳本」的最後, 並按下 Enter 鍵:

插入點移至此並按下 Enter 鍵

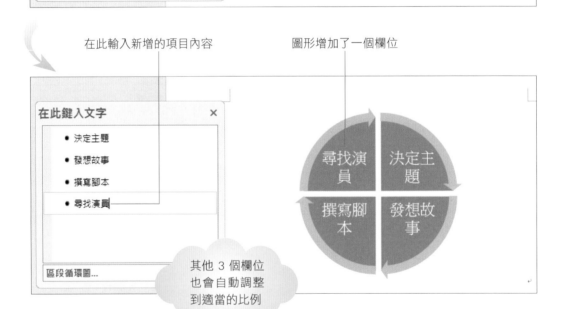

在此輸入新增的項目內容

圖形增加了一個欄位

其他 3 個欄位
也會自動調整
到適當的比例

　　您可以繼續在**文字窗格**中按下 Enter 鍵新增圖形欄位到適當的數量, 完成後在
圖形外按一下即可結束編輯。若想將 SmartArt 圖形刪除, 可先將其選取, 再按下
Delete 鍵。

各類 SmartArt 圖形的適用時機

在 Word 所提供的眾多 SmartArt 分類中, 您可以視情況選用最適合的一種, 下表整理出各種圖形的使用時機讓您做參考:

SmartArt 分類	使用時機
清單	可用來顯示沒有一定順序的資訊或條列
流程圖	可用來顯示程序或時間表中的步驟
循環圖	可用來顯示連續的程序或步驟
階層圖	可用來繪製組織圖, 顯示彼此間的階層關聯
關聯圖	可用來呈現各部分之間的關係, 也可繪製交集圖
矩陣圖	可用來顯示組件與整體之間的相關性
金字塔圖	可用來顯示按比例的關聯性, 將最大的元件顯示在頂端或底端

變換 SmartArt 圖形

建立了一個 SmartArt 圖形, 也輸入了文字, 此時若想要將其變換成另一種 SmartArt 圖形, 只要先選取原本的 SmartArt 圖形, 再切換至 **SmartArt 工具/設計**頁次, 按下**版面配置**區的**其他鈕** :

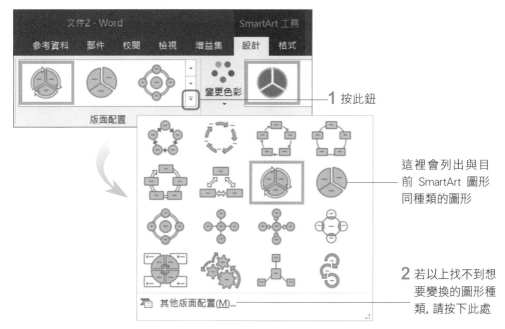

1 按此鈕

這裡會列出與目前 SmartArt 圖形同種類的圖形

2 若以上找不到想要變換的圖形種類, 請按下此處

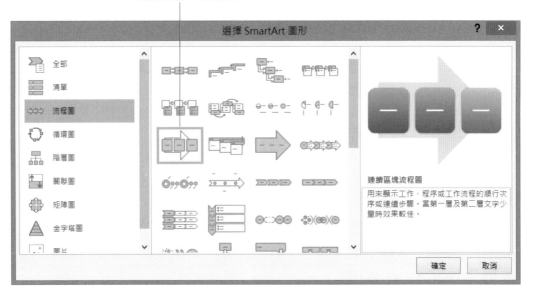

3 在此選擇想變換的
圖形, 並按下**確定**鈕

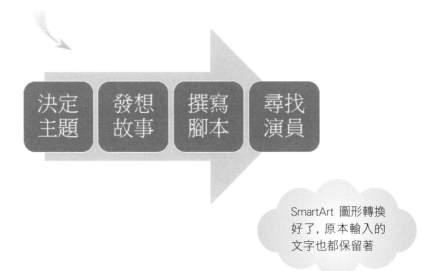

SmartArt 圖形轉換
好了, 原本輸入的
文字也都保留著

　　這樣的轉換方式, 適用於每一種 SmartArt 圖形, 因此若您在一開始的時候選
了不適當的 SmartArt 圖形, 等到文字或資料輸入完成之後, 還是可以按照上述的
步驟進行轉換, 之前輸入的資訊都會保留下來。

8-2 繪製與美化組織圖

學會了插入 SmartArt 圖形與輸入文字的方法後, 接下來我們要實際地繪製一些實用的 SmartArt 圖形。例如在建製網站時常常會看到的網站組織圖, 我們也可以利用 SmartArt 圖形來繪製。

繪製組織圖

請先切換到**插入**頁次, 在**圖例**區中按下 **SmartArt** 鈕開啟**選擇 SmartArt 圖形**交談窗, 先在交談窗左邊選擇**階層圖**, 再於右邊選擇**組織圖**項目:

選擇此項並按下**確定**鈕

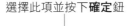

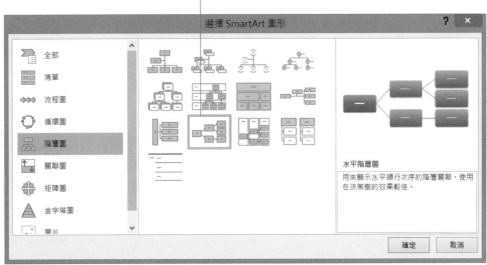

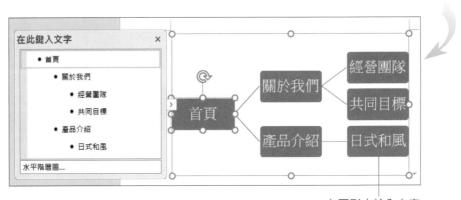

在圖形中輸入文字

若覺得 SmartArt 圖形中的欄位不夠用, 可以自行添加上去, 例如想在「產品介紹」之下增加欄位, 請先選取該欄位, 再於 **SmartArt 工具/設計**頁次的**建立圖形**區按下**新增圖案**鈕, 在其下拉選單中執行『**新增下方圖案**』命令:

執行此命令

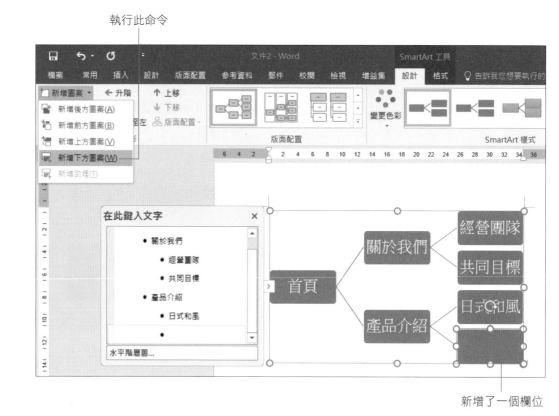

新增了一個欄位

以同樣的方式繼續新增欄位並填入文字, 便可將網站組織圖繪製好:

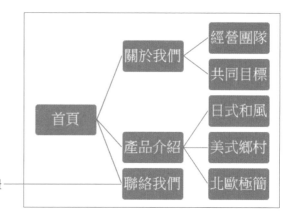

選取「產品介紹」再按下**新增圖案**鈕的**新增後方圖案**, 可建立此欄位

美化組織圖

　　我們可以修改 SmartArt 的圖形配色或是增加立體效果, 讓圖形更加美觀。接續上例, 先來看看如何修改圖形配色。

調整圖形配色

　　請先選定圖形後, 再切換到 **SmartArt 工具/設計**頁次的 **SmartArt 樣式**區, 按下**變更色彩**鈕, 挑選喜歡的配色樣式:

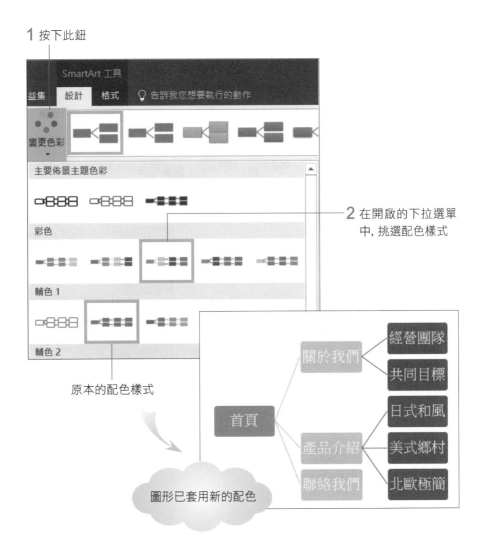

1 按下此鈕

2 在開啟的下拉選單中, 挑選配色樣式

原本的配色樣式

圖形已套用新的配色

為圖形增加立體效果

要為圖形增加立體效果, 也同樣可以在 **SmartArt 樣式**區中設定:

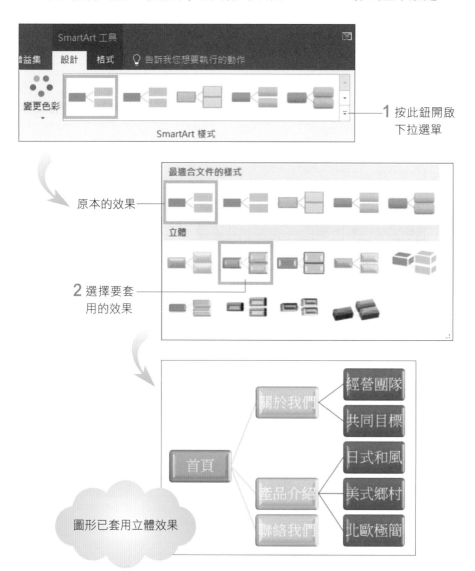

1 按此鈕開啟
下拉選單

原本的效果

2 選擇要套
用的效果

圖形已套用立體效果

　　若想取消以上所做的圖形配色與立體等效果設定, 可以按下 **SmartArt 工具/設計**頁次**重設**區的**重設圖形**鈕。

SmartArt 圖形大小及位置的調整方式, 都與先前介紹的圖片編輯技巧相同, 您可以參考 7-1
節的説明。

8-3 繪製圖片式清單

「清單」一定都是正經八百的文字條列嗎？在這節當中我們將為您介紹以 SmartArt 來繪製美美清單的技巧, 還能搭配圖片為文字做最適當的註解, 讓每個條列既清楚又美觀。

插入圖片式清單

請建立一份新文件來練習。先切換到**插入**頁次, 在**圖例**區中按下 **SmartArt** 鈕開啟**選擇 SmartArt 圖形**交談窗, 在交談窗左邊選擇**圖片**, 再於右邊選擇**水平圖片清單**項目：

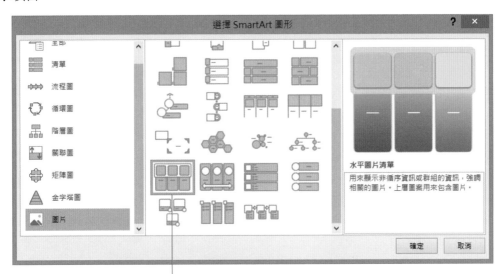

選擇此項並按下**確定**鈕

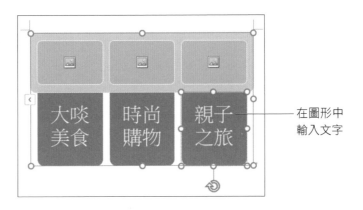

在圖形中輸入文字

此時您可能又覺得預設的 SmartArt 圖形中的欄位不夠用了, 您同樣可以再自行添加上去。例如想在右邊繼續增加欄位, 請先選取最右邊的欄位, 再於 **SmartArt 工具/設計**頁次的**建立圖形**區按下**新增圖案**鈕, 在其下拉選單中執行『**新增後方圖案**』命令:

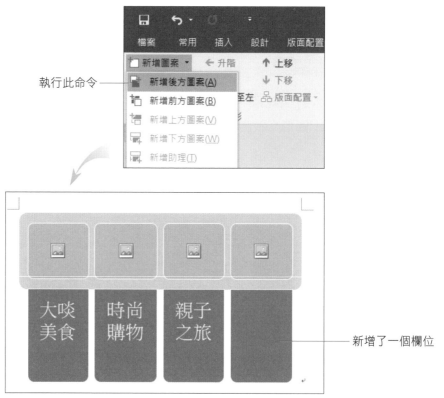

執行此命令

新增了一個欄位

以同樣的方式繼續新增欄位並填入文字, 便可將清單繪製好:

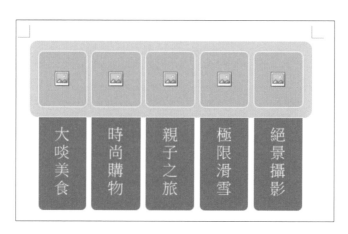

美化圖片式清單

接續上例, 我們利用在上一節中學到的方法修改 SmartArt 的圖形配色或是增加立體效果, 讓圖形更加美觀:

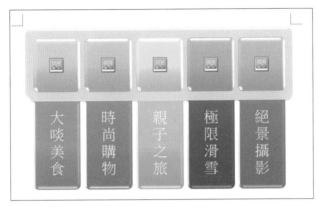

▲ 圖形已套用新的配色與立體效果

圖片清單的特色就是可以讓您插入圖片, 我們現在就來試試看! 請按一下清單上的 🖼 圖示, 便會出現**插入圖片**交談窗, 請按下**瀏覽鈕**, 從電腦中挑選圖片:

選取要插入的圖片並按下**插入**鈕,
將圖片插入到 SmartArt 圖形中

圖片插入進來了，而且
會自動縮放至適當大小

利用同樣的方法，為每
個欄位都插入圖片吧！

 如果要變更圖片，請先選
取圖片按下 Delete 鍵，再
重新按下 圖示來選
取圖片。

　若您想對調左右
排列順序，可以切換至
SmartArt 工具/設計頁
次，並**按下建立圖形**區的**從
右至左**鈕即可（再按一下
可回復原本的順序）：

▶ 左右排列順
序調換了

　Word 還有其它許多 SmartArt 圖形，您不妨利用以上所學到的技巧，自行練
習繪製不同的圖形吧！

文字藝術師

文件標題扮演著提示重點的角色，若是多加變化，肯定有突顯的作用；或是想在版面上為文字套用效果，例如反射、以波浪排列等，也都可以透過「文字藝術師」來達成。這一章就來學習建立與編輯文字藝術師物件，為文件版面添加活潑、豐富的元素吧！

- 建立文字藝術師物件以突顯標題
- 變更文字藝術師的樣式

9-1 建立文字藝術師物件以突顯標題

Word 的**文字藝術師**具有多種不同風格的文字樣式, 只要選取樣式、輸入文字, 就可以為文字帶來不同的效果, 適合用來美化標題、強調標語等。這一節就來試試如何建立文字藝術物件, 以達到強化標題的效果。

輸入文字建立文字藝術師

我們可以先選定樣式, 再輸入文字來建立物件；或是選取既有的文字, 將其轉換為文字藝術師物件。這裡先說明第 1 個方法, 請建立一份空白文件, 或開啟範例檔案 Ch09-01, 再如下進行練習：

STEP 01 請先將插入點移至文件開頭, 然後切換到**插入**頁次, 再按下**文字**區的**文字藝術師**鈕：

從中選取喜歡的字型樣式

STEP 02 此時文字藝術師物件會立即建立在插入點的位置, 請輸入標題文字：

直接輸入標題, 即會
取代原來的文字內容

STEP 03 接著請按一下物件的虛線邊框以選取物件, 再切換至**常用**頁次, 即可利用**字型**區
的工具為標題設定字型及大小。

▲ 當虛線改顯示為實
線時, 表示已選取

▲ 為標題設定一個喜歡的字型, 或調
整大小, 其操作與一般文字相同

STEP 04 接下來就可以拉曳物件到適當的位置了, 或
是切換到**繪圖工具/格式**頁次, 由**位置**鈕來
調整物件在文件中的位置。

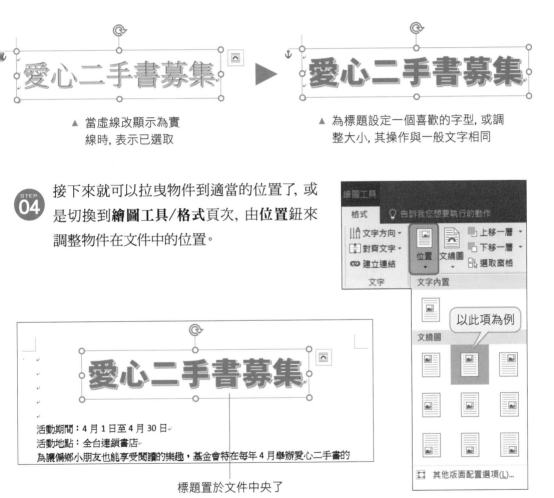

以此項為例

標題置於文件中央了

　　文字藝術師物件既搶眼, 看起來也很專業, 很適合套用在標題上, 在製作版面活
潑的文件時可多加利用。

對於用過 Word 2007 及更早版本的使用者來說, 可能有鍾愛或慣用的舊款文字藝術師樣式, 此時您可以在 Word 2016 將文件另存成 **Word 97-2003 (*.doc)** 格式, 再按下**文字藝術師**鈕就會出現如右圖的樣式可選用了：

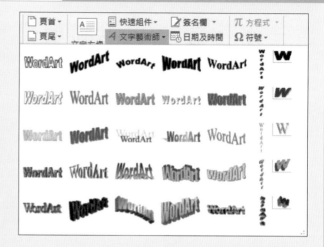

相反地, 如果您按下**文字藝術師**鈕, 出現如上圖的樣式, 表示目前開啟的文件為 **Word 97-2003 (*.doc)** 格式 (標題列會顯示 "[相容模式]" 字樣), 此時可切換到**檔案**頁次再按下**資訊**鈕, 然後按下**轉換**鈕來變更檔案格式。

將既有的文字轉換為文字藝術師物件

再來說明如何將已經輸入的文字轉換為文字藝術師物件, 請重新開啟範例檔案並如下圖輸入文字：

STEP 01 選取要轉換為文字藝術師的文字, 再切換到**插入**頁次, 按下**文字**區的**文字藝術師**鈕, 選取要套用的樣式。

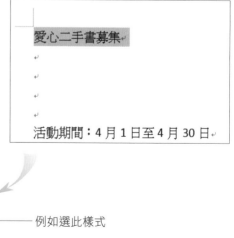

例如選此樣式

STEP 02 同樣選取文字藝術師物件, 再利用**常用**頁次**字型**區的工具設定字型及大小。若排列方式不適合, 請切換到**繪圖工具/格式**頁次, 由位置或**文繞圖**鈕進行設定:

活動期間：4 月 1 日至 4 月 30 日
活動地點：全台連鎖書店
為讓偏鄉小朋友也能享受閱讀的樂趣，基金會特在每年 4 月舉辦愛心二手書的募集活動，歡迎民眾將家中不再需要的二手書捐贈出來，既可響應環保，更能滿足孩子求知的慾望，為書找到新主人，為孩子找到新希望。

▲ 此例變更**位置**為上方置中, 再按下**文繞圖**鈕設定為**上及下**

為文字套用效果

如果只是要為文字套用效果, 而不想要建立文字藝術師物件, 亦可選取文字後, 直接在**常用**頁次按下**文字效果與印刷樣式**鈕 來選擇樣式:

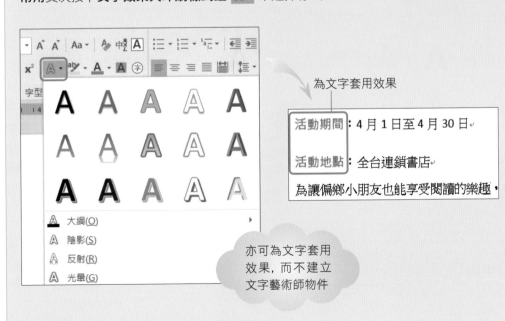

為文字套用效果

活動期間：4 月 1 日至 4 月 30 日
活動地點：全台連鎖書店
為讓偏鄉小朋友也能享受閱讀的樂趣，

亦可為文字套用效果, 而不建立文字藝術師物件

9-2 變更文字藝術師的樣式

上一節建立的文字藝術師物件, 都只侷限於文字樣式的效果, 這一節要教您變更文字藝術師樣式、套用陰影及反射效果, 並調整文字的排列形狀, 讓文字藝術師有更多不同的變化。

套用快速樣式

文字藝術師提供了那麼多的樣式可套用, 你一定還想再試試其它效果, 接下來我們繼續利用上一節的範例來練習。請先選取已建立的文字物件, 再切換至**繪圖工具/格式**頁次, 按下**快速樣式**鈕選擇要套用的樣式:

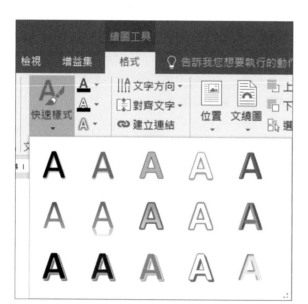

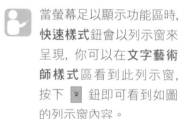

當螢幕足以顯示功能區時, **快速樣式**鈕會以列示窗來呈現, 你可以在**文字藝術師樣式**區看到此列示窗, 按下 ▼ 鈕即可看到如圖的列示窗內容。

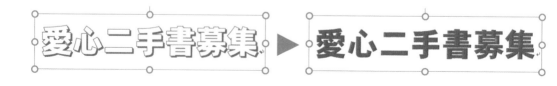

套用陰影、反射效果

在**快速樣式鈕**的右側還有**文字填滿鈕** A▾，可設定文字的顏色，其作用與**常用**頁次**字型**區的**字型色彩鈕** A▾ 相同；**文字外框鈕** A▾，可變化文字的外框顏色；若是按下**文字效果鈕** A▾，則可為文字物件設定更多不同的特殊效果：

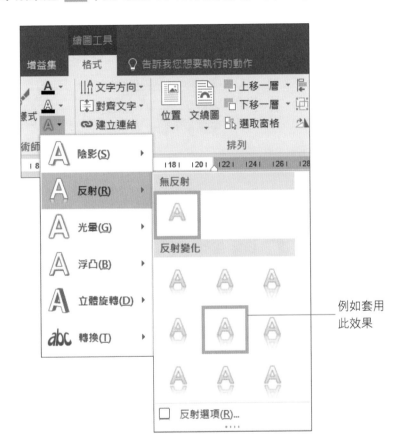

例如套用此效果

▲ 同樣要先選取欲套用效果的文字物件　　　▲ 文字物件套用反射效果

請再配合文字物件調整段落及版面配置

『**轉換**』效果可變化文字的排列方式，我們留待後文再詳細說明。

如果覺得預設的效果還差那麼一點點，例如想再模糊一點，或是更透明等，可按下**文字效果**鈕，再執行『**反射/反射選項**』命令，開啟右側**設定圖案格式**工作窗格做進一步的選項設定：

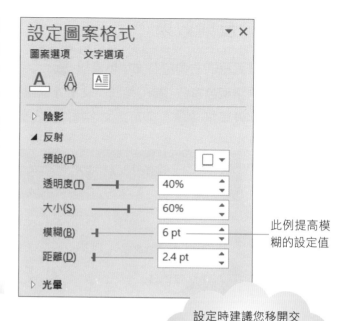

此例提高模糊的設定值

設定時建議您移開交談窗，就能即時在文件上預覽設定的結果

▲ 反射變模糊了

這裡是以**反射**效果為例，其它效果也都可以如上述步驟進行套用，或進一步開啟交談窗來設定細部選項。

移除效果時，請再次按下**文字效果**鈕，再套用效果最上方的**無反射** (或**無陰影**、**無光暈**) 等樣式。

製作波浪文字

有時候文件適合俏皮的標題，或是想為文件做多點變化，都可以試試套用**文字效果**鈕下的**轉換**效果，從中選擇不同於正經八百的文字排列方式，為文件營造另一種不同的風格。

我們接續上例來練習, 請先取消**反射**的套用效果, 再重新選取文字物件, 按下**文字效果/轉換**命令, 從中選擇要套用的排列方式:

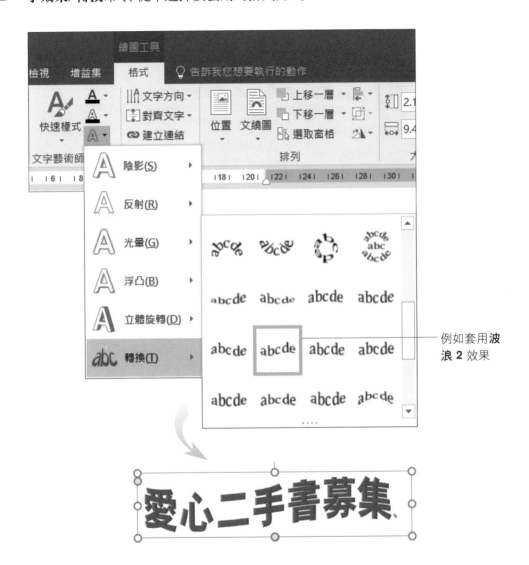

例如套用**波浪 2** 效果

 套用**轉換**的文字排列方式, 會使**反射**效果變得不自然, 所以才會請您先取消套用。

STEP 02 文字物件的邊框上會看到 1 至 2 個黃色的控點 (數量會依樣式而異), 若是不滿意文字的排列效果, 可以拉曳控點來加以調整:

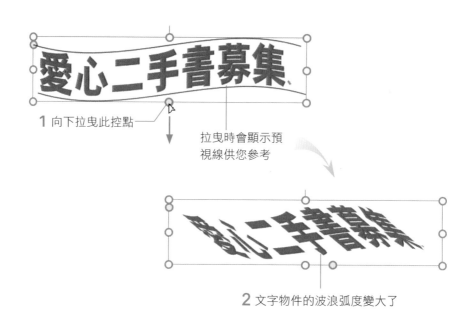

1 向下拉曳此控點

拉曳時會顯示預視線供您參考

2 文字物件的波浪弧度變大了

　　每種樣式可調整的角度、形狀不盡相同, 您可以多嘗試看看, 找出最適合的文字排列方式。

取消文字藝術師樣式

　　想要將文字藝術師物件轉換為一般文字時, 請選取文字物件, 再切換到**常用**頁次, 按下**字型**區的**清除所有格式設定鈕** Ａ, 就能清除文字套用的樣式了, 不過此時文字仍在文字框中, 就像文字方塊一樣, 請自行將文字剪下/貼上至文字間, 或複製出來, 並將空白的文字方塊刪除。

　　此外, 若已套用**轉換**效果, 清除格式後文字排列方式並不會改變 (仍會顯示調整控點), 只會清除樣式而已, 此時你可以先取消**轉換**效果 (按下**無轉換**縮圖), 或是清除格式後直接將文字剪下、貼入文字間, 同樣可取消文字的排列效果。

CHAPTER

10

超實用的輔助工具

Word 提供了許多好用的工具,可以幫助我們提升編輯效率,像是「自動校正」的設定,能讓我們快速地輸入重複出現的內容;內建的「參考資料」工作窗格,則可以查詢多國語言等,本章我們就來好好學習這些實用的輔助工具吧!

- 使用「自動校正」簡化重複輸入的內容
- 在「參考資料」工作窗格進行翻譯
- 快速翻譯文件、單字與即時翻譯工具
- 中文的繁簡體轉換

10-1 使用「自動校正」簡化重複輸入的內容

你是否常要在文件中輸入一些名詞、符號等特定的內容, 卻苦惱著只能在文件中重複進行同樣的動作呢? Word 的**自動校正**功能可以幫您解決這個難題。

新增與使用自動校正的項目

這裡我們依校正的資料形式不同, 分為 3 種做法, 以下分別為您說明。

自動替換成經常輸入的長字串

如果你經常要在文件中輸入一長串的公司地址, 就可以將公司地址新增為自動校正的項目, 日後只要輸入特定的文字或符號, Word 就會自動幫我們轉換成完整的公司地址, 可以少打很多字哦! 請切換到**檔案**頁次再按下**選項**鈕, 開啟 **Word 選項**交談窗做設定:

1 切換到**校訂**頁次　　　　　　　　　　**2** 按下**自動校正選項**鈕

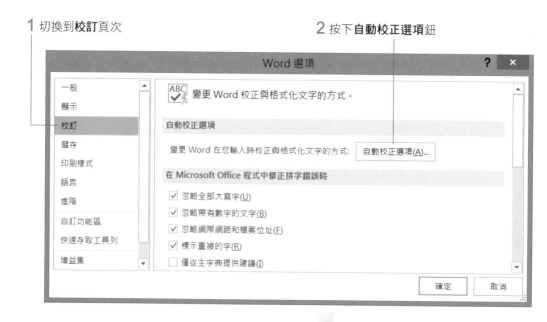

請確認已勾選此項, 啟用此功能

3 輸入要被取代的文字 (字數不要多, 且避免輸入常用的字, 最好可以加上一些 *、#、% 等符號來區別)

4 輸入要取代的內容

按下**新增**鈕後, 新增的項目會出現在此

5 按下**新增**鈕, 此鈕會變成無法作用的**取代**鈕, 若欲新增的項目已存在, 則可按下**取代**鈕來替換

完成後請按下**確定**鈕關閉交談窗, 並關閉 **Word 選項**交談窗, 我們馬上來試試此功能的作用。請開啟一份空白文件, 再輸入 "地*":

地* ▶ 台北市杭州南路一段 15-1 號 19 樓

自動校正成設定的內容了

自動替換成排列好的圖文內容

如果能在每份文件都加上公司名稱、代表公司的 Logo 或個人資訊, 肯定能提升公司的形象。但是每次都得重複輸入文字、插入圖片、調整至相同大小, 可不是件輕鬆的差事, 若能善用**自動校正**功能, 想要快速插入圖文、統一格式和圖案大小, 全都不成問題。

01 請在文件中編排好欲校正的資料, 例如
個人資訊再插入圖片, 並將其選取:

▲ 選取編排的內容

02 進入**自動校正**交談窗的**自動校正**頁次, 如下設定:

2 確認 Word 已自動選取此項

如果希望校正
的內容是純文
字, 可改選此項

1 輸入要被取
代的文字

新增的項目
會顯示於此

3 按下**新增**鈕

03 設定完成後, 按下**自動校
正**交談窗的**確定**鈕, 並關
閉 **Word 選項**交談窗。馬
上來試試設定成果, 請在
文件上輸入 "Emily@":

Emily@

自動替換成剛才
編排的圖文了

Emily Huang
0900-XXX000
flag.emily@mail.com

自動替換成特殊符號

如果常要輸入千分比的符號 "‰", 每次輸入時都得大老遠的切換到**插入**頁次、按下**符號**區的**符號**鈕…, 才能完成工作。其實特殊符號也很適合新增為**自動校正**項目, 請切換到**插入**頁次再如下進行:

1 按下**符號**鈕

2 執行此命令

3 選取符號

開啟**自動校正**交談窗

4 按下**自動校正**鈕

5 輸入要被取代的文字

6 按下**新增**鈕

7 按下**確定**鈕, 即可返回**符號**交談窗

回到**符號**交談窗後, 請按下**關閉**鈕。馬上來測試剛才的設定成果, 請在文件上輸入 "%0":

%0 ▶ ‰

按下 空白鍵 或 Enter 鍵來校正

完成自動校正了

如果您之前輸入的取代文字是以中文或英數字結尾, 則在輸入取代文字後, 須再按一下 空白鍵, 才會顯示設定的取代字串。

利用「自動校正選項」按鈕還原校正內容

自動校正選項按鈕是您在執行**自動校正**時的貼心小幫手。您可以直接由按鈕上選擇是否要還原校正的內容, 或是開啟交談窗進行相關的設定。

顯示「 自動校正選項」 按鈕

當完成自動校正後, 只要將指標再次移到文字上, 左下角即會顯示**自動校正選項**按鈕:

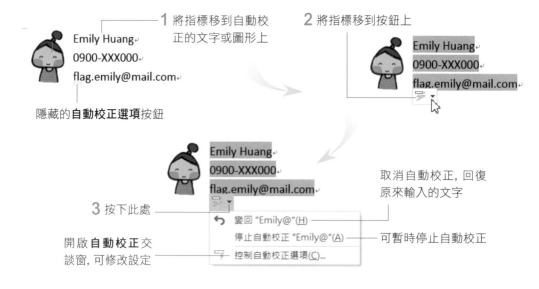

1 將指標移到自動校正的文字或圖形上

Emily Huang
0900-XXX000
flag.emily@mail.com

隱藏的**自動校正選項**按鈕

2 將指標移到按鈕上

Emily Huang
0900-XXX000
flag.emily@mail.com

Emily Huang
0900-XXX000
flag.emily@mail.com

3 按下此處

開啟**自動校正**交談窗, 可修改設定

↩ 變回 "Emily@"(H)
停止自動校正 "Emily@"(A)
✍ 控制自動校正選項(C)...

取消自動校正, 回復原來輸入的文字

可暫時停止自動校正

自動校正選項按鈕不只在輸入自動校正文字時會出現, 在校正其它內容時 (例如稍後會介紹的校正英文拼字) 也會看到它的蹤影, 且選項的命令會因進行的校正內容不同而有差異, 但操作都是相同的。

啟動/關閉「自動校正選項」按鈕

如果依照剛才的操作, 並沒有看到**自動校正選項**按鈕, 或是您不希望顯示此按鈕, 請切換到**檔案**頁次, 按下**選項**鈕開啟 **Word 選項**交談窗, 切換到**校訂**頁次, 按下**自動校正選項**鈕, 開啟如下交談窗:

取消或勾選此項, 可設定**自動校正選項**按鈕的顯示與否

自動校正英文拼字

自動校正內建許多容易拼錯的英文單字校正項目, 可自動幫我們將拼錯的英文單字自動更正:

輸入了錯誤的英文拼字 "fcous"

在 "fcous" 後面按一下 空白鍵 鍵, 便會自動更正為 "focus"

如果輸入的單字沒有自動更正, 可能是因為不只一個候選字可替換, 或不確定要更正為什麼字, 此時單字的下方會顯示紅色的波浪線提醒您:

顯示建議的英文單字, 從中選擇正確的拼字

在文字上按右鈕

選擇此命令可略過不更正

出現綠色波浪線則表示文法錯誤, 也可以按下滑鼠右鈕來顯示建議的用法。

10-2 在「參考資料」工作窗格進行翻譯

參考資料工作窗格, 好比一個豐富的知識庫, 提供多國語言辭典、整篇翻譯、同義字查詢、網頁搜尋功能。

多國語言辭典

參考資料工作窗格, 提供多達十餘種語言的轉換功能, 如英翻中、中翻英、韓翻中…。請先切換到**校閱**頁次, 在**語言**區按下**翻譯**鈕, 點選**轉換選取的文字**, 開啟右側**參考資料**工作窗格。

接著切換至**翻譯**服務, 然後在**搜尋目標**欄輸入欲查詢的單字, 接著指定原始語言和翻譯語言, 即會在窗格中顯示查詢結果供您參考:

4 在左側輸入要查詢的單字, 再按此鈕開始查詢

1 點選此項　　　　　　　2 切換到**翻譯**服務

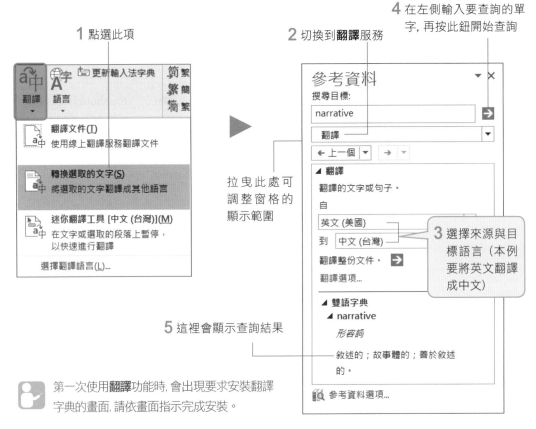

拉曳此處可調整窗格的顯示範圍

3 選擇來源與目標語言 (本例要將英文翻譯成中文)

5 這裡會顯示查詢結果

第一次使用**翻譯**功能時, 會出現要求安裝翻譯字典的畫面, 請依畫面指示完成安裝。

翻譯文件

若您想要做整篇翻譯, 同樣是先選**翻譯**服務, 然後指定好要轉換的語言, 再按下窗格中**翻譯整份文件**旁的 → 鈕, 即可將目前開啟的文件內容翻譯成您所指定的語言:

1 本例選擇要將文件中的英文翻譯成中文

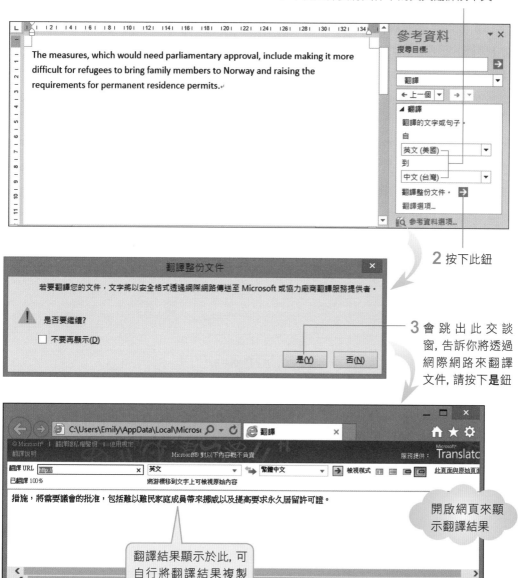

2 按下此鈕

3 會 跳 出 此 交 談窗, 告訴你將透過網際網路來翻譯文件, 請按下**是**鈕

翻譯結果顯示於此, 可自行將翻譯結果複製到 Word 文件中使用

開啟網頁來顯示翻譯結果

查詢同義字

　　另外一項好用的功能非**同義字字典**莫屬了，它可以幫您查出意義相同的辭彙，加強您遣詞用字的能力。請先切換到**同義字：英文 (美國)** 服務，接著在**搜尋目標**欄輸入單字再按 ➡ 鈕來查詢同義字：

2 輸入要查詢的單字

3 按下此鈕

1 選擇此項

4 查詢結果列示於此

此例要查詢 "story" 的同義字

🗄 利用「Bing 網頁搜尋」查找參考資料

參考資料工作窗格，除了上述的功能外，還提供豐富的線上參考資料，您不用開啟瀏覽器，就能運用 **Bing** 搜尋服務來查詢相關報導文章。右圖示範如何使用 **Bing** 搜尋功能查詢線上參考資料：

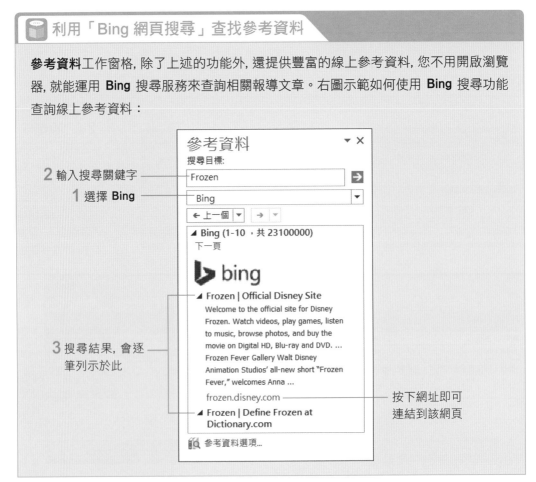

2 輸入搜尋關鍵字

1 選擇 **Bing**

3 搜尋結果，會逐筆列示於此

按下網址即可連結到該網頁

10-3 快速翻譯文件、單字與即時翻譯工具

閱讀文件時, 若想快速瞭解某個字詞或某段文字的意思, 除了用上述方式來翻譯之外, Word 還提供了多項翻譯功能, 其中最方便使用的, 就是迷你翻譯工具了, 這一節我們就為您說明使用方法。

請按下**校閱**頁次下**語言**區的**翻譯**鈕, 即可看到各項**翻譯**功能。

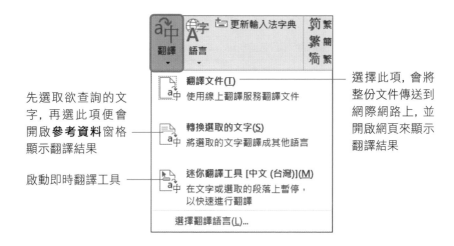

先選取欲查詢的文字, 再選此項便會開啟**參考資料**窗格顯示翻譯結果

啟動即時翻譯工具

選擇此項, 會將整份文件傳送到網際網路上, 並開啟網頁來顯示翻譯結果

請按下上圖中的**迷你翻譯工具**, 首次使用會出現**翻譯語言選項**交談窗, 讓你選擇要使用的語言:

1 在此選擇來源及目標語言 (本例要將日文翻譯成中文)

2 按**確定**鈕

設定好後，只要將滑鼠指標移到要翻譯的文字，或選取要翻譯的段落，便會在單字旁顯示翻譯的結果。

此功能必須在與網路連線的狀態下才能使用。

即時查詢單字

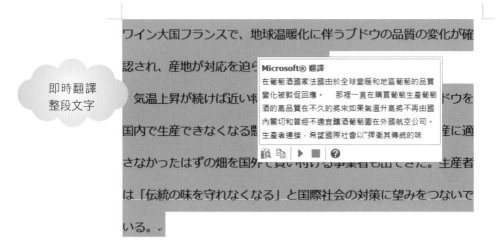
即時翻譯整段文字

若想關閉即時翻譯功能，只要再點選一次**迷你翻譯工具**即可。如果要重新選擇來源與目標語言，請按下**翻譯**鈕選單下方的**選擇翻譯語言**選項，開啟**翻譯語言選項**交談窗重新設定。

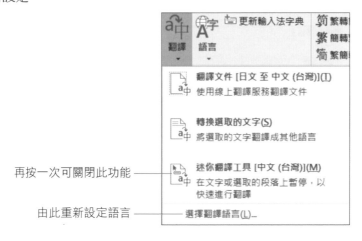
再按一次可關閉此功能
由此重新設定語言

中文的繁簡體轉換

Word 還提供簡、繁體文字轉換的功能，如果您手邊有一份中國分公司傳來的文件，或是要與對岸互通 mail，常遇到看不習慣簡體字的問題，就可以善用此功能，無論繁體轉簡體、簡體換繁體，都可以在瞬間完成。請開啟檔案 Ch10-01，然後試試如下操作：

1 切換到**校閱**頁次

2 按下**中文繁簡轉換**鈕

3 在此選擇將簡體轉成繁體

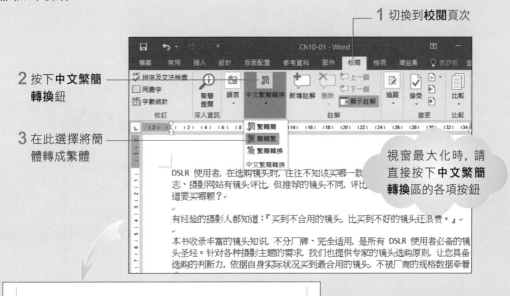

視窗最大化時，請直接按下**中文繁簡轉換**區的各項按鈕

簡體中文轉換成繁體中文了

同理，要將繁體轉換為簡體，只要按下**中文繁簡轉換**鈕，選擇『**繁轉簡**』命令。

在未選取任何文字的情況下進行繁簡體轉換，會將整份文件轉換完畢。您也可以選取部份內容做轉換。

此外，在進行繁簡轉換時，除了文字一對一的轉換之外，還會做常用辭彙的轉換。例如繁體的 "硬體、軟體"，將會轉換成簡體的 "硬件、軟件"。若不想轉換常用辭彙，則可按下**中文繁簡轉換**鈕，然後執行『**繁簡轉換**』命令，開啟**中文繁簡轉換**交談窗進行設定：

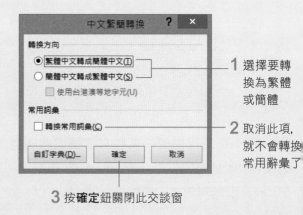

1 選擇要轉換為繁體或簡體

2 取消此項，就不會轉換常用辭彙了

3 按**確定**鈕關閉此交談窗

相反地，若有特殊字彙要進行轉換，則可按下**自訂字典**鈕來設定，例如要將簡體的"激光打印機" 轉換為繁體的 "雷射印表機"：

1 在此選擇由簡體轉繁體　　**2** 輸入辭彙　　**3** 輸入要替換的辭彙

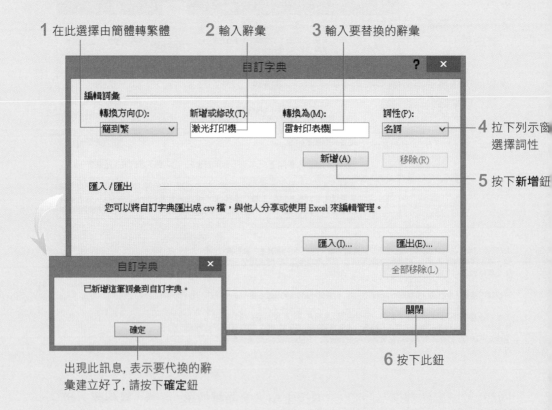

4 拉下列示窗選擇詞性

5 按下**新增**鈕

出現此訊息，表示要代換的辭彙建立好了，請按下**確定**鈕

6 按下此鈕

日後，當你在文件中做簡體轉繁體時，就會自動將 "激光打印機" 轉換成繁體的 "雷射印表機" 了。

CHAPTER

11

編輯多國語言文件

我們在 Word 文件中除了輸入中文和英文之外,有時候還需要輸入他國語言,例如目前最流行的日文、韓文及簡體中文等,這一章我們將探討他國語言的輸入方法。

- 安裝日文與韓文輸入法
- 輸入日文
- 輸入韓文
- 輸入簡體中文

11-1 安裝日文與韓文輸入法

輸入韓、日文有很多種方法, 例如以插入符號的方式輸入、透過專職翻譯的網頁來轉譯再複製/貼上等。本章要說明以輸入法來輸入, 並提示各項編輯技巧。

若您的電腦尚未安裝日文與韓文輸入法, 請先在**語言列**上按右鈕執行『**設定值**』命令進入**文字服務和輸入語言**交談窗, 並完成以下安裝輸入法的步驟。

STEP 01 在**一般**頁次中按下**新增**鈕準備新增輸入法。

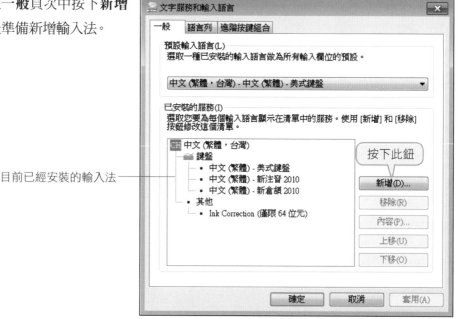

目前已經安裝的輸入法 ⎯⎯

按下此鈕

STEP 02 進入**新增輸入語言**交談窗後, 請勾選要安裝的輸入法, 例如勾選**日文** / **鍵盤**的 **Microsoft 輸入法**, 以及**韓文** / **鍵盤**的 **Microsoft 輸入法**:

1 勾選此項

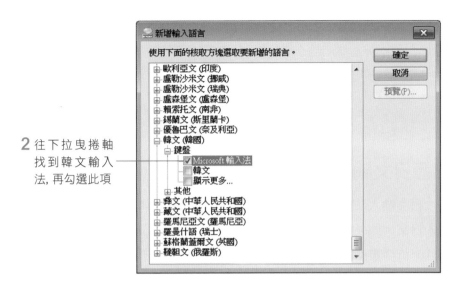

2 往下拉曳捲軸找到韓文輸入法,再勾選此項

STEP 03 按下**確定**鈕後, 回到**文字服務和輸入語言**交談窗, 就會看到剛才新增的日、韓文輸入法。

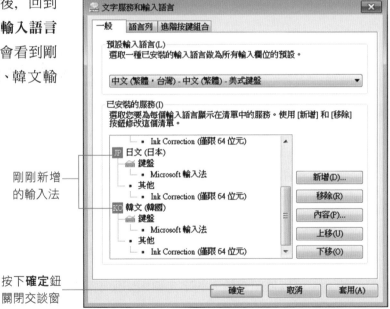

剛剛新增的輸入法

按下**確定**鈕關閉交談窗

STEP 04 安裝好輸入法後, 請按下**語言列**上的 ▉ 鈕, 檢查是否已新增這 2 種輸入法。

按下此鈕, 就會在其中看到日文與韓文輸入法

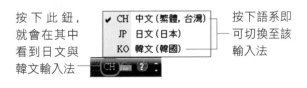

按下語系即可切換至該輸入法

11-2 輸入日文

相信您應該常常看到「の」這個字吧！但你知道如何將這個字打出來嗎？其實只要知道日文字的發音，就可以利用剛才新增的日文輸入法來輸入日文，這一節就來學習輸入日文的方法。

熟悉日文輸入法的語言列

　　日文輸入法的原則是羅馬拼音，因此只要知道日文字詞或句子的羅馬拼音就能輸入日文。如果不知道日文發音，則可以利用 Word **插入符號**的方法，依日文字的形狀來依樣畫葫蘆；或是利用**語言列**上的**輸入法整合器**來輸入 (參考 P11-7)，但後面這 2 種方法，都不比輸入羅馬拼音來得有效率，所以稍後我們將介紹如何利用輸入法來輸入日文。

　　請建立一份新文件，並將**語言列**切換到日文輸入法，這裡要先帶您熟悉日文輸入法的**語言列**操作：

切換**輸入法種類**

目前選定的輸入法語系，JP 即是日文輸入法

選擇**輸入模式**　　設定**轉換模式**

● 輸入法種類：目前我們安裝的輸入法種類稱為 **Microsoft 輸入法**。如同中文輸入法除了有**新注音**外，尚有**倉頡**、**大易**與**嘸蝦米**等，但由於其他的日文輸入法必須配合日本國內所販賣具有標示假名的鍵盤才能使用，這就像使用沒有標示注音碼、倉頡碼的鍵盤，除非已經很熟練了，否則也很難使用這些中文輸入法一樣的道理，因此在這裡我們僅介紹 **Microsoft 輸入法**，直接以羅馬拼音來輸入日文。

● 輸入模式：可以依照想輸入的字元種類切換平假名 **Hiragana** あ、全形片假名 **Full-width Katakana** カ、全形英數 **Full-width Alphanumeric** Ａ、半形片假名 **Half-width Katakana** ｶ 與半形英數 **Half-width Alphanumeric** A。

● 轉換模式：日文中有許多假名可以轉換成漢字，在轉換之前，可以在此選定要依照哪一種內建的詞庫來轉換，以便得到正確的結果。可切換的詞庫有一般 **General** 般、人名 **Bias for Names** 名、會話 **Bias for Speech** 話 與無轉換 **No Conversion** 無。

介紹完日文輸入法的**語言列**，現在實際來輸入一些日文吧！

輸入平假名

前面提過，日文輸入法要用羅馬拼音來輸入，像是 "おはようございます" 這個句子，它的羅馬拼音是 "OHAYOUGOZAIMASU"，而且整句都是平假名，因此我們先將**語言列**的**輸入模式**切換到**平假名** (Hiragana) あ：

切換到**平假名**輸入模式

按照羅馬拼音在鍵盤上輸入 "OHAYOUGOZAIMASU"，輸入完成後日文下方會出現一條虛線，按一下 Enter 鍵即可輸入 "おはようございます"。

輸入片假名

日文中的外來語幾乎都會用片假名來表示，假設我們現在要輸入**徐若瑄**的日文名字 "ビビアン・スー"，請先將**語言列**的**輸入模式**切換到**全形片假名** (Full-width Katakana) カ：

切換到**全形片假名**輸入模式

按照羅馬拼音在鍵盤上輸入 "BIBIAN/SU-"，再按下 Enter 鍵即可輸入 "ビビアン・スー"。

這裡要特別提醒您！雖然 "ぢ/ヂ" 與 "づ/ヅ" 同樣是唸作 "zi"，但是要輸入 "di" 才能打出 "ぢ/ヂ"，而 "づ/ヅ" 則是要輸入 "du"。

日文中的 "・" 是按鍵盤上 Shift 鍵左邊的 / 鍵打出來的；另外長音的 "—" 則是對應到鍵盤的 — 鍵 (在數字 0 的右邊)。

漢字的轉換

有些人可能會認為日文句子中的漢字與中文相同，乾脆用中文輸入法來打就好了，不過有些日文漢字和中文字的寫法不太一樣，甚至是中文所沒有的，所以還是用日文輸入，再將其轉換成漢字才是比較好的做法。

一般來說，漢字可以經由輸入的平假名來轉換，現在我們要打這句 "躾が厳しい"，羅馬拼音是 "SHITSUKEGAKIBISHII"，當我們打完 "SHITSUKE" 時，會看到 "しつけ" 下方有一條虛線，這時按下 空白鍵 鍵可選擇想轉換的漢字，在這個句子中請選擇 "躾"，此時 "躾" 的下方會變成一條實線，再按下 Enter 鍵表示確定選用這個漢字，實線就會消失。

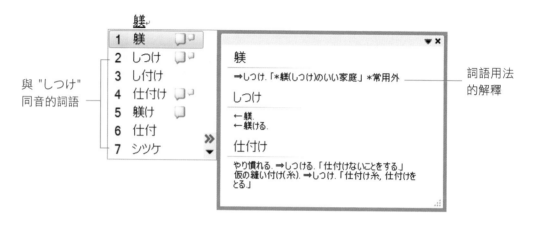

與 "しつけ" 同音的詞語

詞語用法的解釋

接著打 "ga" 會出現 "が"，由於接下來的語詞又要做漢字轉換，因此先按下 Enter 鍵確定輸入，並讓 "が" 下方的虛線消失。接著打 "KIBISHII" 會出現 "きびしい"，按下 Space 鍵選擇 "厳しい"，再按下 Enter 鍵即可。

與 "きびしい" 同音的詞

輸入小文字

接著來輸入一些含有小文字的句子。"Microsoft Office 2013 って便利だなぁ" 這句的羅馬拼音是 "Microsoft Office 2013 TTEBENRIDANAA"，其中 "って" 按照羅馬拼音的 TTE" 來輸入即可 (重複下一個字 "て" 羅馬拼音的開頭 "T")，然而像是 "なぁ" 按照羅馬拼音 "NAA" 來輸入的話會變成 "なあ"，不過我們希望最後那個字元打出來的是 "ぁ" 而非 "あ"，對於 "っ" 以外的小文字可以在想要打出的字前加上 "l" 或 "x" (但並非每個日文字元都有相對應的小文字)，也就是說將最後的 "a" 打成 "la" 或 "xa" 就可打出 "ぁ" 了。至於 "きゃ"、"しゅ" 與 "ちょ" …等等的拗音，依照其羅馬拼音輸入即可顯示。

 "っ" 也可以利用 "ltu"，"ltsu" 或 "xtu" 打出來。

不懂日文也能輸入日文字？

有時我們只是想在文章中加上一點日文字, 但不懂日文五十音的話, 就算安裝了日文輸入法, 也無法順利輸入日文。這時可以改用**輸入法整合器**來輸入, 只要依日文字的形狀就能輸入了。

請先切換到**新注音輸入法**, 再按下**工具選單**鈕, 執行『**輸入法整合器**』命令：

- ✎ 輸入法整合器(I)…
- ⌨ 螢幕小鍵盤(S)
- , 標點符號(Y)
- ✎ 使用者造詞(U)…
- ₿ 內容(P)…

1 選擇符號查詢

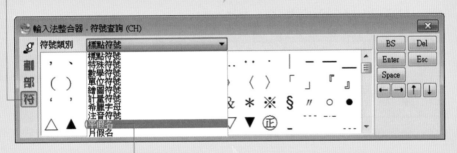

2 拉下列示窗選擇
平假名或**片假名**

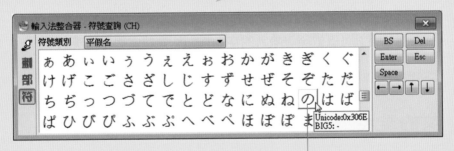

3 直接按下日文字, 就能依
形狀輸入日文了

11-3 輸入韓文

最近幾年在亞洲許多國家刮起了一陣 "韓流", 使得韓文的使用頻率越來越高了, 因此我們也來看看怎麼輸入韓文吧！

請開啟一個新的 Word 文件, 將**語言列**切換到韓文輸入法。不同於日文輸入法, 韓文輸入法的原則是子音和母音的結合, 而子音和母音的鍵盤配置如下圖所示, 就算不懂韓文的唸法, 只要記住每個子音和母音所在的位置, 一樣可以打出韓文。

▲ 韓文子音及母音的鍵盤位置

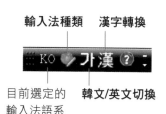

輸入法種類　漢字轉換

目前選定的　韓文/英文切換
輸入法語系

- **輸入法語系**：**KO** 代表目前切換到韓文輸入法。

- **輸入法種類**：目前我們安裝的輸入法種類稱為 **Microsoft 輸入法**。

- **韓文/英文切換**：可以依照想輸入的字元種類切換**韓文**與**半形英數**。

- **漢字轉換**：可以將輸入的韓文轉換為漢字。

純韓文的輸入

剛剛介紹完韓文輸入法的**語言列**, 那麼現在我們來輸入一些韓文吧！首先將**語言列**切換到**韓文**, 接著我們要輸入 "裴勇俊" 的韓文名字 "배용준", 對應鍵盤的結果, 只要輸入 "qodydwns", 就可以將這個名字打出來：

切換到**韓文**輸入模式

배용준|

▲ 這就是裴勇俊的韓文名字

漢字的轉換

雖然 1970 年南韓政府已經將韓文的漢字廢除了, 但是有時候遇到同音異字時, 還是得用漢字來標記以區別不同的涵義。不同於日文的漢字轉換, 韓文是 1 個韓文字轉換 1 個漢字。

感謝합니다

▲ 這句就是「謝謝」的意思

例如這句 "안녕하세요", 對應鍵盤的結果, 我們輸入 "dkssudgktpdy" 就可以打出來了。而在這句話中的 "안녕" 可以轉換成漢字 "安寧", 轉換的方法就是先選取剛剛打出來的 "안", 再到**語言列**按下 就會出現一些同音的漢字:

請在 "安" 上點一下就可以將 "안" 轉為 "安", 利用同樣的方法也可以將 "녕" 轉為 "寧", 因此這句話最後就可以轉換為 "安寧하세요"。

안녕하세요		
1	安	편안 안
2	案	책상 안
3	岸	언덕 안
4	眼	눈 안
5	顔	얼굴 안
6	鞍	안장 안
7	按	누를 안
8	雁	기러기 안
9	晏	늦을 안

如果選取的韓文沒有對應的漢字, 則按下 會沒有反應。

與 "안" 同音的漢字

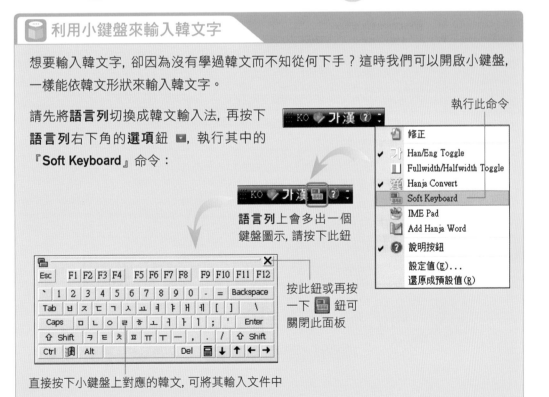

利用小鍵盤來輸入韓文字

想要輸入韓文字, 卻因為沒有學過韓文而不知從何下手?這時我們可以開啟小鍵盤, 一樣能依韓文形狀來輸入韓文字。

請先將**語言列**切換成韓文輸入法, 再按下**語言列**右下角的**選項**鈕 , 執行其中的 『**Soft Keyboard**』命令:

執行此命令

修正
✓ 가 Han/Eng Toggle
Fullwidth/Halfwidth Toggle
✓ 漢 Hanja Convert
Soft Keyboard
IME Pad
Add Hanja Word
✓ 說明按鈕
設定值(E)...
還原成預設值(R)

語言列上會多出一個鍵盤圖示, 請按下此鈕

按此鈕或再按一下 鈕可關閉此面板

Esc	F1	F2	F3	F4	F5	F6	F7	F8	F9	F10	F11	F12

直接按下小鍵盤上對應的韓文, 可將其輸入文件中

11-4 輸入簡體中文

另一個常見的情況, 則是需要輸入簡體中文, 而輸入簡體中文不一定要安裝正統的簡體中文輸入法, 只要利用新注音輸入法, 照樣可以輸入簡體中文。

請先在**語言列**上按右鈕執行『**設定值**』命令進入**文字服務和輸入語言**交談窗, 選取**中文 (繁體) - 新注音 2010** 項目後, 再按下右邊的**內容**鈕, 開啟 **Microsoft Office 新注音輸入法 2010 設定**交談窗:

 若交談窗中沒有看到此輸入法, 請先按下**新增**鈕來將其加入, 再如下進行設定。

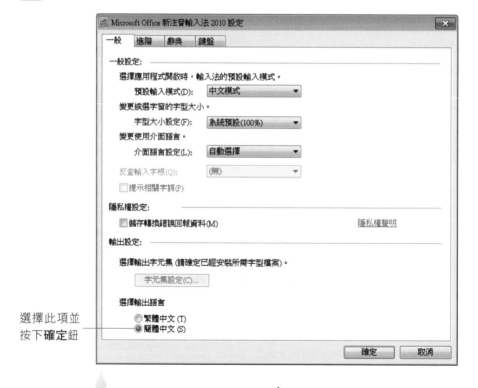

選擇此項並
按下**確定**鈕

回忆命运的捉弄

切換到**新注音**輸入法時, 這裡顯示為簡體中文模式, 就可以注音來輸入簡體中文了

12

插入特殊符號、方程式及超連結

若是要建立學術性的報告、編輯考卷等, 可能需要在其中建立方程式、特殊符號, 而需要參考網頁內容、傳送電子郵件時, 則可以利用超連結功能來達成。這些有趣的技巧將在本章為您說明。

- 輸入特殊符號

- 在文件中建立方程式

- 儲存與管理公式

- 調整方程式的內容與在文件中的位置

- 在文件中插入超連結

12-1 輸入特殊符號

製作文件時，可能會需要在文件中輸入特殊符號，例如溫度單位 ℃、℉…等。Word 提供了非常便利的**方程式**工具，讓我們可以輕鬆地將這些符號打出來。

請建立一份新文件，並切換到**插入**頁次，然後按下**符號**區中的**方程式**鈕，功能區即會顯示所有可插入的各種符號和方程式。

若按下**方程式**鈕的向下箭頭，會列出 Word 內建的方程式，如果有合適的方程式亦可直接選用，再利用稍後介紹的技巧加以修改。

其中**符號**區提供許多現成的特殊符號，像是 ∞、≠、≥、℃、℉、π 與 θ…等，您只要直接點選其中的符號，即可將該符號插入到文件中。例如我們想輸入 "27℃"，便可如下操作：

1 在**符號**區中找到您要輸入的符號並按一下

2 符號會自動插入到方程式編輯欄位內，您只要移動插入點再輸入 "27" 即可

若想刪除插入的符號，請選定整個方程式編輯欄位，再按下 Delete 鍵。

12-2 在文件中建立方程式

學生、老師或是理工行業的人士, 常常需要在文件中輸入方程式, 例如分數、根號與積分…等, 而這些比較複雜的方程式必須透過**結構**區來輸入, 這一節我們以分數、積分與函數為例, 來實際輸入方程式。

輸入分數

首先我們練習輸入一個加法運算式 $\frac{1}{3} + \frac{1}{4} = \frac{7}{12}$:

STEP 01 按下**結構**區的**分數**鈕, 並選擇**分數 (直式)** 鈕。

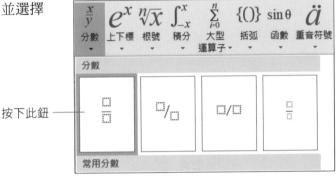

按下此鈕

STEP 02 點選虛線方框即可填入分子與分母。

輸入分子
輸入分母

STEP 03 在分數右方點一下繼續輸入運算符號 "+" 。

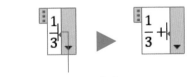

在這裡點一下再輸入 "+"

STEP 04 再次按下**結構**區中的**分數**鈕, 並選擇**分數 (直式)** 鈕, 以同樣的方法輸入分母與分子, 直到完成整個方程式的輸入。

輸入根號與上下標

現在我們要練習輸入一個含有根號與次方的數學式 $\sqrt[3]{8} + 3^2 = 11$：

STEP 01 按下**結構**區中的**根號**鈕：

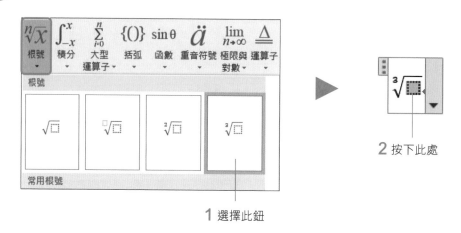

1 選擇此鈕

2 按下此處

STEP 02 在虛線方框內輸入 "8", 並在右方點一下, 繼續輸入 "+" 號。

STEP 03 按下**結構**區中的**上下標**鈕, 並選擇上標。

STEP 04 在虛線方框內分別填入 "3" 與 "2", 並繼續完成輸入即可完成數學式。

輸入積分與函數

接著我們再練習一個更難的三角函數轉換公式 $\int \cos x\ dx = \sin x + C$：

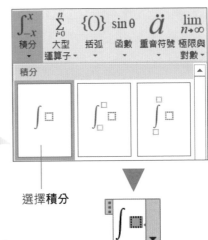

STEP 01 按下**結構**區中的**積分**鈕，再到虛線方框內點一下：

選擇**積分**

STEP 02 按下**結構**區中的**函數**鈕，插入餘弦函數 "cos"。

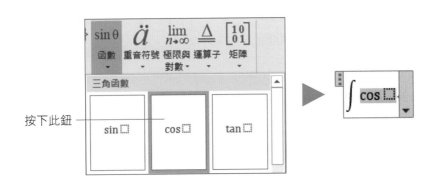

按下此鈕

STEP 03 在虛線方框內填入**符號**區中**手寫體**的 "x" (按下**符號**列示窗的**其他**鈕可看到**手寫體**類別)，空一格繼續輸入 "$dx=$"。

STEP 04 按下**函數**鈕，並選擇**正弦函數 Sin** 鈕，以同樣的方式填入字元，再如圖完成輸入。

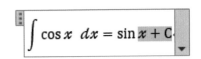

在方程式中切換到**手寫體**輸入後，若要換回一般的字體繼續輸入，請按下**工具**區的**一般文字**鈕。

12-3 儲存與管理公式

如果文件中時常要用到某個公式，一次次的輸入、編輯實在很花時間，這時我們可以將公式建立好，然後儲存起來，方便日後直接選用。若日後需要修改內容或刪除時，也都可以輕鬆做管理。

儲存常用的公式

首先要輸入好欲儲存的公式，這裡以剛才輸入的三角函數轉換公式為例，儲存時請如下進行操作：

STEP 01 請按一下公式，使其顯示方程式編輯欄位，再按右下角的向下箭頭，執行『**另存為新方程式**』命令：

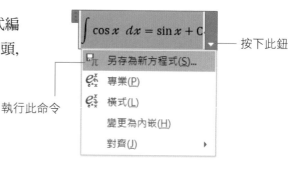

$$\int \cos x \ dx = \sin x + C$$

← 按下此鈕

執行此命令 → 另存為新方程式(S)...

專業(P)
模式(L)
變更為內嵌(H)
對齊(J)

STEP 02 接著會開啟**建立新建置組塊**交談窗，您可以在交談窗中建立公式的名稱，及設定儲存的位置：

1 設定公式的名稱，此處以預設為例

建立新建置組塊

名稱(N):	∫ cos
圖庫(G):	方程式
類別(C):	一般
描述(D):	
儲存於(S):	Building Blocks
選項(O):	插入內容到它自己的段落

確定　取消

2 選擇儲存的類別，建議您使用預設的**一般**

其餘選項維持預設即可

完成後按下**確定**鈕，再按一下文件中空白的地方(取消方程式編輯欄位的選取狀態)，然後切換至**插入**頁次，並按下**符號**區**方程式**鈕右側的向下箭頭，即可從中看到我們剛才儲存的公式：

在**插入**頁次按下此鈕　　　　按一下即可插入文件中

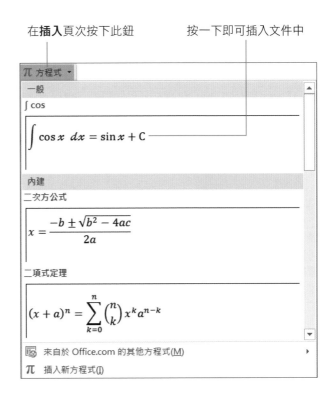

此外，您也可以直接按下**方程式**鈕，切換至**方程式工具/設計**頁次，再按下最左側**工具**區的**方程式**鈕，同樣可在選單中看到此公式：

也可以從此選取公式直接套用

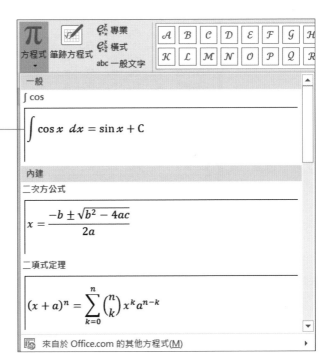

管理已儲存的公式

　　已儲存的公式, 我們可以進一步加以分類, 不需要使用時, 還可以輕鬆將它刪除。請按下**方程式**鈕右側的向下箭頭, 開啟選單後在欲刪除的公式上按右鈕, 執行『**組織與刪除**』命令:

執行此命令,
可開啟**修改建
置組塊**交談窗,
讓您修改公式
的名稱及分類

1 要刪除公式時,
　請執行此命令

2 會自動選
　定剛才選
　取的公式

3 按下**刪除**鈕, 再按下**關閉**鈕即可

調整方程式的內容與在文件中的位置

輸入方程式後若有需要, 當然也可以進一步修改, 並且 Word 還提供橫式模式, 讓編輯的過程更方便。此外, 要在文件中調整方程式的位置, 有時是需要一點小技巧的, 請看本節的說明。

修改方程式的內容

若要修改之前建立的方程式, 只要直接點選方程式編輯欄位中欲修改的部份, 即可進行修改。編輯方程式時, 除了使用輸入方程式時所用的**專業**模式外, 也可以改用**橫式**模式來進行修改。

我們以**鎖模積分**方程式為例, 在此要將此方程式改為**橫式**模式, 請按下方程式編輯欄位右下角的**方程式選項**鈕 ▼, 選擇『**橫式**』命令。接著只要利用 ← 、→ 按鍵就可以移動插入點以進行修改。

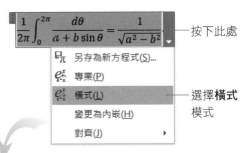

按下此處

選擇**橫式**模式

$$1/2\pi \int\_0^2\pi[\ d\theta/(a+b\ \sin\ \theta\ ) = 1/\sqrt{(a^2-b^2\ )}]$$

▲ 方程式被展開成**橫式**, 直接左右移動插入點即可編輯方程式

修改完成後, 按下方程式編輯欄位右下角的**方程式選項**鈕選擇『**專業**』命令, 可以再回到**專業**模式。

調整方程式在文件中的位置

方程式預設的對齊方式為**群組置中**, 所以會顯示在段落的中央位置, 目的是讓方程式能獨立顯示, 而不與其它文字混淆。但我們仍可按下**方程式選項**鈕執行選單中的『**對齊**』命令, 從中選擇合適的對齊方式:

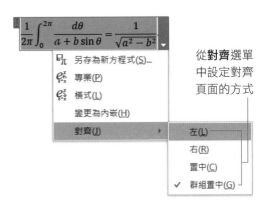

從**對齊**選單中設定對齊頁面的方式

若方程式要顯示在文字之後，那麼建議您先輸入文字，再進行插入方程式的動作，這樣方程式才會接在文字之後。萬一已經建立好方程式，才想到要在之前插入文字，這就需要一點技巧囉！

STEP 01　請在方程式上按一下，再按一下方程式編輯欄位的左上角，選取整個方程式：

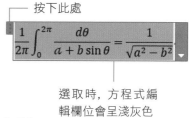

按下此處

選取時，方程式編輯欄位會呈淺灰色

　　在選取的狀態下可進行方程式的複製、剪下，或是刪除的動作。

STEP 02　此時如果直接拉曳方程式，將只能拉曳至有段落符號的位置，且預設會保持在該行的中央 (因為預設的對齊方式是**群組置中**)。若要使方程式能接在文字之後，請先將方程式拉曳至與文字同一段落：

此標記表示兩者屬於同一段落

鎖模積分：

STEP 03　接著按下**方程式選項**鈕執行『**變更為內嵌**』命令，方程式就會自動調整成適當的大小，並顯示在文字之後 (或段落符號之前)。

$$\frac{1}{2\pi}\int_0^{2\pi}\frac{d\theta}{a+b\sin\theta}=\frac{1}{\sqrt{a^2-b^2}}$$

- 另存為新方程式(S)...
- 專業(P)
- 橫式(L)
- 變更為內嵌(H)　　← 執行此命令
- 對齊(J)　　▶

鎖模積分： $\frac{1}{2\pi}\int_0^{2\pi}\frac{d\theta}{a+b\sin\theta}=\frac{1}{\sqrt{a^2-b^2}}$

顯示在文字之後了，取消選取即不會顯示邊框

　　此時『**變更為內嵌**』命令會顯示成『**變更為顯示**』命令，當你想要讓方程式以原始大小顯示，且不與文字顯示在同一行時，即可執行『**變更為顯示**』命令，讓方程式單獨顯示。

12-5 在文件中插入超連結

在 Word 中插入超連結後, 就可以連結到網頁、開啟檔案或是寄送 E-mail, 這一節我們將介紹在文件中插入超連結, 以便開啟參考網頁、寄送電子郵件。

插入可開啟網頁的超連結

我們要在範例檔案 Ch12-01 中插入一個超連結, 讓讀者可以按下超連結文字就開啟內容豐富的網頁, 以下就開啟 Ch12-01 一起來練習。

STEP 01 請先選取要插入超連結的文字, 然後按下**插入**頁次**連結**區的**超連結**鈕:

一年一度的校外教學活動即將開跑
意義的【國立海洋生物博物館】,

日期:11 月 19 日
集合時間:早上 7:30
集合地點:西側門
目的地:國立海洋生物博物館 ─── **1** 選取如圖的文字

2 按下此鈕

您也可以直接在選取的文字上按右鈕執行『**超連結**』命令來建立超連結。

STEP 02 在開啟的交談窗輸入要連結的檔案或網頁, 此例我們要連結至 http://www.nmmba.gov.tw 網站, 所以可以如圖設定:

若要連結至其它文件, 請選擇此項

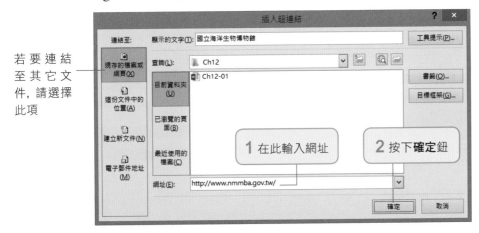

1 在此輸入網址

2 按下**確定**鈕

設定好之後，就會看到文字呈超連結的狀態了。當指標移至文字上時，會出現提示，告訴我們可搭配 Ctrl 鍵開啟超連結：

一年一度的校外教學活動即將開跑，這次特別選擇了有趣意義的【國立海洋生物博物館】，歡迎同學踴躍參加！

日期：11 月 19 日
集合時間：早上 7
集合地點：西側門 http://www.nmmba.gov.tw/
　　　　　　　　按住 CTRL 鍵再按一下滑鼠以追蹤連結
目的地：國立海洋生物博物館

—— 出現操作提示

一年一度的校外教學活動即將開跑，這次特別選擇了有趣意義的【國立海洋生物博物館】，歡迎同學踴躍參加！

日期：11 月 19 日
集合時間：早上 7 http://www.nmmba.gov.tw/
集合地點：西側門 按住 CTRL 鍵再按一下滑鼠以追蹤連結
目的地：國立海洋生物博物館

按住 Ctrl 鍵再將指標移至文字上，就會呈現超連結的
小手狀，按下超連結就會開啟瀏覽器並連結至網頁

 輸入網址時會自動格式化為超連結

當我們在 Word 中輸入如 "http://www.flag.com.tw" 或是 "mailto:service@flag.com.tw" 之類
的網址時，Word 會自動將它設定為超連結。例如：

詳情活動資訊請參考
http://www.flag.com.tw/

按下 Enter 鍵

詳情活動資訊請參考
http://www.flag.com.tw/

自動轉換成超連結了

Next

若不想以超連結顯示, 可按下 Ctrl + Z 鍵, 復原此次的自動校正結果。如果想關閉或開啟此功能, 請切換到**檔案**頁次, 按下**選項**鈕切換到**校訂**頁次, 按下**自動校正選項**鈕:

1 切換到此頁次

自動校正　　　　　　　　　　　　　　　　　　　　　　　　　? ✕

| 自動校正 | 數學自動校正 | 輸入時自動套用格式 | 自動格式設定 | 動作 |

輸入時取代

☐ 將「一般引號」取代為「智慧引號」　　　☑ 將序數文字 (1st) 改成上標
☐ 將分數文字 (1/2) 取代為分數符號 (½)　☑ 將連字號 (--) 取代成破折號 (—)
☐ 將以星號 (*) 和底線 (_) 圍起來的文字改成粗體和斜體的格式
☑ 以超連結取代網際網路和網路路徑
☐ 將段落起始處的空白取代為首行縮排

輸入時套用

☐ 自動項目符號　　　　　　　　　　　　　☑ 自動編號
☑ 框線　　　　　　　　　　　　　　　　　☑ 表格
☐ 內建標題樣式　　　　　　　　　　　　　☐ 日期樣式

輸入時自動設定

☑ 將清單項目的開頭依其前一項目的設定加以格式化
☑ 使用 TAB 鍵和退格鍵設定左邊縮排和第一層縮排

2 由此選項關閉或開啟此功能

在圖片上建立超連結

我們也可以在圖片上插入超連結, 這裡以在圖片上插入電子郵件連結為例, 請接續上例如下操作:

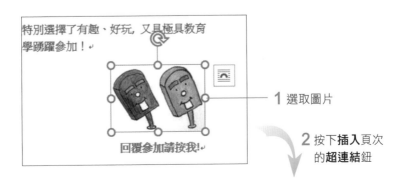

特別選擇了有趣、好玩, 又具極具教育
學踴躍參加!↵

回覆參加請按我!↵

1 選取圖片

2 按下**插入**頁次
的**超連結**鈕

4 輸入收件人的 E-mail 地址 (會在前面自動加上 mailto:)

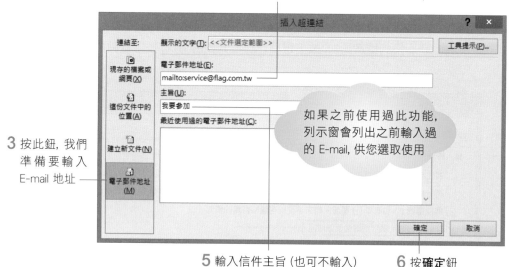

3 按此鈕, 我們準備要輸入 E-mail 地址

5 輸入信件主旨 (也可不輸入)　　**6** 按**確定**鈕

（交談窗內文字）

插入超連結

連結至：
現存的檔案或網頁(X)
這份文件中的位置(A)
建立新文件(N)
電子郵件地址(M)

顯示的文字(T)：<<文件選定範圍>>　　工具提示(P)...

電子郵件地址(E)：
mailto:service@flag.com.tw

主旨(U)：
我要參加

最近使用過的電子郵件地址(C)：

如果之前使用過此功能, 列示窗會列出之前輸入過的 E-mail, 供您選取使用

確定　　取消

完成後, 同樣是按住 Ctrl 鍵, 然後以滑鼠按一下圖片, 即可開啟預設的電子郵件程式：

1 按下 Ctrl 鍵再用滑鼠按一下

mailto:service@flag.com.tw?
subject=我要參加
按住 CTRL 鍵再按一下滑鼠以追蹤連結

回覆參加請按我!

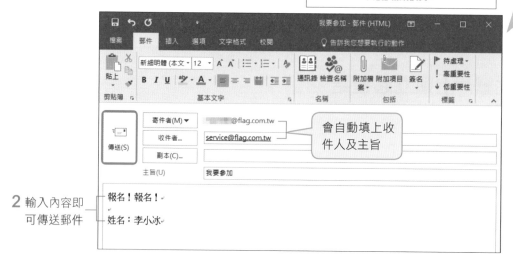

會自動填上收件人及主旨

2 輸入內容即可傳送郵件

日後若要修改文字或圖片上的超連結, 只要選取文字及圖片, 再按右鈕即可由功能表選取『**編輯超連結**』鈕開啟交談窗來修改；若不想要超連結功能了, 就按右鈕執行『**移除超連結**』命令。

CHAPTER 13

文件檢視模式

Word 文件的內容形式可說是包羅萬象, 您可以為文件設計多欄式版面配置、為網頁文件加上背景等。在編輯各種不同的文件時, 若能切換到適當的文件檢視模式, 操作起來會更輕鬆愉快。

- 文件檢視模式簡介
- 適合編排版面的「整頁模式」
- 適合單純編輯文字的「草稿」模式
- 適合瀏覽文件的「閱讀模式」
- 適合編輯網頁的「Web 版面配置」模式

13-1 文件檢視模式簡介

這一節我們將詳細說明 Word 提供的各種文件檢視模式、操作方式及適用時機, 讓您清楚各種檢視模式的特色, 進而在編輯文件時能視情況選擇適合的檢視模式。

您應該還記得, 要切換 Word 的文件檢視模式, 可利用視窗右下方的按鈕來切換, 不過這裡只能切換**閱讀模式**、**整頁模式**及**Web 版面配置模式** 3 種, 若要切換成**草稿模式**及**大綱模式**, 請切換至**檢視**頁次, 按下**檢視**區中的對應按鈕來做切換。

整頁模式

閱讀模式　　　　Web 版面配置模式

下表是各文件檢視模式的簡介:

檢視模式	簡介	適用情況
整頁模式	Word 預設的文件檢視模式, 可完整呈現文件列印出來的模樣	編輯文件內容、插入圖片, 進行與版面配置有關的各種編輯
草稿模式	只會顯示文字內容, 並簡化版面顯示的內容	純粹進行輸入、編輯與格式化文字等操作
大綱模式	以縮排方式顯示套用的**大綱階層**層級, 可突顯文件的大綱結構	編輯長篇文件時, 用來設定大綱與調整文章架構
Web 版面配置模式	顯示文件存成網頁後, 在瀏覽器中顯示的版面配置及背景	編輯網頁時, 用以檢視文件在瀏覽器中顯示的狀況
閱讀模式	會在螢幕上展開文件內容, 且只會顯示檢閱相關的工具	適合用於閱讀文件, 而不進行編輯的情況

從上表的說明, 我們可以清楚了解各文件檢視模式的使用時機, 下一節要開始詳細說明各種文件檢視模式的操作方法, 你可以開啟範例檔案 Ch13-01 來進行以下各節的操作。

 大綱模式我們將在第 14 章為您說明。

13-2 適合編排版面的「整頁模式」

整頁模式是 Word 預設的文件檢視模式, 也是我們編輯文件時最常使用的檢視模式, 其特色是在工作區中一頁一頁地顯示文件完整的內容, 包括文字格式、圖片及表格等, 呈現出文件實際的模樣。

在「整頁模式」下檢視文件

在**整頁模式**下可以利用右下方的**縮放滑桿**, 來調整頁面的大小:

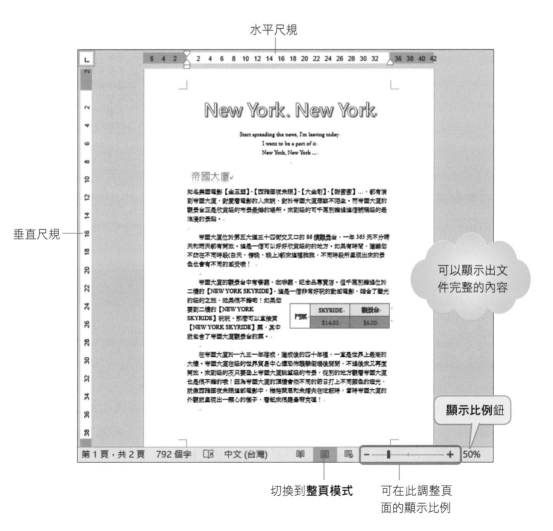

水平尺規

New York. New York.

Start spreading the news, I'm leaving today
I want to be a part of it
New York, New York ...

帝國大廈

垂直尺規

可以顯示出文件完整的內容

門票	SKYRIDE.	觀景台
	$14.00	$6.00

顯示比例鈕

第 1 頁, 共 2 頁　　792 個字　　中文 (台灣)　　50%

切換到**整頁模式**

可在此調整頁面的顯示比例

整頁模式除了能完整呈現文件的紙張頁面外，還可以在工作區中一次顯示多個頁面。請按下狀態列上的**顯示比例鈕**，開啟**顯示比例**交談窗：

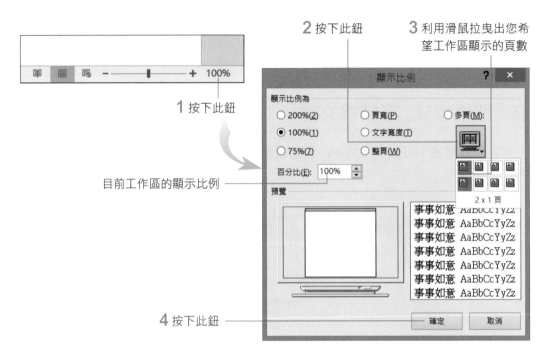

　　在**整頁模式**中可利用尺規檢視版面，如果沒有看見尺規，可切換到**檢視**頁次勾選**顯示**區的**尺規**項目來開啟：

　　由於**整頁模式**能忠實呈現文件頁面中的內容，所以適用於進行與版面配置有關的操作時，例如移動表格、圖片的位置、設定文繞圖效果等。當您啟動如**手繪表格、繪製圖案**等功能時，Word 也會自動切換至**整頁模式**。

　　如果您的文件要列印出來，選擇**整頁模式**可獲得最接近列印的結果，真正達到「所見即所得」的理想，所以非常適合進行文件排版的工作。

隱藏文件的空白區域

　　在**整頁模式**下，我們可以將每頁上、下的空白區域，以及頁與頁之間的灰色區域隱藏起來，如此可節省版面空間。請將滑鼠指標移至頁面上方或下方，當指標形狀呈 ⊞ 狀時，雙按滑鼠左鈕，即可隱藏空白區域：

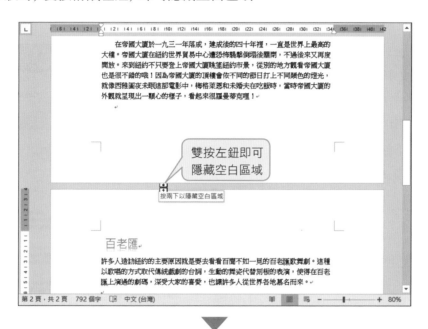

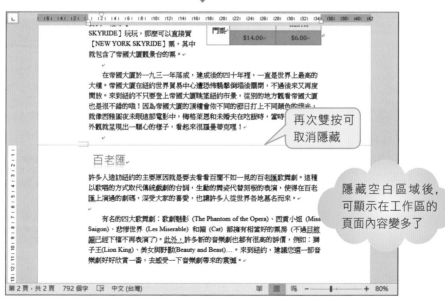

13-3 適合單純編輯文字的「草稿」模式

草稿模式簡化了版面顯示的內容，此模式下文件的內容會連續顯示，頁與頁之間並沒有明顯的分界，且只會顯示文字和表格內容，圖片、圖案、文字方塊等皆無法顯示。

如果您只是單純的要輸入、編輯文字，並沒有要進行加入圖形、調整版面配置等操作，就可切換到**草稿**模式下編輯。以下是同一份文件顯示在**整頁模式**與**草稿**模式的比較：

目前為**整頁模式**

切換為**草稿**模式

圖片與表格文繞圖效果都無法正確顯示

13-4 適合瀏覽文件的閱讀模式

閱讀模式是為了提供讀者一個最適合閱讀文件的環境，所以預設不會依據文件實際的樣子來呈現，而是配合螢幕大小來顯示文件內容。在這個模式中可調整文字顯示的大小，以符合個人閱讀的習慣。

請利用 Word 右下方的 📖 按鈕切換到**閱讀模式**。此時版面會自動隱藏功能區，只留下相關的檢閱工具：

按此鈕可離開**閱讀模式**

預設會一次顯示 2 頁的文件內容，並且配合螢幕放大字體

點按畫面左、右箭頭，可切換至上一頁/下一頁

在**閱讀模式**中，預設會關閉文件編輯功能，讓您只能看而不能修改。

1 在**閱讀模式**按下**檢視**鈕

若選擇此項，可回到整頁模式進行文件的編輯

按下**功能窗格**，畫面的左側會開啟**導覽**窗格，參見第 3 章說明

按下**顯示註解**項目，畫面的右側會開啟**註解**窗格

可選擇窄一點或是寬一點的欄位寬度

2 選擇**頁面色彩**

可切換單欄或雙欄的閱讀方式

◀ 在**閱讀模式**中變更頁面色彩或是縮放文字大小，只是方便你閱讀，當切回一般可編輯文件的整頁模式後，就會回復原貌

在**閱讀模式**中關閉文件，下次再度重新開啟文件，也會貼心出現**歡迎回來**的提示訊息，讓你從上次離開的地方繼續閱讀，這在閱讀長篇文件時非常方便！

由於**閱讀模式**會縮放段落內的文字大小，並調整版面的位置，所以如果您的文件內容中，有較複雜的版面配置或是表格內容，那麼建議您還是使用**整頁模式**來瀏覽或編輯文件會比較合適。

13-5 適合編輯網頁的「Web 版面配置」模式

Web 版面配置模式可以讓我們在使用 Word 編輯網頁時，縮放視窗來觀察版面的變化，以找出最佳的版面配置。

請利用範例檔案 Ch13-01 來操作，馬上切換到 **Web 版面配置**模式來看看：

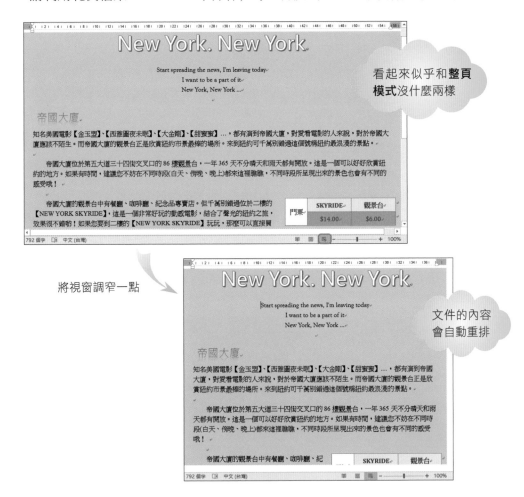

看起來似乎和**整頁模式**沒什麼兩樣

將視窗調窄一點

文件的內容會自動重排

這裡我們要特別提醒您！在 **Web 版面配置**模式中看到的網頁外觀，其實和在 IE 等瀏覽器來看還是會有些差異。如果不想最後的成果在 IE 中走樣，最好在編輯時，也能儲存成網頁格式，並以瀏覽器來預覽看看，才是最保險的做法。

MEMO

CHAPTER

14

善用大綱模式
調整文件架構

要製作研究報告、論文等長篇文件, 可以善用 Word 提供的「大綱模式」, 來檢視或組織長篇文件的大綱結構, 本章將告訴您如何在「大綱模式」下調整層次與內容。

- 認識大綱模式

- 為既有的文件建立大綱結構

- 建立新文件的大綱結構

- 調整大綱架構

- 檢視大綱架構

- 套用「多層次清單」建立章節架構與列印大綱

14-1 認識大綱模式

文章的大綱架構主導了整篇文章的走向，如果沒有事先訂出大綱架構，在實際編寫內容時就很容易因為著重細節而使文章的走向偏移，因此在編寫內容前，最好能先架構出文章的大綱，確實掌握整篇文章的方向。

什麼是大綱？

舉例來說，一本書的目錄就是該書的大綱，其中清楚呈現書中分成哪幾章，每章有哪幾節，以及各節中的標題，請參考下圖，我們以書籍的大綱結構為例：

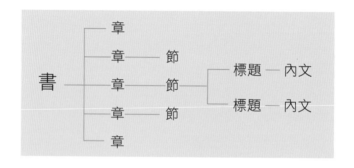

我們將在 14-6 節介紹可建立書籍架構的**多層次清單**功能，對於常要製作長篇文件的人來說，是個很方便的功能哦！

檢視文件的大綱結構

了解什麼是大綱之後，我們先來瀏覽一份已建立大綱結構的文件，稍後再進行相關的練習。請開啟範例檔案 Ch14-01，按下**檢視**頁次**檢視**區的**大綱模式**鈕，切換至**大綱模式**。

在**大綱模式**中，每個段落之前會顯示一個符號，這些符號稱為「大綱符號」，我們以下圖來說明每個符號所代表的意義：

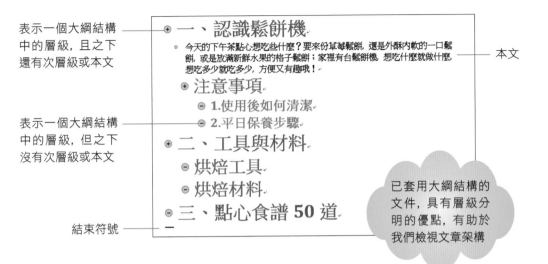

表示一個大綱結構中的層級，且之下還有次層級或本文

本文

表示一個大綱結構中的層級，但之下沒有次層級或本文

結束符號

已套用大綱結構的文件，具有層級分明的優點，有助於我們檢視文章架構

在**大綱模式**檢視文件時，段落前方的大綱符號會依照層級次序縮排，以突顯文件的大綱結構。層級的次序由左向右遞減，所以愈左方層級愈高，愈往右方縮排者，層級愈低。不屬於大綱結構的段落就屬於本文，段落前會出現 ● 符號，表示是沒有層級之別的本文。

切換至**大綱模式**後，功能區還會出現**大綱**頁次，其中提供了許多調整大綱結構的工具鈕：

功能區會自動切換到**大綱**頁次

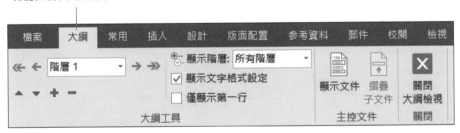

稍後將會為您介紹**大綱**頁次的各項操作，在這之前我們先學習如何建立大綱結構。

14-2 為既有的文件建立大綱結構

您可以利用現成的文件來建立大綱結構, 也可以從無到有建立文件的大綱。我們先介紹怎麼為現成的文件建立大綱, 稍後再說明由新文件建立大綱的方法。

套用「快速樣式」建立大綱架構

我們曾在第 5 章介紹過「樣式」, Word 內建的樣式除了可以美化文字外, 亦提供方便我們建立文章結構的樣式, 以下就請開啟範例檔案 Ch14-02 實際來練習看看。範例檔案 Ch14-02 是一份只套用**內文**樣式的文件, 請將插入點移至第 1 個段落中, 再切換至**常用**頁次按下**樣式**區的**標題 1** 樣式:

預設是套用**內文**樣式　　　　　　　　　　　　套用**標題 1** 樣式的結果

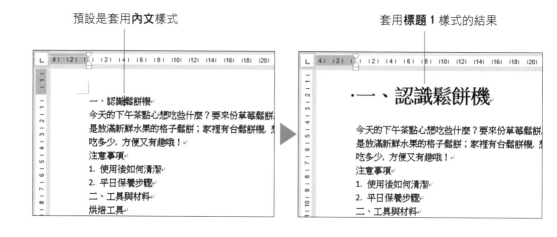

相信這樣的操作您應該很熟悉了, 請繼續參考右圖為每個段落套用適當的樣式:

套用**標題 2**

套用**標題 3**

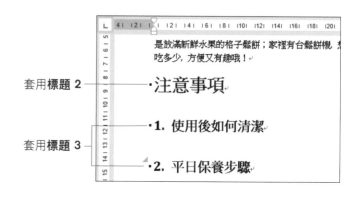

此時你會發現，**樣式**列示窗中原來只有**標題 1**、**標題 2** 的樣式，在我們套用了 **標題 2** 之後，又出現**標題 3** 樣式可選擇；如果再繼續套用**標題 3** 的樣式，會再出現**標題 4** 的樣式，直到**標題 9** 為止。原來 Word 的標題樣式共有 9 個層級，預設只會顯示**標題**、**標題 1**、**標題 2**，而**標題 3** 到**標題 9** 則是隱藏的。

當我們套用一個層級時，會自動顯示下一個層級，方便我們繼續套用，這樣既方便，又不會因為在**樣式**區中顯示了太多用不到的層級而顯得雜亂。

 如果對於預設的樣式不滿意，請參考第 5 章的內容，修改樣式設定再進行套用。

套用「大綱階層」建立大綱架構

接著我們再來練習從**大綱階層**下設定文件的大綱架構。請重新開啟範例檔案 Ch14-02，並切換到**檢視**頁次按下**檢視**區的**大綱模式**鈕切換至**大綱模式**。

STEP 01 我們先設定第 1 個段落的階層：

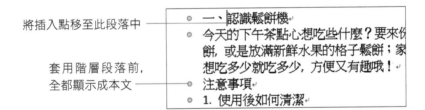

將插入點移至此段落中

套用階層段落前，全都顯示成本文

STEP 02 按下**大綱**頁次中**大綱工具**的**大綱階層**列示窗，再如下操作：

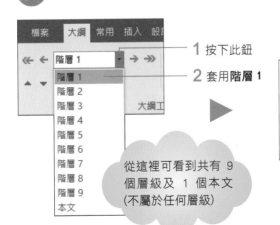

1 按下此鈕
2 套用**階層 1**

從這裡可看到共有 9 個層級及 1 個本文（不屬於任何層級）

STEP 03 此時文件中的第 1 個段落就變成**階層 1** 了。請利用這個技巧，練習將其它段落也套用適當的階層吧！

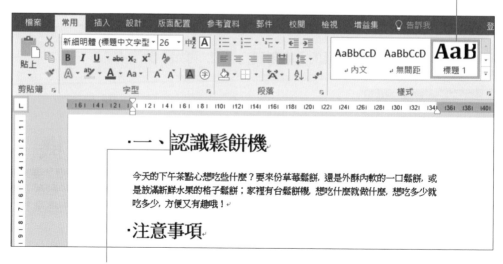

	階層
⊕ **一、認識鬆餅機**	階層 1
○ 今天的下午茶點心想吃些什麼？要來份草莓鬆餅，還是外酥內軟的一口鬆餅，或是放滿新鮮水果的格子鬆餅；家裡有台鬆餅機，想吃什麼就做什麼，想吃多少就吃多少，方便又有趣哦！	本文
⊕ **注意事項**	階層 2
⊖ **1. 使用後如何清潔**	
⊖ **2. 平日保養步驟**	階層 3
⊕ **二、工具與材料**	階層 1
⊖ **烘焙工具**	
⊖ **烘焙材料**	階層 2
⊖ **三、點心食譜 50 道**	階層 1

其實套用**樣式**區中的標題樣式，與上述套用**大綱階層**結果是一樣的，您可以將上面設定好階層的文件，切換至**整頁模式**下，就會發現剛才設定為**階層 1** 的段落，已套用**樣式**區中的**標題 1** 了。

切換至**常用**頁次即可看到已套用**標題 1** 樣式

將插入點移至設定為**階層 1** 的段落

14-3 建立新文件的大綱結構

大綱模式可以輔助我們快速擬定文件的架構，等確定好文件的骨架之後，再慢慢地編輯其中的內容。尚未輸入內容的新文件，也可以直接在大綱模式建立文件的大綱。

上一節我們已經知道如何在建立好的文件上訂定大綱結構；接下來我們要直接在大綱模式建立一份新文件。新文件的大綱結構如下：

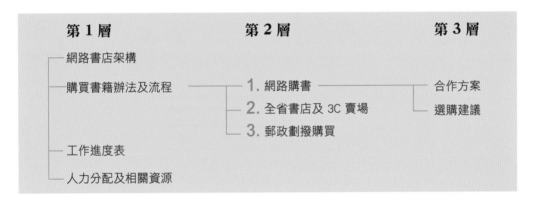

請開啟一份新文件，並切換到大綱模式，我們接下來會依照「輸入第一層標題」、「輸入次層標題」及「輸入內文」的順序來建立大綱文件。

Word 會假設我們從最高一層的標題開始輸入，所以預設的大綱階層為階層 1

1. 輸入第一層標題

首先我們來建立第一層標題。

STEP 01　輸入 "網路書店架構"，然後按 Enter 鍵換下一段：

第二個段落的樣式仍是階層 1

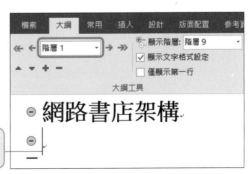

STEP 02 依右圖繼續輸入**階層 1** 的其它標題：

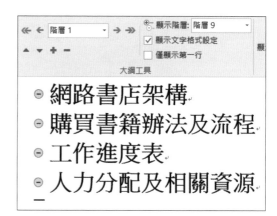

2. 輸入次層標題

第一層標題輸入好之後，接著再來建立次層標題的部份 (如果您剛才沒有照著輸入的話，可開啟範例檔案 Ch14-03 接續練習，記得先切換到**大綱模式**)：

STEP 01 請將插入點移到 "購買書籍辦法及流程" 標題的最後，然後按下 Enter 鍵：

同樣是**階層 1**

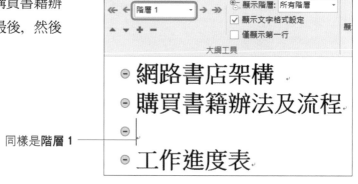

改成**階層 2**　　按此鈕

STEP 02 按一下**大綱**頁次**大綱工具**區的**降階**鈕 →，使插入點所在的段落降一個層級：

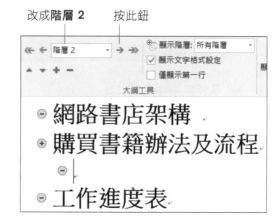

按一下 Tab 鍵亦可向下調整一個層級。

STEP 03 輸入第 2 層的第 1 個標題 "1. 網路購書", 然後按 Enter 鍵, 下一個段落同樣屬**階層 2**。請依照右圖繼續輸入其它標題:

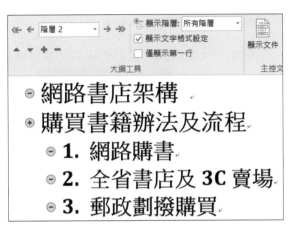

STEP 04 輸入第 3 層標題的方法和上述步驟一樣, 請依右圖輸入:

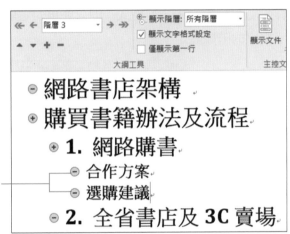

輸入第 3 層標題文字

3. 輸入內文

大綱結構建立好之後, 最後是發展各標題下的內容。這時可以不必在**大綱模式**下編輯, 請視編輯需要切換到合適的文件檢視模式進行。為方便您接續練習, 我們已將剛才輸入的結果存成範例檔案 Ch14-04, 您可以直接開啟來使用。

請切換至**整頁模式**, 將插入點移到標題 "網路書店架構" 之後, 然後按下 Enter 鍵, 依下圖輸入內容, 在此輸入的段落屬於本文, 所以請為此段落套用**內文**樣式:

·網路書店架構

本年度計劃架設網路書店, 此計劃分成購買書籍辦法及流程、工作進度表力分配及相關資源, 請各部門依照此辦法進行。|

也可以直接開啟範例檔案 Ch14-05 來查看結果

大綱模式的格式設定功能

　　雖然在**大綱模式**下我們也可以切換到**常用**頁次來設定字型格式或段落，但是僅能顯示字型格式，無法顯示段落方面的設定 (無法按下**段落**區右下角的 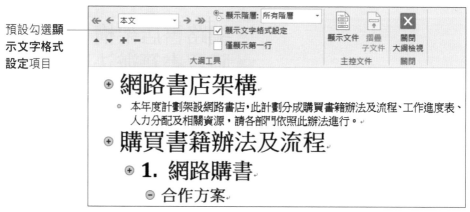 鈕)。所以編輯內容最好還是在**整頁模式**中進行，**大綱模式**比較適合進行整體檢視與調整文件大綱架構的工作。

　　大綱模式預設即會顯示文字的字型格式設定，如果覺得大字型的樣式導致能顯示的內容變少，您也可以在**大綱**頁次中取消**顯示文字格式設定**項目，文字格式設定就會隱藏起來，簡化文件顯示的樣式，讓您更專注於檢視與調整文件大綱架構的工作；若想檢視文字字型格式，則只要再勾選**顯示文字格式設定**項目，便可以再次顯示文字的階層設定了。

預設勾選**顯示文字格式設定**項目

▲ 顯示文字格式設定

取消此項

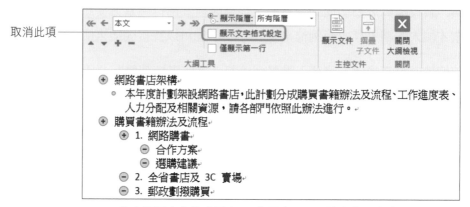

▲ 沒有顯示文字格式設定，工作區中可顯示的文件內容也變多了

14-10

14-4 調整大綱架構

要調整大綱架構, 在**大綱模式**下進行是最適合的。在**大綱模式**中可以快速地升降大綱結構的層級或是移動層級的順序, 並且可以一併調整層級之下的次層級或本文, 讓長文件調整架構的工作變得簡易許多。

在大綱模式下選定文字

在**大綱模式**下選定文字的技巧:

選定對象	方法
選定層級	按一下層級前的選取長條
選定層級及其下的所有次層級和本文	雙按層級前的選取長條, 或在大綱符號上按一下
選定本文	按一下本文前的選取長條或大綱符號
選定數個層級或本文段落	在選取長條內上下拉曳

了解選定文字的方法後, 便可以開始進行大綱結構的調整工作了。

調整上下層級

我們可以利用**大綱工具**區的升降層級按鈕來調整大綱結構, 或是以滑鼠拉曳段落來調整。以下我們將說明這 2 種調整大綱結構的方法, 先來看看下表關於升降層級按鈕的說明:

按鈕	功能
升階至標題 1 鈕 ←	按一下可直接升至第 1 層
升階鈕 ←	按一下可往上提升一級, 最高升到第 1 層
降階鈕 →	按一下可往下降低一級, 最低降到第 9 層
降階成本文鈕 →→	取消層級, 成為本文

調整大綱層級 — 用升降層級鈕

請開啟範例檔案 Ch14-06, 並切換至**大綱模式**, 我們要將 "合作方案" 這個標題的層級提升兩級:

 選定 "合作方案" 標題, 或是將插入點移到該標題中:

目前是**階層 4** ⟶

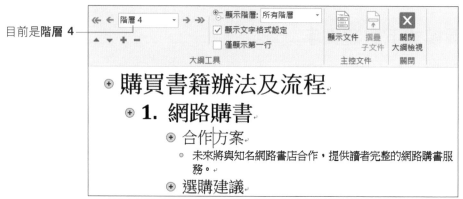

 按 2 次**升階鈕** ⟵, 將層級連升兩級:

變成**階層 2** 了 ⟶

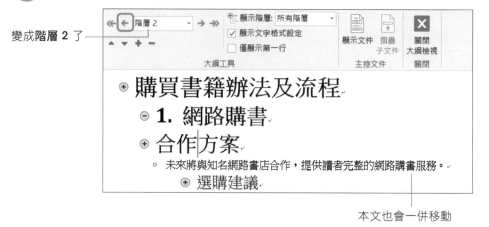

本文也會一併移動

調整大綱層級 — 用滑鼠拉曳

接續上例, 現在我們改以滑鼠拉曳的方式, 將 "選購建議" 及其下的本文, 也往上調升 2 個層級:

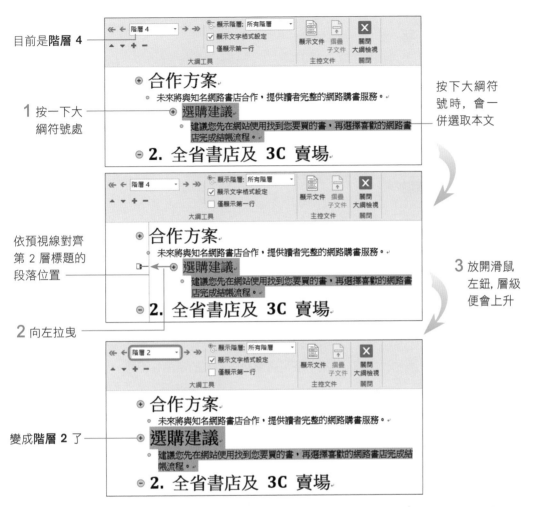

目前是**階層 4**

1 按一下大
綱符號處

按下大綱符
號時，會一
併選取本文

依預視線對齊
第 2 層標題的
段落位置

3 放開滑鼠
左鈕，層級
便會上升

2 向左拉曳

變成**階層 2** 了

 用滑鼠向左拉曳可以提升層級, 或將本文拉曳為層級；向右拉曳則可降低層級, 或將層級
變成本文。

使用「按鈕」與「滑鼠拉曳」調整層級的差異

前面分別介紹了使用**大綱工具**的按鈕, 及用滑鼠拉曳調整層級的技巧, 兩者看起來似
乎一樣, 但其實是有點差異的。

當我們按下大綱符號再使用滑鼠來拉曳層級, 拉曳時會一併選取該層級及其下的次層
級, 所以其下的內容會一併調整；若只將插入點移到段落中再使用按鈕來調整, 將只
會調整插入點所在的段落, 以大綱符號選取調整, 則 2 者沒有差別。

別忘了本文不屬於層級, 所以一定會隨著所屬的層級調整位置。

移動層級順序

　　剛才我們介紹了調整大綱層級的方法，接下來我們要介紹如何移動層級的順序。這裡指的順序，是該段落在文章的順序，並不影響該段落的層級高低，可別搞混囉！

　　在**大綱模式**中要移動層級的位置順序可說是輕而易舉，不必搬過來、移過去，即可快速移動層級的位置。我們同樣可以使用順序按鈕和滑鼠拉曳 2 種方式，來調整大綱的層級順序。

使用順序按鈕調整層級順序

　　首先為您介紹使用**大綱工具**的順序按鈕來移動層級順序：

按鈕	功能
上移鈕 ▲	按一下可將層級與本文的順序往上移一位
下移鈕 ▼	按一下可將層級與本文的順序往下移一位

　　請開啟範例檔案 Ch14-07 再切換至**大綱模式**，我們要將 "合作方案" 標題和其下的本文順序往上移一個位置。按一下 "合作方案" 標題前的大綱符號，選定該標題及其下的本文：

⊕ **購買書籍辦法及流程**
　⊖ **1. 網路購書**
　⊕ 合作方案
　　○ 未來將與知名網路書店合作，提供讀者完整的網路購書服務。
　⊕ **選購建議**

按下**上移鈕** ▲

⊕ **購買書籍辦法及流程**
　⊕ 合作方案
　　○ 未來將與知名網路書店合作，提供讀者完整的網路購書服務。
　⊖ **1. 網路購書**
　⊕ **選購建議**

全部移到 "1. 網路購書" 標題之前了

用滑鼠拉曳調整層級順序

現在改用滑鼠拉曳的方式將 "選購建議" 標題移至 "合作方案" 之下：

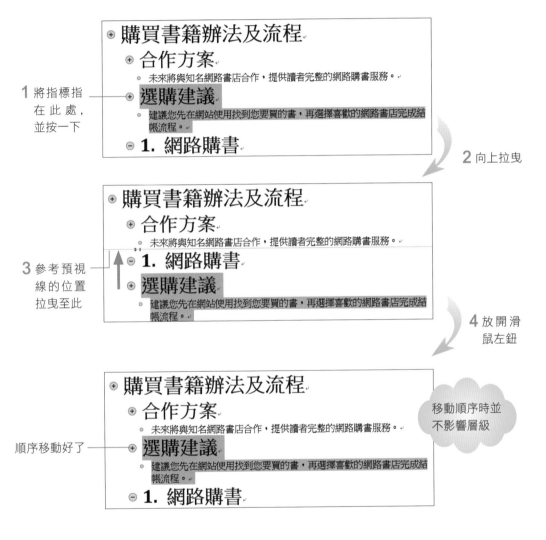

1 將指標指在此處，並按一下

2 向上拉曳

3 參考預視線的位置拉曳至此

4 放開滑鼠左鈕

移動順序時並不影響層級

順序移動好了

假如層級下有次層級, 以大綱符號選取並拉曳滑鼠來移動層級順序, 其下的次層級也會跟著移動；若只將插入點移至其中, 使用按鈕則只會移動層級本身的順序, 本文亦不會跟著移動。

14-5 檢視大綱架構

長篇文件最令人感到困擾的是文件內容太多, 容易造成檢視與調整內容架構的不便。這種情形在**大綱模式**下可獲得改善, 只要顯示大綱結構, 而將其下的內容隱藏起來, 這樣就可以輕鬆檢視與調整文件的內容架構了。

隱藏階層和本文

利用**大綱工具**區的**摺疊鈕** ▬ 即可隱藏階層或本文。我們可以從最下層開始, 一次摺一層起來。例如第一次是摺疊標題下的本文, 第二次摺疊第 3 層標題, 第三次摺疊第 2 層標題, 直到剩下第 1 層標題為止。

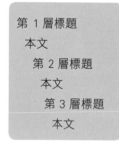

原內容

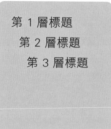

第一次摺疊本文　第二次摺疊第 3 層標題

第三次摺疊第 2 層標題

請開啟範例檔案 Ch14-08, 我們先來練習一層一層摺疊的操作方式。請先切換到**大綱模式**, 我們以 "購買書籍..." 的標題來說明:

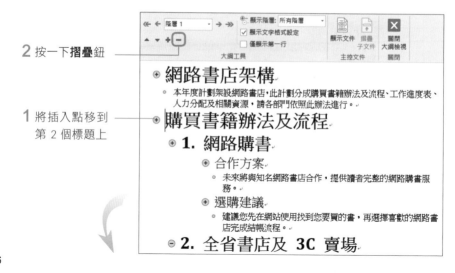

2 按一下**摺疊**鈕

1 將插入點移到第 2 個標題上

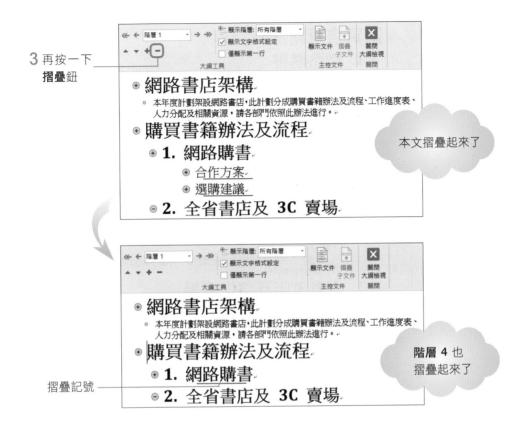

3 再按一下**摺疊**鈕

本文摺疊起來了

階層 **4** 也摺疊起來了

摺疊記號

標題下的內容若摺疊起來，該標題會加上一條虛底線的摺疊記號，這樣我們就知道哪些標題之下還有內容。

展開階層和本文

要展開被隱藏的階層，則需利用**大綱工具**區的**展開**鈕 ➕。展開的順序剛好與摺疊的順序相反，由摺疊階層的最上層開始，依序往下展開，而本文則會最晚展開。其操作方式如下：

1 將插入點移至含有摺疊內容的標題中，按一下**展開**鈕

購買書籍辦法及流程
1. 網路購書
2. 全省書店及 **3C** 賣場
3. 郵政劃撥購買

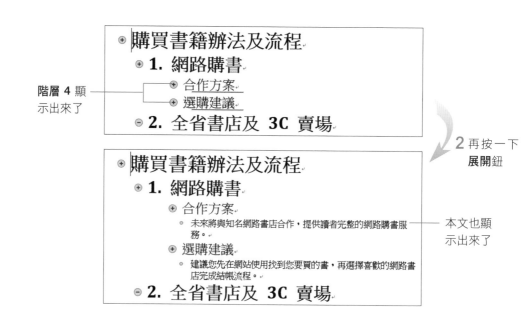

階層 4 顯
示出來了

2 再按一下
展開鈕

本文也顯
示出來了

一次摺疊/展開所有的內容

如果覺得一層一層的摺疊/展開不夠迅速，我們也可以雙按該階層前的大綱符號，一次摺疊或展開該階層下的所有內容。

雙按此處

此標題下的內
容完全收合了

再次雙按大綱符
號即可展開，請
您自行練習囉！

整篇文件的摺疊與展開技巧

前面介紹的摺疊、展開方法是針對階層本身，現在將視野擴大，來介紹如何摺疊與展開整篇文章。

顯示至某一階層

利用**大綱工具**區上的**顯示階層**列示窗，就可指定要顯示至特定階層。若只要顯示第一層標題，而隱藏之下的所有內容，請選擇列示窗中的**階層 1**；若要顯示第一與第二層標題，而隱藏之下的所有內容，則選擇**階層 2**，以此類推。

1 拉下列示窗選擇**階層 2**

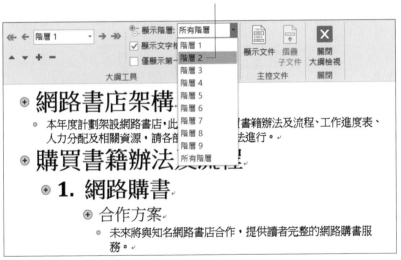

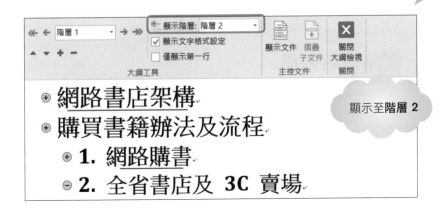

顯示至**階層 2**

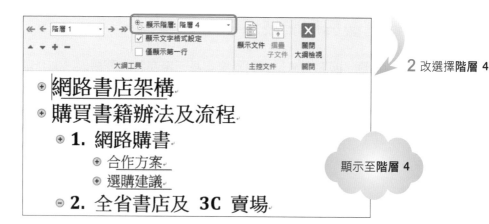

2 改選擇**階層 4**

顯示至**階層 4**

顯示全部內容

如果要顯示全部的階層與本文, 請選擇**顯示階層**列示窗中的**所有階層**。

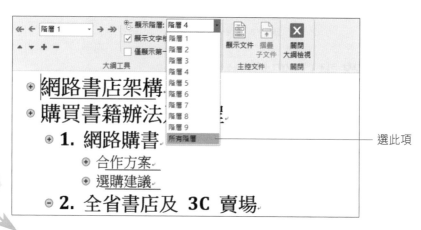

選此項

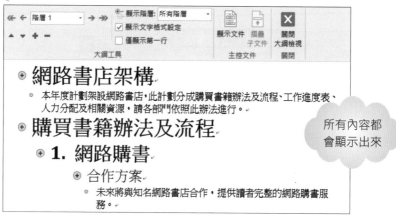

所有內容都
會顯示出來

只顯示本文的第一行

若覺得只看到標題不夠詳盡，但將本文顯示出來又不方便檢視或調整，那麼可以在顯示標題之外，再顯示一些本文，比較能掌握標題的內容。請先將階層之下的內容或整篇文件完全展開，然後勾選**大綱工具**區上的**僅顯示第一行**項目，即可只顯示本文的第一行。

⊕ **網路書店架構**
　○ 本年度計劃架設網路書店，此計劃分成購買書籍辦法及流程、工作進度表、人力分配及相關資源，請各部門依照此辦法進行。
⊕ **購買書籍辦法及流程**
　⊕ **1. 網路購書**
　　⊕ 合作方案
　　　○ 未來將與知名網路書店合作，提供讀者完整的網路購書服務。

▲ 取消**僅顯示第一行**項目

 記得先將內容完全展開，否則即使勾選**僅顯示第一行**，還是沒辦法將本文的第一行顯示出來喔！

⊕ **網路書店架構**
　○ 本年度計劃架設網路書店，此計劃分成購買書籍辦法及流程、工作進度...
⊕ **購買書籍辦法及流程**
　⊕ **1. 網路購書**
　　⊕ 合作方案
　　　○ 未來將與知名網路書店合作，提供讀者完整的網路購書服...
　　⊕ 選購建議
　　　○ 建議您先在網站使用找到您要買的書，再選擇喜歡的網路...

（勾選後，則每一階層只會保留第一行的內容）

▲ 勾選**僅顯示第一行**項目

若要恢復顯示全部本文，再將**僅顯示第一行**項目取消即可。

 編輯摺疊的階層與本文

階層之下的次階層與本文，若因摺疊而隱藏起來，則當選定該階層時，摺疊的內容也會一併選定，所以調整大綱架構或進行複製、刪除的動作將更為容易。

搭配「導覽」窗格檢視大綱架構

勾選位於**檢視**頁次下，**顯示**區的**功能窗格**項目，可在 Word 視窗左邊顯示**導覽**窗格。**導覽**窗格可以顯示出文件的大綱結構讓我們瀏覽，並快速跳至想要顯示的文件內容。

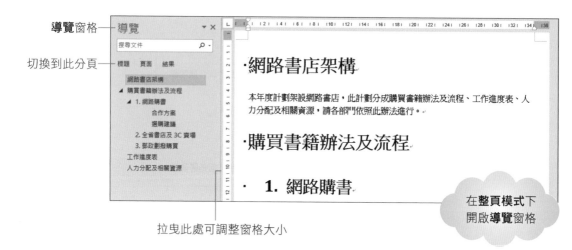

導覽窗格 ———

切換到此分頁 ———

拉曳此處可調整窗格大小

在**整頁模式下**開啟**導覽**窗格

快速檢視文件內容

透過**導覽**窗格我們可以先瀏覽文件的大綱架構，若想細覽某個標題的內容時，只要在**導覽**窗格按一下標題，右邊的**工作區**就會立即顯示該標題的內容，所以**導覽**窗格很適合用來閱讀長篇文件。

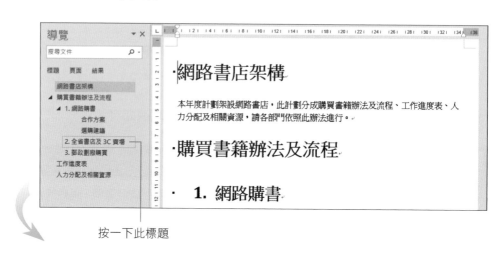

按一下此標題

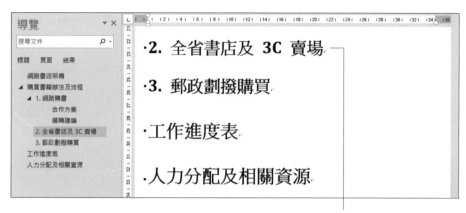

立即跳到該標題的內容

在「導覽」窗格中檢視大綱結構

導覽窗格中只能顯示大綱結構的階層,無法顯示本文,不過我們可以如同在**大綱模式**一般,在**導覽**窗格中以展開、摺疊階層的方式來檢視大綱結構。

按第一層標題前的摺疊符號

可摺疊其下的所有標題

按第一層標題前的展開符號

可展開其下的所有標題

在**導覽**窗格中也可以像**大綱模式**一樣，展開、摺疊至某一特定階層，或展開整個文件大綱。

在第一層標題前的展開符號上按右鈕，執行『**顯示標題階層/全部**』命令

快顯功能表命令和**大綱工具**區的功能相同，可比照之前的說明來操作。

導覽窗格可以說是**大綱模式**功能的延伸，使瀏覽長篇文件顯得更加容易，若要關閉**導覽**窗格，可按下**導覽**窗格右上角的 ✕ 鈕，或是由**檢視**頁次**顯示**區的**功能窗格**選項來切換關閉或顯示狀態：

按下此鈕關閉窗格

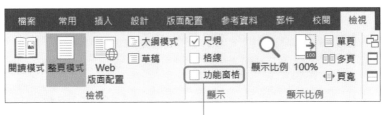

亦可由此選項切換是否顯示

14-6 套用「多層次清單」建立章節架構與列印大綱

當文章結構是以章、節、項目來編號時, 例如製作書籍大綱, 就可以套用多層次清單功能來建立大綱結構, 其好處是不需要我們手動變更前面的章數、節數, 就算刪掉其中一個章節, Word 也會自動調整成正確的順序。

套用「多層次清單」

請開啟範例檔案 Ch14-09, 由於目前全都是套用**內文**樣式, 層級不明顯, 所以要先切換到**大綱模式**再進行如下的調整。

按下此鈕

請點選此項

STEP 01 首先要套用最高層級的標題。請將插入點移至第 1 個段落 "歡迎..." 中, 再切換至**常用**頁次, 按下**段落**區的**多層次清單鈕** , 從中選取欲套用的樣式:

> 選擇樣式後, 可放大縮圖內容讓你預覽套用結果

STEP 02 回到文件中就會看到第 1 個段落自動顯示章數, 文字也套用明顯的樣式了。接著請將插入點移至第 2 個段落標題 "選擇...", 按下**多層次清單鈕**, 套用與步驟 1 相同的樣式:

將插入點移至此段, 套用與步驟 1 相同的樣式

- ⊖ 第一章歡迎加入水彩畫畫課
- ⊕ 第二章選擇工具
  - ○ 選擇水彩和調色盤
  - ○ 選擇紙和水彩筆
  - ○ 水彩的調色技巧

STEP 03　但是這個段落是第 2 個層級，所以要降一個層級才行，請確認插入點已在 "選擇工具…" 段落，再按一下 Tab 鍵，此時就會向下降一個層級，並自動加上節數：

> ⊕ 第一章歡迎加入水彩畫畫課
> 　⊕ 第一節選擇工具 ————————————— 變成第一章之
> 　　○ 選擇水彩和調色盤　　　　　　　　　　　　下的第一節了
> 　　○ 選擇紙和水彩筆

　套用多層次清單後，按下 Tab 鍵可向下降一個層級；按下 Shift ＋ Tab 鍵則可向上提升一個層級。

STEP 04　請練習利用相同的方法，將其下的 "選擇水"、"選擇紙" 兩個段落套用第 3 個層級的樣式吧！

套用樣式之後，
再按 2 次 Tab
鍵就可以了

> ⊕ 第一章歡迎加入水彩畫畫課
> 　⊕ 第一節選擇工具
> 　　⊖ 第一項選擇水彩和調色盤
> 　　⊖ 第二項選擇紙和水彩筆
> 　　　○ 水彩的調色技巧

最後，請練習將文件的大綱調整成如下的樣子吧！

利用**多層次清單**建立好大綱之後，即使日後刪除某一章、某一節，Word 也會自動更新成正確的順序，對於長篇文件來說，是個很好用的功能

> ⊕ 第一章歡迎加入水彩畫畫課
> 　⊕ 第一節選擇工具
> 　　⊖ 第一項選擇水彩和調色盤
> 　　⊖ 第二項選擇紙和水彩筆
> ⊕ 第二章水彩的調色技巧
> 　⊖ 第一節調色
> 　⊖ 第二節渲染
> ⊖ 第三章水彩的旅行日記
> ⊖ 第四章甜蜜的水彩午茶

自訂多層次清單

　　多層次清單的樣式也可以自行變更設定，請接續上例練習：

STEP 01 同樣請切換至**常用**頁次，按下**段落**區中**多層次清單**鈕 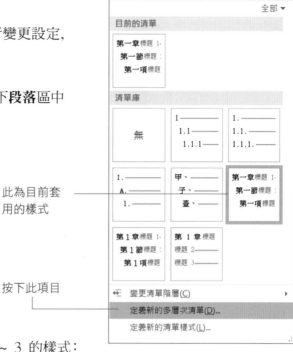：

此為目前套用的樣式

按下此項目

STEP 02 依下列說明分別設定階層 1 ~ 3 的樣式：

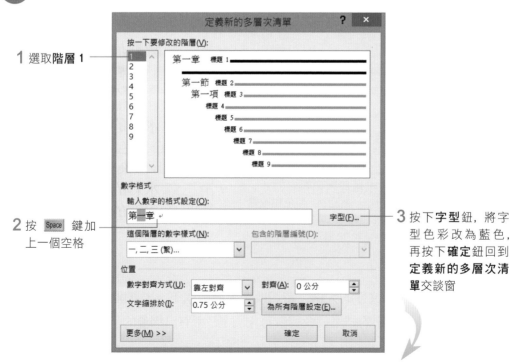

1 選取**階層 1**

2 按 Space 鍵加上一個空格

3 按下**字型**鈕，將字型色彩改為藍色，再按下**確定**鈕回到**定義新的多層次清單**交談窗

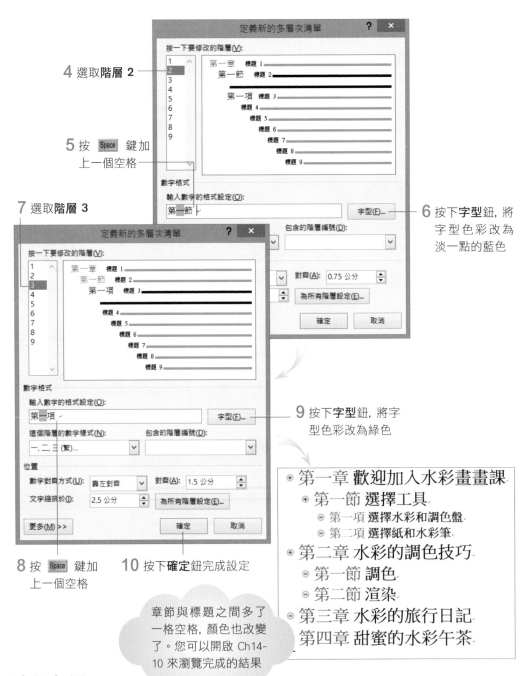

4 選取**階層 2**

5 按 Space 鍵加
上一個空格

7 選取**階層 3**

6 按下**字型**鈕, 將
字型色彩改為
淡一點的藍色

9 按下**字型**鈕, 將字
型色彩改為綠色

8 按 Space 鍵加
上一個空格

10 按下**確定**鈕完成設定

章節與標題之間多了
一格空格, 顏色也改變
了。您可以開啟 Ch14-
10 來瀏覽完成的結果

⊕ 第一章 歡迎加入水彩畫畫課
  ⊕ 第一節 選擇工具
    ⊖ 第一項 選擇水彩和調色盤
    ⊖ 第二項 選擇紙和水彩筆
⊕ 第二章 水彩的調色技巧
  ⊖ 第一節 調色
  ⊖ 第二節 渲染
⊕ 第三章 水彩的旅行日記
第四章 甜蜜的水彩午茶

列印大綱

如果您想要列印文件的大綱, 請切換至**大綱模式**下, 再展開或摺疊您要列印的
階層和本文, 執行列印的結果就會與螢幕相同了, 所有已摺疊的階層和本文, 將不會
被列印出來。

CHAPTER

15

文件的版面設定

善加使用 Word 提供的各項版面設定功能, 讓文件
適當分頁或採用多欄式的編排方式, 可以讓我們更
有效率地編輯文件, 並且能展現出井然有序、容易
閱讀的文件內容。

- 為文章適當的分頁

- 設定頁碼

- 設計頁首與頁尾樣式

- 設定「章節」讓一份文件套用多種版面設定

- 製作文字及圖片浮水印

- 多欄式編排

- 製作文件封面

- 設定文件版面

15-1 為文章適當的分頁

Word 會依照版面的設定, 將文件內容自動切割成一頁一頁的顯示, 但有時分頁的結果並非盡如人意。例如一份表格被硬生生地分成兩半, 或是段落的一行被孤伶伶地留在另一頁, 這時我們就有必要告訴 Word 該從那裡分頁。

在**整頁模式**下, 會看到明顯的頁面區隔, 這一節我們就來學習與分頁相關的設定技巧。

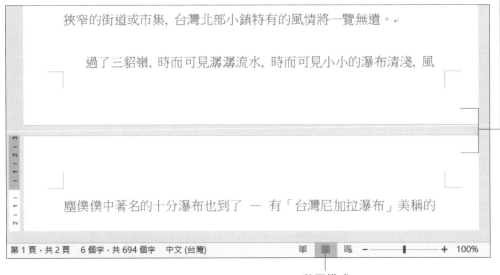

以頁面做區隔

整頁模式

插入分頁線

切換至**插入**頁次, 就會在**頁面**區內看到**分頁符號**鈕, 按下此鈕會在插入點的位置加上分頁線, 底下我們將以一個範例實際來練習。

STEP 01 請開啟範例檔案 Ch15-01, 然後向下捲動頁面至欲加上分頁符號的位置:

請將插入
點移至此 ───

STEP 02 接著切換至**插入**頁次, 按下**頁面**區的**分頁符號**鈕, 在插入點位置加上分頁線:

手動分頁線 ───

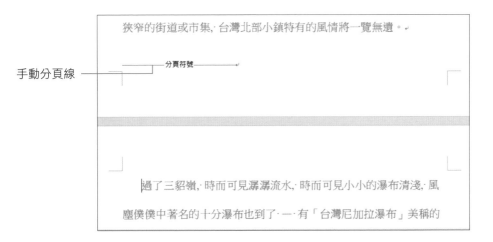

您也可以將插入點移至想要分頁的位置, 再按下 `Ctrl` + `Enter` 鍵, 快速加入手動分頁線。

 如果畫面上沒有顯示分頁線, 請確認**常用**頁次中**段落**區的**顯示/隱藏編輯標記**鈕 已呈啟用狀態。

如果您習慣在**草稿**模式下編輯文件, 這裡要告訴您區別手動與自動分頁線的方法。Word 在使用者自行設定的分頁線上會標示 "分頁符號", 而 Word 自動產生的分頁線, 則只會以虛線表示。

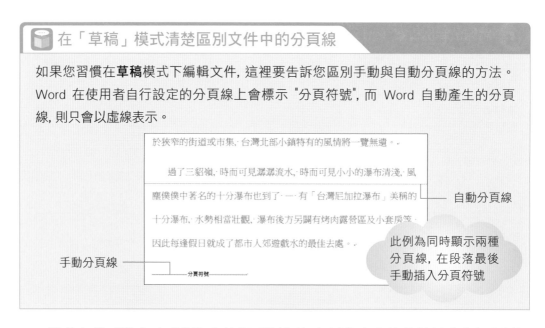

自動分頁線

此例為同時顯示兩種分頁線, 在段落最後手動插入分頁符號

手動分頁線

雖然在**整頁模式**下可清楚看到分頁的情形, 但這些空白的部份卻讓我們在編輯文字時, 需要不時捲動頁面, 反而造成編輯時的困擾。這裡我們要再教您一個好用的檢視技巧。請將指標移至頁與頁之間, 此時指標會呈 ⊬⊣ 狀:

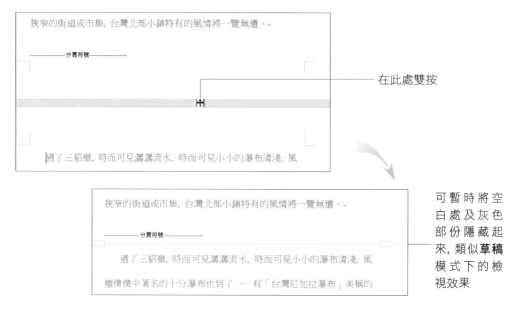

在此處雙按

可暫時將空白處及灰色部份隱藏起來, 類似**草稿**模式下的檢視效果

將指標移至分界處, 待指標呈 ⊬⊣ 狀時雙按, 又可切換回原來的狀態, 您可以在**整頁模式**下適時的應用此技巧, 以提高工作效率。

在這裡要特別提醒您, 必須待指標呈 ⊞ 狀時再雙按滑鼠, 否則會切換至**頁首/頁尾**的編輯狀態 (參考 15-3 節的內容), 萬一不小心切換至**頁首/頁尾**的編輯模式, 請按下功能區上最右側的**關閉頁首及頁尾**鈕, 離開此編輯模式。

刪除分頁線

想要刪除手動分頁線時, 請將插入點移到手動分頁線前, 接著按下 `Delete` 鍵就可以刪除了。但請特別注意, Word 自動產生的分頁線是無法刪除的。

設定段落不分頁

有時為了文章的連續性, 並不希望某些重要的段落被拆成兩頁。當然, 我們可以一頁一頁地檢查, 然後自行加上分頁線。但是當文件內容很長時, 人工分頁不僅累人, 而且可能會有所遺漏。為了減輕負擔, 我們可以利用 Word 提供的功能來自動設定文件的同一段落是否要跨頁。

STEP 01 請重新開啟範例檔 Ch15-01, 第 1 頁最下方的段落被自動分頁線分成兩頁, 我們想要更改設定讓此段落不會被分割在不同的頁面, 請將插入點移至此段落中。

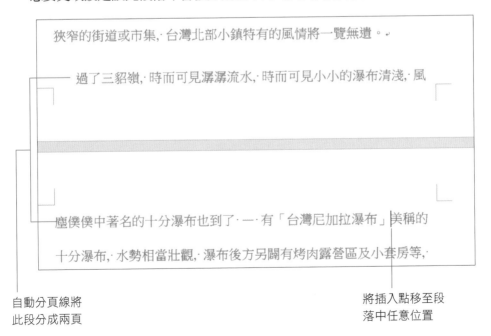

狹窄的街道或市集, 台灣北部小鎮特有的風情將一覽無遺。

過了三貂嶺, 時而可見潺潺流水, 時而可見小小的瀑布清淺, 風

塵僕僕中著名的十分瀑布也到了。 有「台灣尼加拉瀑布」美稱的

十分瀑布, 水勢相當壯觀, 瀑布後方另闢有烤肉露營區及小套房等,

自動分頁線將此段分成兩頁

將插入點移至段落中任意位置

STEP 02 由於此項設定與段落有關, 請切換至**常用**頁次再按下**段落**區的 ▣ 鈕, 開啟**段落**交談窗, 再切換至**分行與分頁設定**頁次, 勾選**段落中不分頁**選項。

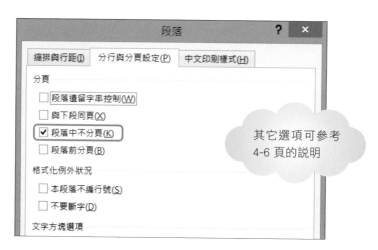

其它選項可參考 4-6 頁的說明

STEP 03 請按下**確定**鈕, 段落就會顯示在同一段落了。

自動分頁線會上移到該段之前, 讓整個段落都在同一頁

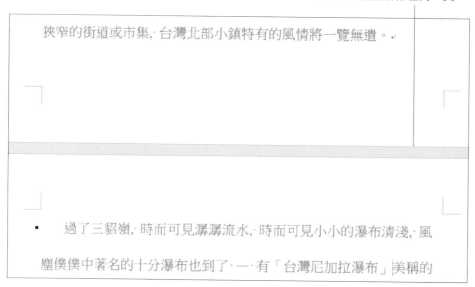

以上的設定, 能讓插入點所在的段落不分頁。若是要讓整份文件的段落都不分頁, 那麼在設定前請先按下 `Ctrl` + `A` 鍵選取整份文件, 再如上述進行設定。

15-2 設定頁碼

為長篇文章、提案報告等多頁文件設定頁碼, 不僅便於整份文件的裝訂, 在閱讀時還能便於得知文件的順序。這一節我們就來學習如何在文件中加入頁碼及相關格式設定。

加入頁碼

為了加深您的印象, 我們以一個實際的範例來說明, 請開啟範例檔案 Ch15-02, 再跟著以下的步驟來操作。

STEP 01 開啟檔案後請切換至**插入**頁次, 按下**頁首及頁尾**區的**頁碼**鈕, 選擇要加入頁碼的位置。將指標移至命令上時, 會出現範本供您預覽。我們以**頁面底端**為例:

在文件上方加入頁碼

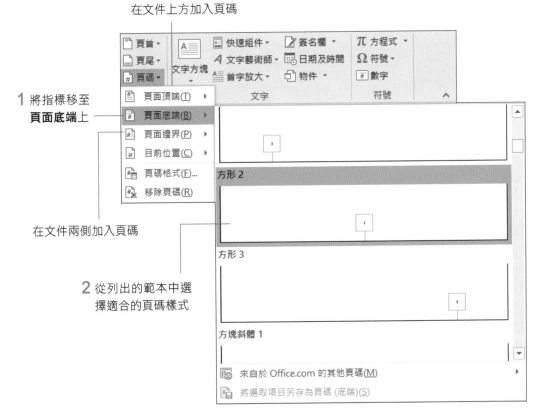

1 將指標移至
頁面底端上

在文件兩側加入頁碼

2 從列出的範本中選
擇適合的頁碼樣式

STEP 02 選擇範本之後會自動切換至**頁首/頁尾編輯**模式，並自動加上頁碼。由於此處我們只想要加入頁碼，所以請在完成後按下**功能區**右側的**關閉頁首及頁尾**鈕，或在文件的空白處雙按，回到文件編輯模式。

按下此鈕可關閉**頁首/頁尾編輯**模式

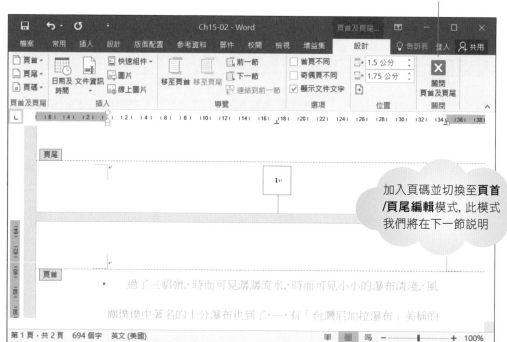

加入頁碼並切換至**頁首/頁尾編輯**模式，此模式我們將在下一節說明

　　加入頁碼之後，即使我們更動、增加文件的內容，每一頁都會自動更新為正確的頁碼。

 在這裡特別提醒您，**草稿**模式下不會顯示頁碼，請務必在**整頁模式**下檢視。

設定頁碼格式

　　即使套用了頁碼，您可能還是想要設定專屬的頁碼格式，例如頁碼的樣式、起始頁碼等。設定時請在**插入**頁次中按下**頁首及頁尾**區的**頁碼**鈕，執行『**頁碼格式**』命令：

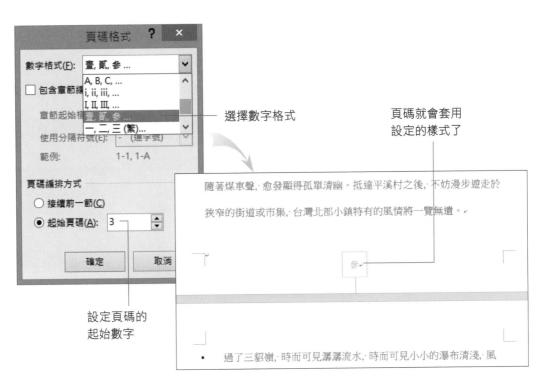

選擇數字格式

頁碼就會套用
設定的樣式了

設定頁碼的
起始數字

如果在插入頁碼後 (會自動切換至**頁首/頁尾編輯**模式), 想要直接變更頁碼格式, 請按下**頁首及頁尾工具/設計**頁次左側**頁首及頁尾**區的**頁碼**鈕, 再執行『**頁碼格式**』命令。

移除頁碼

想要移除頁碼的話, 請切換至**插入**頁次, 再按下**頁碼**鈕選擇『**移除頁碼**』命令, 就可以將先前加入的頁碼移除了。

移除舊版文件的頁碼

根據筆者測試, 在 Word 2007/2010 下建立, 並儲存成 .docx 格式的檔案, 『**移除頁碼**』命令都可以正常運作; 若是開啟舊的檔案格式, 或是將文件儲存成 **Word 97-2003 文件**, 『**移除頁碼**』命令就可能無法執行 (呈淺灰色), 此時請在頁碼上雙按, 切換至**頁首/頁尾編輯**模式, 選取頁碼後並按下 Delete 鍵來刪除頁碼 (因為在 Word 2003 (含之前) 的版本, 想要刪除頁碼時必須切換至**頁首/頁尾編輯**模式才行)。

15-3 設計頁首與頁尾樣式

一份完整的報告, 除了豐富的內容之外, 其它文件的必備資訊也少不得。這些資訊除了剛才介紹過的頁碼之外, 還有像是文件的建立日期、版次、建立者...等等。通常我們會把這些資訊加到頁首或頁尾, 使文件的每一頁都能顯示這些資訊。

頁首、頁尾是指每頁文件上緣和下緣的部分:

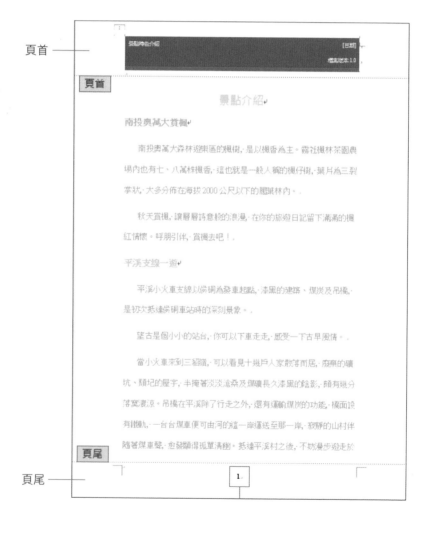

套用頁首/頁尾樣式

和頁碼功能一樣, Word 也提供了許多頁首、頁尾的範本供我們選用, 底下以加入**頁首**為例, 請開啟範例檔案 Ch15-03 和我們一起進行如下的練習。

STEP 01 請切換至**插入**頁次, 按下**頁首及頁尾**區的**頁首**鈕, 下方就會列出 Word 提供的頁首範本供您套用:

可由此處預覽範本, 假設我們套用**回顧**範本

STEP 02 點選範本之後, 文件會套用範本內容, 並切換至**頁首/頁尾編輯**模式, **功能區**則會切換至**頁首及頁尾工具/設計**頁次。

在**頁首/頁尾編輯**模式下只能編輯頁首、頁尾的內容

> CH13-03 　　　　　　　　　　　　　　　　　[日期]
>
> 頁首
> ▪ 過了三貂嶺‧時而可見潺潺流水‧時而可見小小的瀑布清淺‧風
> 塵僕僕中著名的十分瀑布也到了‧一有「台灣尼加拉瀑布」美稱的

文件的內容則會以淡色顯示

03 接著請將插入點移至頁首中需要修改文字的地方, 再輸入要顯示的文字內容:

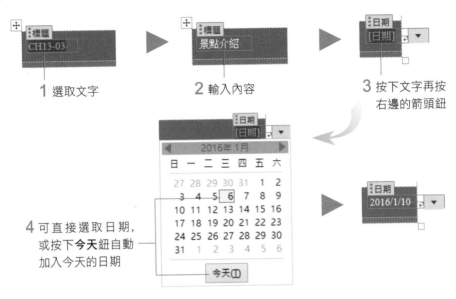

1 選取文字　　　　　　　2 輸入內容　　　　　　　3 按下文字再按
　　　　　　　　　　　　　　　　　　　　　　　　　　右邊的箭頭鈕

4 可直接選取日期,
或按下**今天**鈕自動
加入今天的日期

　　　　完成後請按下**功能區**上的**關閉頁首及頁尾**鈕, 或是在文件的空白處雙按, 回到
文件的編輯狀態。

編輯頁首/頁尾

　　　　套用了範本之後, 如果想要再加入其他的內容, 必須先切換至**頁首/頁尾編輯**模
式中, 才能對文件的頁首、頁尾區域進行編輯。請按下**插入**頁次的**頁首** (或**頁尾**)
鈕, 執行『**編輯頁首**』(或『**編輯頁尾**』) 命令, 也可以在頁首、頁尾範圍內雙按, 都
可以切換至**頁首/頁尾編輯**模式。

1 切換至**頁首及頁尾工具/設計**頁次

若選擇的範本沒有時間、日期選項, 可按
下此鈕設定格式並加入頁首 (或頁尾) 中

將滑鼠指在列的最左側, 會出現
一個 + 號, 按此符號會新增一列

頁首、頁尾與本文會以虛線做區隔

2 此例手動輸入了文件的版本以便辨識

在頁首、頁尾編輯文字的方法, 與編輯文件完全相同, 您可以輸入文字、對文字進行格式化或插入圖片等。唯一要注意的是, 頁首、頁尾的內容會出現在文件的每一頁上。

此外, 若是要刪除頁首、頁尾範本的部份內容, 同樣要先進入**頁首/頁尾編輯**模式, 然後在想要刪除的物件上按一下, 再選取物件標題並按下 Delete 鍵。

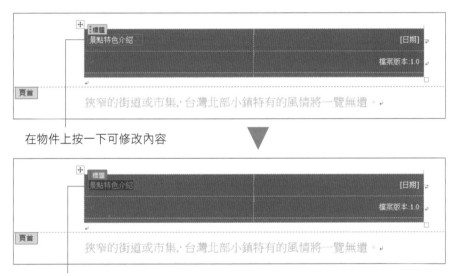

在物件上按一下可修改內容

選取物件再按下 Delete 鍵可刪除物件

移除頁首/頁尾

想要完全移除頁首、頁尾資訊時, 請按下**插入**頁次下的**頁首** (或**頁尾**) 鈕, 執行『**移除頁首**』 (或『**移除頁尾**』) 命令。

15-4 設定「章節」讓一份文件套用多種版面設定

為文件設定「章節」可以讓您在同一份文件中使用不同的版面設定, 最常見的應用, 就是需要在同一份文件設定不同的頁首/頁尾內容。這一節我們就以實際範例來說明章節與頁首/頁尾的應用。

首先要說明, 在 Word 中是以「分節線」來區分章節, 同一章節會套用相同的版面設定、頁首/頁尾樣式等。換句話說, 當我們想在同一份文件設定不同的版面時, 就得為文件新增章節才能做到。

以下我們要利用範例檔案 Ch15-04 來練習, 將文件的第 1 頁及第 2 頁的頁首設定為 "行程" 並且加上頁碼編號, 成為 "行程 1" 及 "行程 2";然後再將第 3 頁及第 4 頁的頁首改顯示為 "附件", 並且重新設定頁碼編號, 成為 "附件 1 " 及 "附件 2"。

01 請開啟範例檔案 Ch15-04, 將插入點移至第 2 頁如圖的位置, 然後切換到**版面配置**頁次按下**版面設定**區的**分隔符號鈕**:

遊客, 不妨租一艘試試。而夜住宿雙連埤最大的樂趣就在於 --- 有整

晚不絕的蟲鳴、鳥叫、鴨啼伴你入眠, 想要享受這大自然的交響樂

章, 不妨至雙連埤體驗一番喔!

出團日期

日期	行程	人數
3/4	平溪支線一遊	20~30
3/10	平溪支線一遊	20~30
3/17	平溪支線一遊	20~30
3/18	雙連埤浪漫遊	10~20
3/24	平溪支線一遊	20~30

1 將插入點移至此

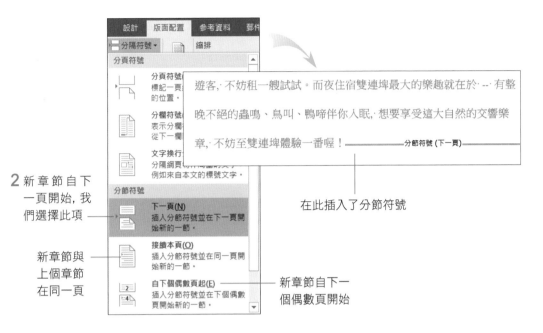

2 新章節自下一頁開始, 我們選擇此項

新章節與上個章節在同一頁

新章節自下一個偶數頁開始

在此插入了分節符號

STEP 02 將插入點移至第 1 頁任意處, 再切換到**插入**頁次, 按下**頁首及頁尾**區的**頁首**鈕, 並選擇**空白**樣式, 接著在頁首的編輯區輸入 "行程":

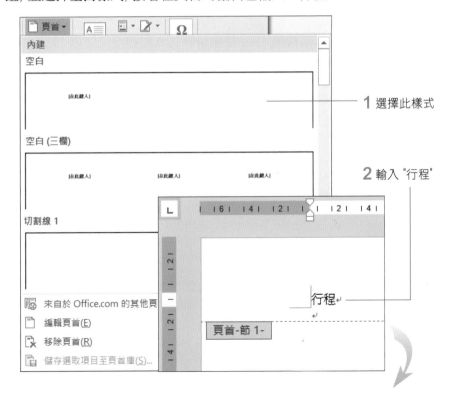

1 選擇此樣式

2 輸入 "行程"

再切換到**頁首及頁尾工具/設計**頁次, 按下**頁首及頁尾**區的**頁碼**鈕, 選擇**目前位置**項目:

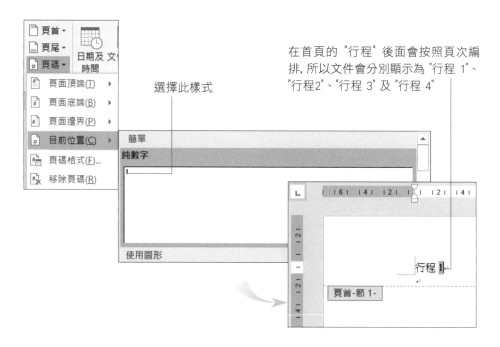

選擇此樣式

在首頁的 "行程" 後面會按照頁次編排, 所以文件會分別顯示為 "行程 1"、"行程2"、"行程 3" 及 "行程 4"

目前仍在頁首頁尾的編輯模式下, 接著請將插入點移至文件第 3 頁的頁首, 然後如下操作:

1 將插入點移至此　　　**2** 點選此鈕, 使其呈未按下的狀態

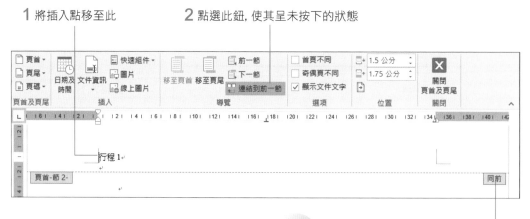

當不同章節套用相同頁首 (頁尾) 樣式時, 這裡會顯示 "同前"

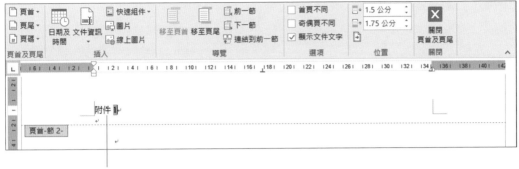

3 將 "行程" 改為 "附件"

在預設的情況下, 不同的章節會套用相同的頁首 (頁尾) 樣式, 所以**連結到前一節**鈕, 預設為啟用。若要更改樣式, 必須先取消此鈕的啟用狀態。

完成上述步驟後, 您可以切換到文件各頁次, 看看頁首是不是已依據文件內容依序標示為 "行程 1"、"行程 2"、"附件 1" 及 "附件 2":

若欲刪除分節線, 只要用滑鼠在分節線上按一下, 當插入點移到分節線之前, 再按下 Delete 鍵就可以刪除了。一旦刪除了分節線, 就會將章節合併起來, 並且沿用原先的版面設定。

15-5 製作文字及圖片浮水印

我們可以製作在文件每頁出現的文字或圖形, 例如: 公司商標、機密文件的字樣等, 而且為了不影響文件內容的顯示, Word 還會將這些圖形、文字做淡化處理, 也就是所謂的「浮水印」。

套用預設的浮水印樣式

請開啟要製作浮水印的文件或開啟 Ch15-05 來練習。將**功能區**切換至**設計**頁次, 按下**頁面背景**區的**浮水印**鈕, 即可預覽 Word 預設的浮水印範本。

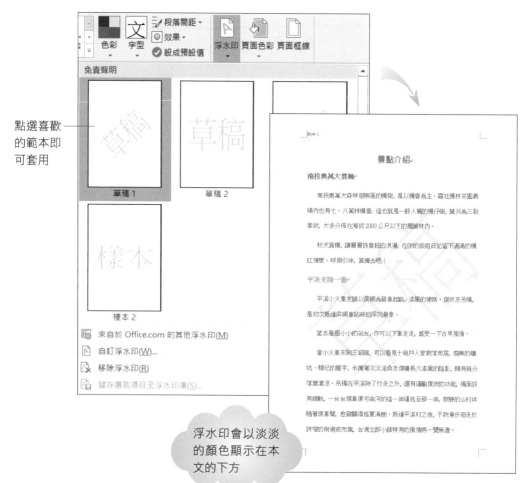

點選喜歡的範本即可套用

浮水印會以淡淡的顏色顯示在本文的下方

自行指定浮水印的文字

如果範本中的文字都不適用, 請按下**浮水印**鈕執行『**自訂浮水印**』命令:

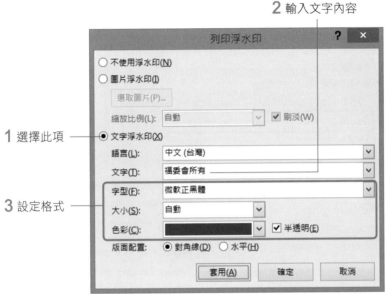

2 輸入文字內容

1 選擇此項

3 設定格式

完成時可先按下**套用**鈕預覽效果, 如果不需要修改了, 再按下**關閉**鈕關閉交談窗。

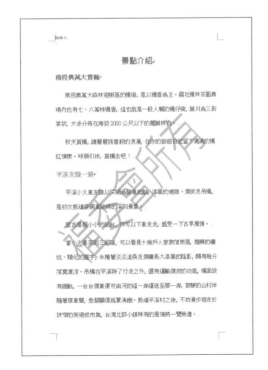

 若要修改文字, 必須在**列印浮水印**交談窗中設定。

製作圖片浮水印

　　如果需要以圖片來製作浮水印, 同樣請按下**設計**頁次下**頁面背景**區的**浮水印**鈕, 執行『**自訂浮水印**』命令。

1 選此項

2 選擇要製作浮水印的圖片

3 設定圖片的尺寸及刷淡效果

加入了圖片浮水印文件顯得更美觀

　　設定完成後按下**套用**鈕可預覽結果, 若沒有要修改即可按下**關閉**鈕完成設定。

移除浮水印

　　若想要移除浮水印, 請按下**設計**頁次的**浮水印**鈕, 執行『**移除浮水印**』命令。

15-6 多欄式編排

我們經常可以在報章雜誌上看到多欄式的文章，讓版面變化更活潑、文件更容易閱讀。這一節我們要教您輕鬆製作出多欄式編排的文件。

讓文件以多欄編排

請接續範例檔案 Ch15-05 的練習，切換至**整頁模式**再將**功能區**切換至**版面配置**頁次：

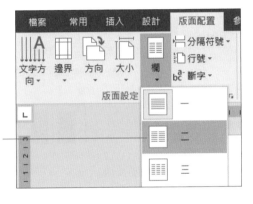

按下**欄**鈕再設定要編排的欄數，此例請選擇二

景點介紹

南投奧萬大賞楓

南投奧萬大森林遊樂區的楓樹，是以楓香為主。霧社楓林茶園農場內也有七、八萬株楓香，這也就是一般人稱的楓仔樹，葉片為三裂掌狀，大多分佈在海拔 2000 公尺以下的闊葉林內。

秋天賞楓，讓層層詩意般的浪漫，在你的旅遊日記留下滿滿以下車走走，感受一下古早風情。

當小火車來到三貂嶺，可以看見十幾戶人家散落而居，廢棄的礦坑、頹圮的屋宇，半掩著淡淡滄桑及煤礦長久漆黑的陰影，頗有幾分落寞淒涼。吊橋在平溪除了行走之外，還有運輸煤炭的功能，橋面設有鐵軌，一台台煤車便可由河的這一岸運送至那一

多欄式編排效果

 在**草稿**模式下，無法顯示多欄式編排效果。

插入欄與欄間的分隔線

雖然利用**欄**鈕可迅速排列成多欄的版面, 但卻無法進一步設定寬度、間距等, 也無法加入欄與欄的分隔線, 如此一來, 有可能影響段落的易讀性, 這時請按下**欄**鈕執行『**其他欄**』命令, 開啟如下的**欄**交談窗進行設定:

可直接在此設定各欄的寬度與間距

勾選此項可在各欄之間加入分隔線

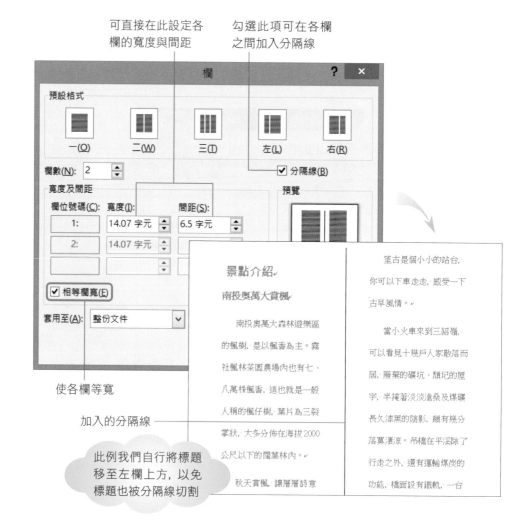

使各欄等寬

加入的分隔線

此例我們自行將標題移至左欄上方, 以免標題也被分隔線切割

移除多欄編排效果

要將文件回復到單欄的狀態, 請按下**欄**鈕選擇**一**項目, 表示將文件設定為單欄。

15-7 製作文件封面

整份文件都完成了, 在遞交出去前還得要加上封面才算完整。以往要製作文件的封面, 總是得大費周章的繪製圖案、加入圖片等, 現在, Word 把這個困難的工作變容易囉！我們只要選取範本, 再修改其中的文字、替換相片, 一個專業又好看的封面就完成了。

製作封面頁

請繼續使用範例檔案 Ch15-05, 和我們一起進行如下的練習。

STEP 01 請將**功能區**切換至**插入**頁次, 就會在**頁面**區看到**封面頁**鈕, 按下**封面頁**鈕可預覽所有的封面範本, 再從中點選喜歡的範本來套用。

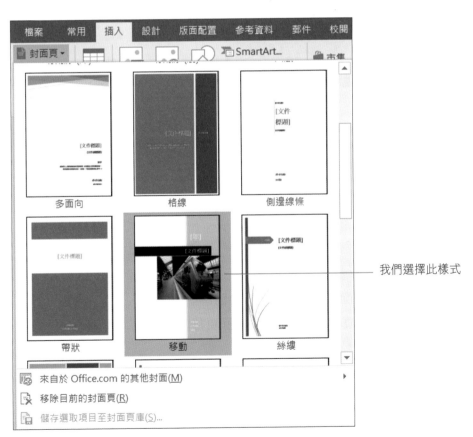

我們選擇此樣式

STEP 02 套用之後會在文件的最前面加入一頁封面頁，並修改預設的文件資訊。

STEP 03 如果對於預設的資訊不滿意，你可以將指標移至文字上手動修改內容；也可以選取圖片，再按下滑鼠右鈕執行『**變更圖片**』命令，重新換置圖片內容：

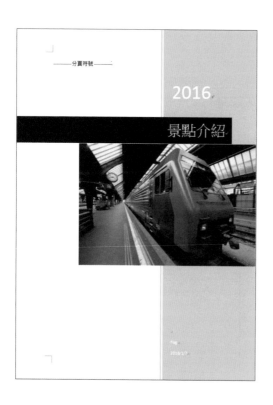

編輯圖片的操作，請參考 7-1 節的說明

移除封面頁

當您不需要封面頁時，請同樣將**功能區**切換至**插入**頁次，再按下**封面頁**鈕執行『**移除目前的封面頁**』命令，即可將封面頁移除。

15-8 設定文件版面

除了前面幾節中所介紹的頁首/頁尾、分欄式編排之外，使用 Word 製作文件時，還可以為文件設定合適的邊界、紙張大小，也可以為文件加上行號，方便編輯或閱讀。甚至還可以為文件加上如筆記本般的格線，讓文件閱讀起來更加方便。

設定文件邊界

請切換到**版面配置**頁次，按下**版面設定**區的**邊界**鈕，您可以依據文件的版面或特別的列印需求，在此套用對應的文件邊界設定：

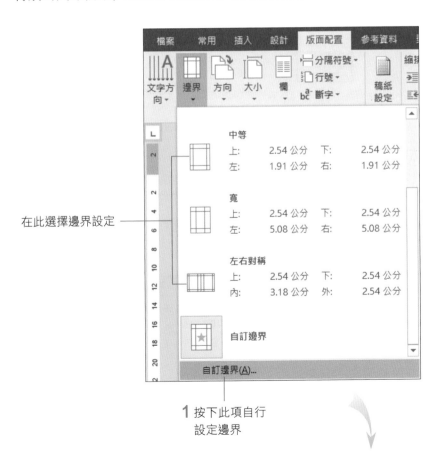

在此選擇邊界設定 ———

1 按下此項自行設定邊界

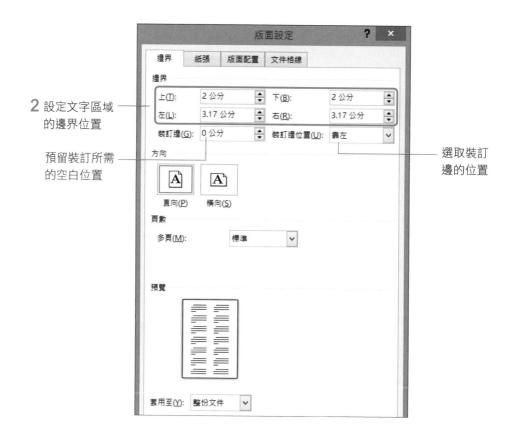

2 設定文字區域
　的邊界位置

預留裝訂所需
的空白位置

選取裝訂
邊的位置

設定紙張方向

　　一般文件的紙張方向都是設定為**直向**, 如果文件中表格欄位較多, 需要將紙張橫放才能完整顯示出來, 這時您可以切換到**版面配置**頁次, 按下**版面設定**區的**方向**鈕, 調整紙張的方向：

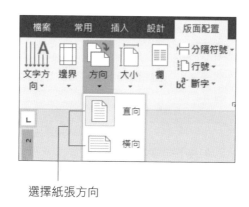

選擇紙張方向

設定紙張大小

　　如果打算將編輯完成的文件列印在特殊開數的紙張上，您也可以在**版面配置**頁次中設定。請按下**版面設定**區的**大小鈕**：

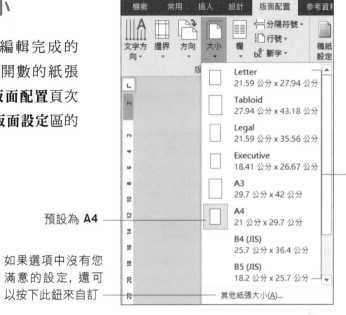

預設為 **A4**

如果選項中沒有您滿意的設定，還可以按下此鈕來自訂

有各種紙張尺寸讓您選擇

選擇預設的紙張尺寸

在此設定紙張大小

設定行號

　　在文件中加入「行號」就會在每一行文字旁加上編號，在編輯或閱讀文件時可以清楚知道目前所在的位置。要加入行號，請切換到**版面配置**頁次，按下**版面設定**區的**行號**鈕：

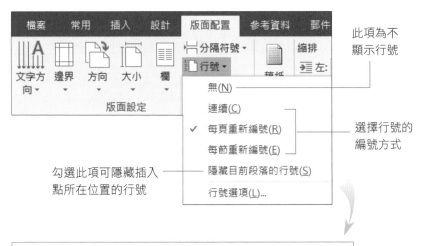

顯示文件格線

在 Word 開啟的新文件都是如同白紙一般完全空白的文件；而文件格線就像是在文件上畫出一行行的線條，可幫您預先將每頁的行數、每行的字數都估算清楚。

請開啟範例檔案 Ch15-06, 將功能區切換到**檢視**頁次, 然後按下**顯示**區的**格線**選項, 就會看到文件上顯示的格線：

文件上會顯示灰色的格線

標題與此段落卻沒有顯示在格線上

我們看到上圖中標題及下方的段落並沒有顯示在格線上，這是因為標題套了 18 點的字型大小, 而下方段落則套用了 2 倍行高的行距設定, 但格線是依文件預設的字型大小、段落設定來產生的, 所以會發生如圖不吻合的情況。因此, 若要所有文字都整齊的排列在格線上, 最好每個段落都設定相同的行距, 才能使格線整齊地落在文字下方。

設定每行字數、每頁行數

有時我們會需要制定出一頁只顯示幾行，或一行只顯示幾個字，以有效控制頁數、字數，但設定段落行距、改變字型大小，總是拿捏不準數值。其實不用那麼麻煩，Word 就提供了這樣的設定功能。

請切換到**版面配置**頁次，再按下**版面設定**區右下角的 🔲 鈕，開啟**版面設定**交談窗：

1 切換到**文件格線**頁次

2 選擇此項可設定每行字數與每頁行數

版面設定

| 邊界 | 紙張 | 版面配置 | 文件格線 |

直書/橫書

方向：　　⦿ 水平(Z)
　　　　　○ 垂直(V)

欄(C)：　1

格線

○ 沒有格線(N)　　　⦿ 指定行與字元的格線(H)
○ 指定每頁的行數(O)　○ 文字貼齊字元格線(X)

文字不隨格線排列，也不能設定每行字數、每頁行數

字元數

只要指定每頁的行數，字數套用預設

3 設定字數時，後方的**字距**會自動調整

每行字數(E)：30　(1-38)　字距(I)：13.85 點
　　　　　　　　　　　　□ 使用預設行距(A)

行數

4 設定行數時，後方的**行距**會自動調整

每頁行數(R)：30　(1-44)　行距(T)：24.25 點

預覽

文字會垂直對齊，所以行尾會變的平整（類似**分散對齊**功能）

套用至(Y)：整份文件　　繪製格線(W)...　設定字型(F)...

南投奧萬大賞楓

南投奧萬大森林遊樂區的楓樹，是以楓香為主。羅社楓林茶園農場內也有七、八萬株楓香，遠也就是一般人稱的楓仔樹，葉片為三裂掌狀，大多分佈在海拔 2000 公尺以下的闊葉林內。

秋天賞楓，讓層層時妝般的浪漫，在你的旅遊日記留下滿滿的楓紅情懷，呼朋引伴，賞楓去吧！

平溪支線一遊

平溪小火車支線以侯硐為發車起點，漆黑的運第、煤炭及吊橋，是初次抵達侯硐車站時的深刻景象。

望古是個小小的站台，你可以下車走走，感受一下古早風情。當小火車來到三貂嶺，可以看見十幾戶人家散落而居，廢棄的礦坑、頹圮的屋宇，半掩著淡淡滄桑及煤礦長久漆黑的陰影，顯有幾分落寞淒涼。吊橋在平溪除了行走之外，還有運輸煤炭的功能，橋面設有鐵軌，一台台煤車便可由河的這一岸運送至那一岸，寂靜的山村伴隨著煤車聲，愈發顯得孤單清幽。抵達平溪村之後，不妨漫步遊走於狹窄的街道或市集，台灣北部小鎮特有的風情前一覽無遺。

亦可搭配格線功能來使用，讓文件更好閱讀

列印信封及標籤

除了一般的文件之外, Word 還提供各式信封、標籤樣式供我們套用, 只要一一設定好信封、標籤規格, 再填入收信者、寄件者資訊, 就可以印出字體工整的信封。

- 列印信封
- 製作郵寄標籤

16-1 列印信封

雖然現在信件往返大都已採用 Email 的方式, 但仍然有些文件必須以紙本寄送, 例如喜帖、邀請卡、折價卷等等。此時如果希望信封的字體工整, 則可以套用 Word 提供的信封樣式, 並填入或匯入收信者、寄件者資訊, 便可以直接列印信封了。

自行輸入收件者並列印信封

想要在信封上列印出收件人、寄件人等資訊, 只要利用 Word 的**信封**功能即可順利製作完成, 不僅提供各式的信封樣式, 還可自行設定想要的字型, 以下我們就實際來練習看看。

STEP 01 請開啟一份新文件, 並切換至**郵件**頁次, 按下**信封**鈕, 再如下操作, 首先我們要輸入收件人及寄件人的地址:

1 輸入收件人的地址

2 輸入寄件人的地址

勾選此項表示不要列印寄件人地址

 若要使用**電子郵資**系統, 必需先安裝相關軟體才行。您可以按下交談窗右下方的**電子郵資內容**鈕查看相關說明。

STEP 02 按下**選項**鈕切換到**信封選項**頁次，從中選取欲列印的信封大小，並完成字型等設定：

1 選取信封大小

2 設定收件者與寄件者資訊的字型

3 設定地址在信封上的位置，此例套用預設的距離

 自訂信封尺寸

萬一按下**信封大小**列示窗，卻找不到想要的信封尺寸，建議您可以先用尺量好信封的寬度、高度，由**信封大小**列示窗中選擇**自訂大小**項目，再將數值填入交談窗中：

填入信封的寬度與高度

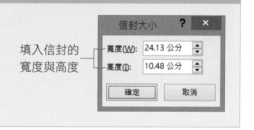

信封大小

寬度(W): 24.13 公分
高度(I): 10.48 公分

確定　取消

STEP 03 切換至**列印選項**頁次，這裡是設定印表機列印信封時的進紙方式，請依實際情況來選取，完成後按下**確定**鈕，返回**信封及標籤**交談窗的**信封**頁次，再次確認收件者、寄件者的地址，然後就可以按下左下角的**列印**鈕進行列印了。

信封選項

信封選項(E)　列印選項(P)

印表機： Send To OneNote 2016

進紙方式

● 正面向上(U) ○ 正面向下(D)
☑ 向右旋轉(C)

紙張來源(F)：
預設紙匣

儲存信封格式

如果想將設定好的信封格式儲存起來，請按下**信封及標籤/信封**頁次左下角的**新增至文件**鈕，Word 會在文件中加入一頁信封頁：

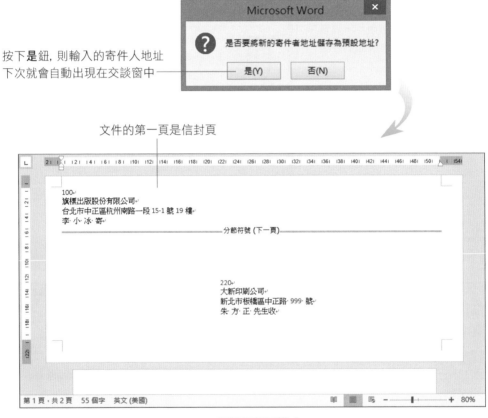

按下**是**鈕，則輸入的寄件人地址下次就會自動出現在交談窗中

文件的第一頁是信封頁

▲ 切換至**整頁模式**

將信封建立成文件後，信封上的收件人會以文字方塊的方式呈現，只要選取整個文字方塊，即可搬移至適當的位置。此外，如果對於信封上的字型、大小、顏色等設定不滿意，也可以利用**常用**頁次下的相關工具鈕來進行調整。若是要更改信封的尺寸，請按下**郵件**頁次中**建立**區的**信封**鈕，開啟**信封及標籤**交談窗來修改。

16-2 製作郵寄標籤

除了直接將收件人、寄件人、地址資訊列印在信封上, 也可以製作成郵寄標籤。使用 Word 提供的**標籤**功能, 只要設定正確的標籤格式, 即可輕鬆做出方便粘貼的郵寄標籤。

使用內建的標籤樣式製作標籤

 請先開啟一份新文件, 然後切換至**郵件**頁次, 按下**建立**區的**標籤**鈕開啟**信封及標籤**交談窗的**標籤**頁次, 再如下操作:

若要使用之前儲存的寄件者地址作為標籤內容, 請勾選此項

請輸入標籤內容

| | 信封及標籤 | ? × |

| 信封(E) | 標籤(L) |

地址(A): ☐▼ ☑ 寄件者地址(R)

100
旗標出版股份有限公司
台北市中正區杭州南路一段 15-1 號 19 樓
李 小 冰 寄

列印
● 整頁列印相同標籤(F)
○ 只列印單張標籤(N)
　列(W): 1　欄(C): 1

標籤
Microsoft, 1/2 Letter
1/2 Letter 明信片

列印之前, 將標籤插入印表機的手動送紙器。

列印(P)　新文件(D)　　　選項(O)...　電子郵資內容(T)...

取消

 接著按下**選項**鈕, 再根據印表機與標籤紙的種類, 自行變更設定:

選取標籤紙的品牌 1

2 選取標籤
紙的型號

若是找不到合適的標籤樣式及尺寸, 可按下**新增標籤**鈕來自訂標籤樣式 (稍後說明)。

STEP 03 按下**確定**鈕回到**信封及標籤/標籤**頁次, 再做如下的設定:

選取此項, 一整頁標籤紙會印滿同一筆資料

1 請 選 取 此 項,
指定要列印在
標籤紙的第幾
列、第幾欄上

2 設定好後, 請將
標籤紙放入印
表機, 按下**列印**
鈕進行列印

若要同時列印多
人的標籤, 請參考
17 章的說明使用
合併列印功能

若選擇**只列印單張標籤**, 會發現**新文件**鈕無作用, 表示現在只能列印無法進行
儲存; 若要儲存, 請選擇**整頁列印相同標籤**, 再按下**新文件**鈕, 另外建立一份標籤
文件, 即可儲存起來以後再利用。

按下此鈕即可建立一份新標籤文件, 讓您可以儲存起來以後再利用

　　建立標籤文件後, 依一般文件的程序來列印即可。若是覺得標籤上的文字太小, 還可以選取欲調整的文字 (或選取整個表格), 再切換到**常用**頁次利用**字型**區的工具來進行設定, 此例我們將文字大小設定為 14:

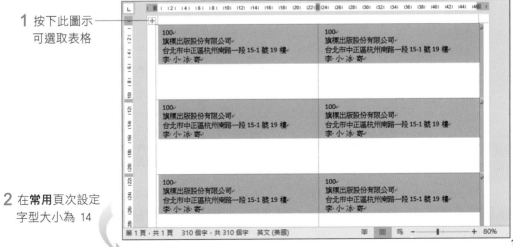

1 按下此圖示可選取表格

2 在**常用**頁次設定字型大小為 14

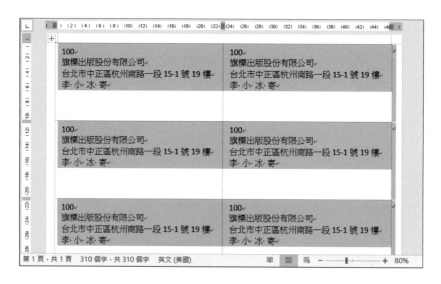

為使文字能列印在標籤的中央, 請再切換到**表格工具/版面配置**頁次, 由**對齊方式**區的按鈕來調整文字的垂直位置:

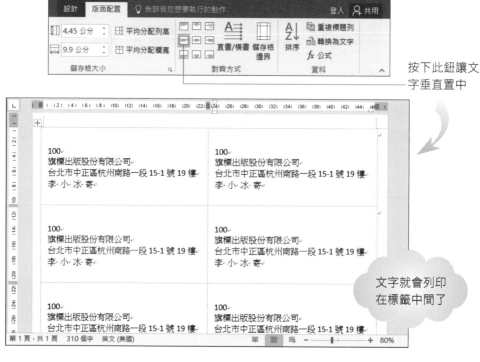

按下此鈕讓文字垂直置中

文字就會列印在標籤中間了

想要修改標籤內容時, 請同樣選取整個表格, 再切換到**郵件**頁次按下**標籤**鈕, 在**信封及標籤/標籤**交談窗就會看到剛才輸入的內容, 從中修改即可一次變更所有的標籤。

自訂標籤的大小、格式

若在交談窗中找不到目前使用的標籤紙規格，可在**信封及標籤**交談窗中的**標籤**頁次，按**選項**鈕來自訂：

1 按下**選項**鈕

按此鈕可查看標籤紙詳細資訊

2 按下此鈕

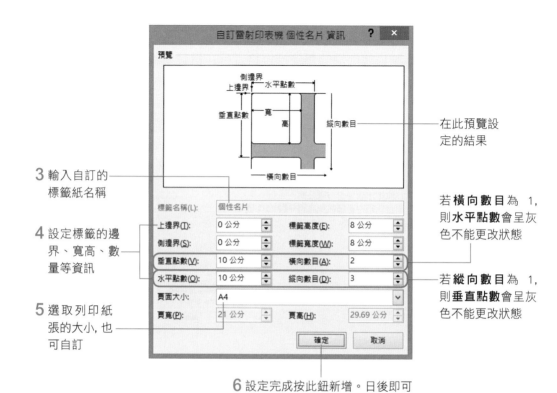

3 輸入自訂的
標籤紙名稱

4 設定標籤的邊
界、寬高、數
量等資訊

5 選取列印紙
張的大小, 也
可自訂

在此預覽設
定的結果

若**橫向數目**為 1,
則**水平點數**會呈灰
色不能更改狀態

若**縱向數目**為 1,
則**垂直點數**會呈灰
色不能更改狀態

6 設定完成按此鈕新增。日後即可
在**標籤編號**列示窗看到此標籤

合併列印－
快速製作大量邀請函

若要製作大量的信件、信封、標籤或 DM, 並且寄送給不同的收件人, 可以利用 Word 的「合併列印」來將收件人資料自動匯入文件中, 不必一份一份建立文件, 十分方便哦！

- 解析合併列印

- 建立主文件

- 指定資料來源

- 插入功能變數

- 執行合併列印

- 利用「合併列印」寄送大量電子郵件

17-1 解析合併列印

「合併列印」可將文件和資料進行整合，自動替我們將文件中的特定位置，替換成不同的內容，例如發送給不同客戶但內容相同的通知、製作員工的個人薪資明細等。這一節我們先對「合併列印」做一詳細說明，下一節再開始實際操作。

以此例而言，我們要將一份邀請函透過合併列印和記者資料合併，以產生如下的結果：

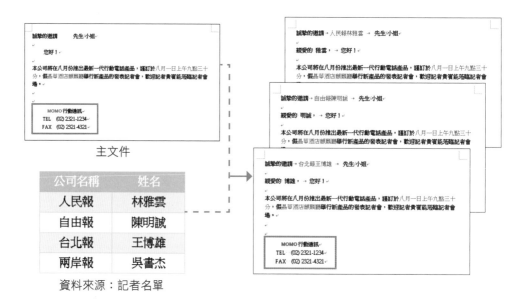

主文件

公司名稱	姓名
人民報	林雅雲
自由報	陳明誠
台北報	王博雄
兩岸報	吳書杰

資料來源：記者名單

從上面的範例大家可以發現，將文件與資料透過合併列印結合在一起，就可以產生出內容相同、對象不同的文件。要使用合併列印功能您必須先建立一份「主文件」，它就是每一份合併文件都會具備的內容，如範例中的邀請函或信封等。

另外還要準備一份「資料來源」，用來提供給每一份合併文件不同的對象資料，如範例中的記者資料，然後在主文件上插入合併列印的功能變數，合併列印功能就會在每一份合併文件的相同位置上，插入不同的資料。合併列印的程序如下圖所示：

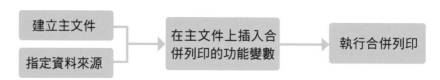

17-2 建立主文件

合併列印除了應用在製作大量的信件、信封之外，還可以製作大量的郵寄標籤、目錄、電子郵件、傳真...等。接下來我們將以信件的製作過程，來說明合併列印的各個步驟。

首先開啟範例檔案 Ch17-01，這是一封已寫好的邀請信函，我們要大量複製這封邀請函，並在每封信加入不同的公司名稱及記者姓名。這封信就是合併列印的「主文件」。

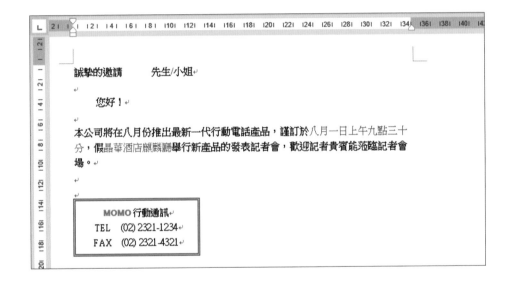

<table>
<tr><td>誠摯的邀請　　　先生/小姐</td></tr>
<tr><td>　　您好！</td></tr>
<tr><td>本公司將在八月份推出最新一代行動電話產品，謹訂於八月一日上午九點三十分，假晶華酒店麒麟廳舉行新產品的發表記者會，歡迎記者貴賓能蒞臨記者會場。</td></tr>
</table>

> **MOMO** 行動通訊
> TEL　(02) 2321-1234
> FAX　(02) 2321-4321

STEP 01 切換至**郵件**頁次按下**啟動合併列印**區的**啟動合併列印**鈕，執行『**逐步合併列印精靈**』命令，視窗右方會開啟**合併列印**工作窗格，**合併列印精靈**會帶領我們一步一步完成合併列印的工作：

信件(L)
電子郵件訊息(E)
信封(V)...
標籤(A)...
目錄(D)
一般 Word 文件(N)
逐步合併列印精靈(W)...

1 執行此命令

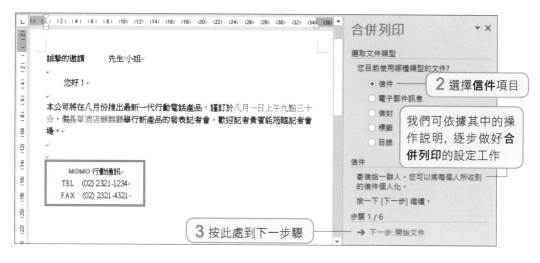

您也可以利用**郵件**頁次功能區的各項按鈕來進行合併列印, 但**合併列印精靈**的好處是會以步驟的方式依序完成所有設定。

STEP 02 接著建立主文件, 也就是邀請函的內容。若文件還未建立, 可以現在輸入內容, 由於我們已事先建立好並開啟了這份邀請函信件, 所以請選擇**使用目前文件**選項, 然後進入下一步驟:

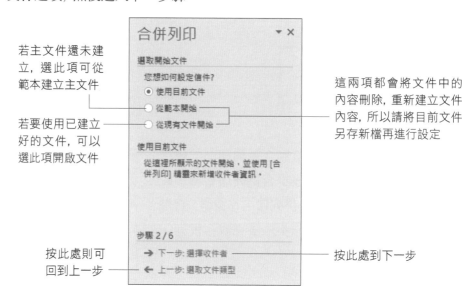

建立好主文件的內容後, 關於主文件的部份就到此暫時告一段落, 接下來要進行的是指定資料來源。

可供合併列印使用的資料來源，包括 Excel 工作表、Access 資料庫、Word 表格、純文字檔、以及 Outlook 連絡人。若沒有現成的資料來源，還可以在合併列印的過程中建立 Microsoft Office 通訊清單做為資料來源。

若是欲加入的資料還未建立，我們可以自行建立一份 Microsoft Office 通訊清單作為資料來源。

STEP 01 請選取**鍵入新清單**項目，建立 Microsoft Office 通訊清單：

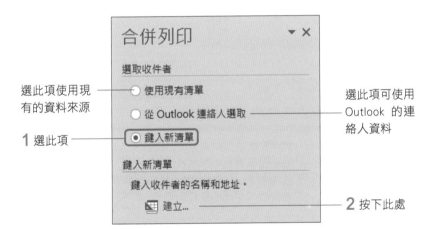

選此項使用現有的資料來源

選此項可使用 Outlook 的連絡人資料

1 選此項

2 按下此處

STEP 02 開啟**新增通訊清單**交談窗，請開始一筆一筆的建立記者資料：

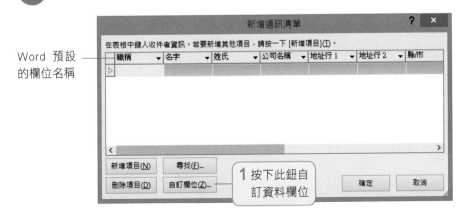

Word 預設的欄位名稱

1 按下此鈕自訂資料欄位

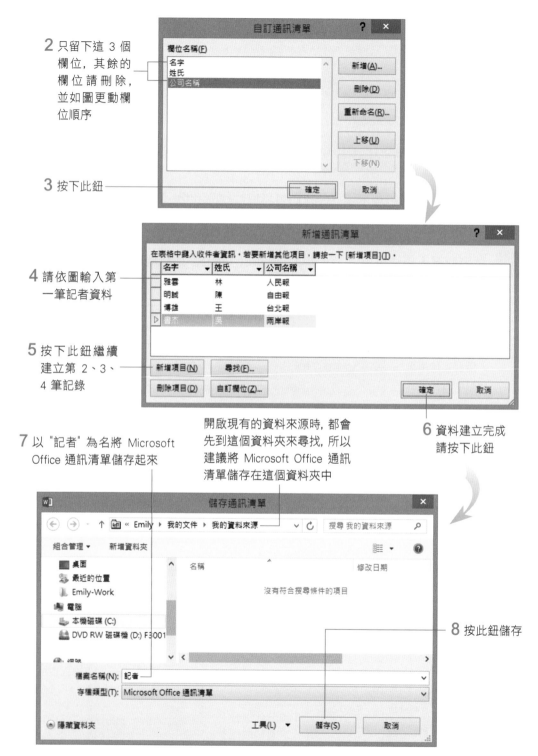

2 只留下這 3 個欄位，其餘的欄位請刪除，並如圖更動欄位順序

3 按下此鈕

4 請依圖輸入第一筆記者資料

5 按下此鈕繼續建立第 2、3、4 筆記錄

6 資料建立完成請按下此鈕

7 以 "記者" 為名將 Microsoft Office 通訊清單儲存起來

開啟現有的資料來源時，都會先到這個資料夾來尋找，所以建議將 Microsoft Office 通訊清單儲存在這個資料夾中

8 按此鈕儲存

STEP 03 接著會開啟 Microsoft Office 通訊清單, 讓您選取要以哪幾筆資料作為合併列印的資料來源:

按此可全選或
清除所有勾選

勾選的資料
才會放入合
併文件中

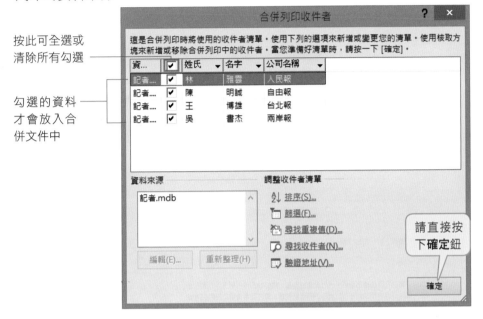

STEP 04 指定資料來源之後, 資料來源檔案會顯示在工作窗格中:

選擇的資料來源檔

按此處到下一步

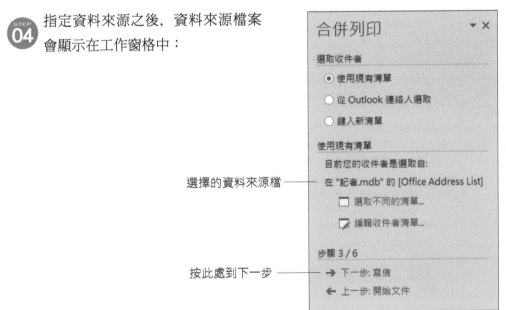

如果之後要使用已建立好的資料來源檔案, 可直接在此步驟選擇**使用現有清單**項目, 再按下**瀏覽**選取資料來源檔案。

17-4 插入功能變數

建立主文件和指定資料來源之後, 合併列印就完成一大半了, 再來則要設定在邀請函中放入記者資料的位置。

在主文件中設定插入資料位置的動作, 我們稱為「插入**合併列印**的功能變數」。

STEP 01 請將插入點移至 "誠摯的邀請" 之後, 按下**合併列印**工作窗格中的**其他項目**準備插入記者資料:

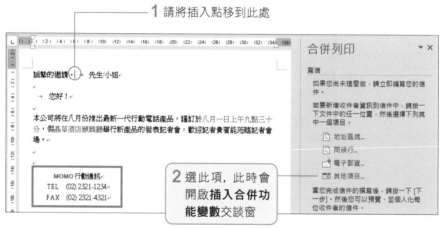

STEP 02 在交談窗中選取**資料庫欄位**, 就會列出資料來源中的欄位名稱, 請如下操作將欄位插入文件中:

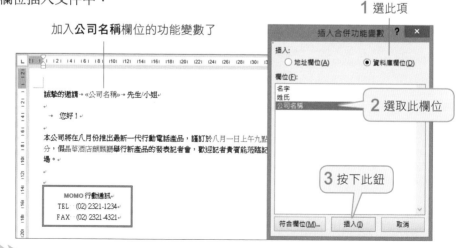

加入**姓氏**欄位的功能變數　　　　　**4** 繼續選取此欄位

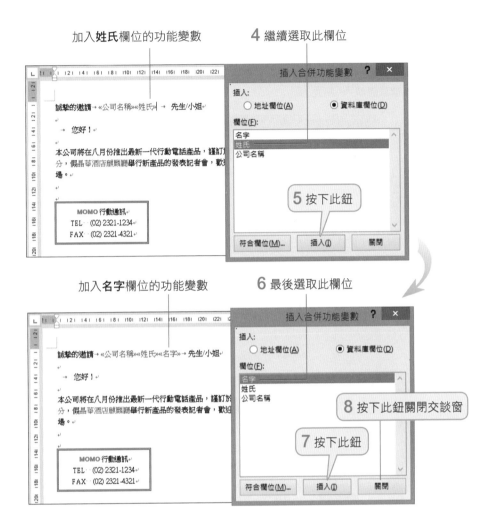

5 按下此鈕

加入**名字**欄位的功能變數　　　　　**6** 最後選取此欄位

8 按下此鈕關閉交談窗

7 按下此鈕

STEP 03 插入記者資料到文件中後, 還可以加入問候語, 例如:"親愛的"、"好久不見"、…等。

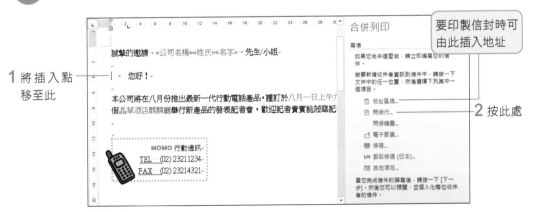

1 將插入點移至此

要印製信封時可由此插入地址

2 按此處

STEP 04 接著在交談窗中設定問候語的格式：

1 可自行輸入文字，例如
這裡我們輸入 "親愛的"

2 選擇姓名的稱呼方式

若資料來源
中沒有姓名
資料，將以
這句問候語
來代替

3 選擇**無**，您也可以
自行輸入文字，例
如先生、小姐

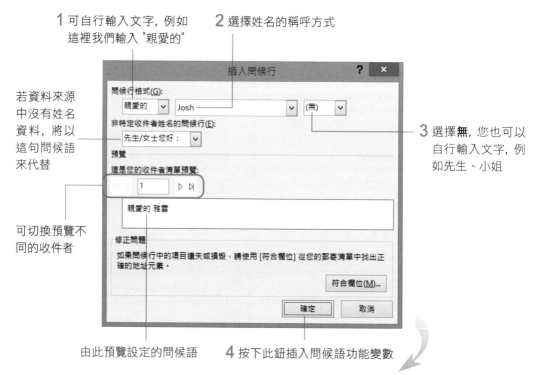

可切換預覽不
同的收件者

由此預覽設定的問候語

4 按下此鈕插入問候語功能變數

這裡加入
了**問候行**
功能變數

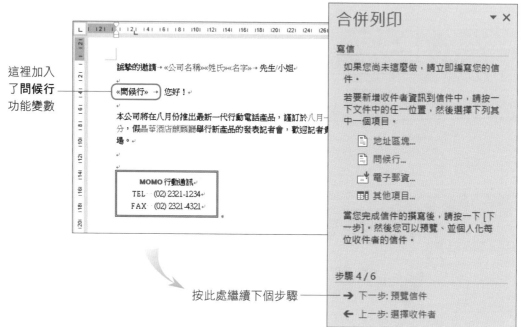

按此處繼續下個步驟

STEP 05 您可以一筆一筆地預覽合併結果，在預覽的過程中，還可以一併刪除不要的某筆資料，或是開啟資料來源，重新篩選要合併的資料：

可預覽前幾個步驟插入的**合併列印**功能變數所產生的內容

按此處可預覽上一筆或下一筆

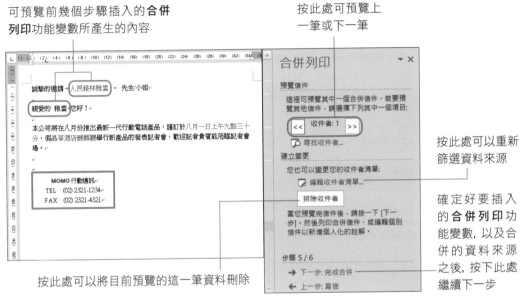

按此處可以重新篩選資料來源

確定好要插入的**合併列印**功能變數，以及合併的資料來源之後，按下此處繼續下一步

按此處可以將目前預覽的這一筆資料刪除

插入合併文件的功能變數會直接套用該段落的格式。若要更改，請選定功能變數，仿照一般文字來設定格式即可。

修改/刪除「合併列印」功能變數

若插入欄位名稱或是問候語之後，想要修改或刪除，請先按下工作窗格中的**上一步**，回到**寫信**步驟，然後刪除主文件中的欄位名稱或是問候語功能變數，才能重新插入。

2 選定功能變數後，按 Delete 鍵將其刪除

1 回到這個步驟

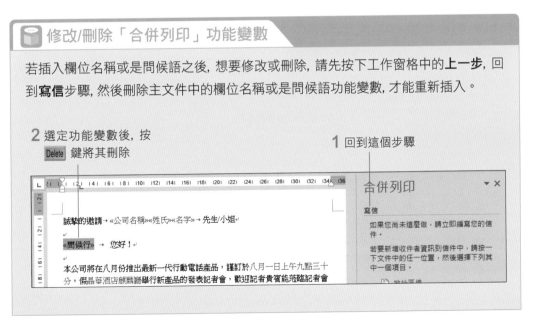

17-5 執行合併列印

現在我們只要將設定完成的文件列印出來, 就可以獲得需要的邀請函了! 在列印時可選擇要列印全部的資料, 或是設定要列印某個範圍的資料筆數, 您可以視需要來加以設定。

請接續上例, 按下工作窗格中的**列印**, 選擇要列印哪幾筆合併文件:

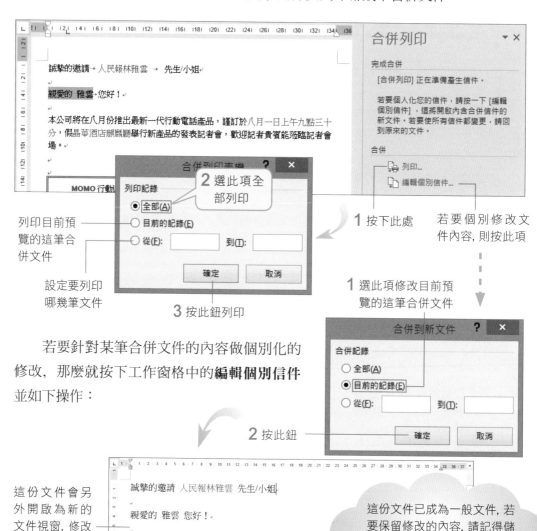

列印目前預覽的這筆合併文件

設定要列印哪幾筆文件

2 選此項全部列印

3 按此鈕列印

1 按下此處

若要個別修改文件內容, 則按此項

1 選此項修改目前預覽的這筆合併文件

若要針對某筆合併文件的內容做個別化的修改, 那麼就按下工作窗格中的**編輯個別信件**並如下操作:

2 按此鈕

這份文件會另外開啟為新的文件視窗, 修改後並不會影響到主文件內容

這份文件已成為一般文件, 若要保留修改的內容, 請記得儲存起來; 要列印時, 則按照一般的列印方式操作即可

　　合併列印執行完畢, 請將主文件儲存起來, 所有合併列印精靈的設定也都會跟著儲存。下次開啟主文件時, 切換至**郵件**頁次即可利用功能區修改合併列印的各項設定, 或是按下**啟動合併列印**區的**啟動合併列印**鈕, 執行『**逐步合併列印精靈**』命令, 上一次的設定與進行的步驟也都會再度呈現。

　　很神奇吧!**合併列印**不僅能幫我們合併文件與資料, 還能建立資料並篩選所需的資料。如果合併的資料有上千筆, 那您就會更佩服**合併列印**的強大功能了。

將主文件還原為一般文件

若想將用於合併列印的主文件重新儲存為一般文件, 請切換至**郵件**頁次, 按下**啟動合併列印**區的**啟動合併列印**鈕:

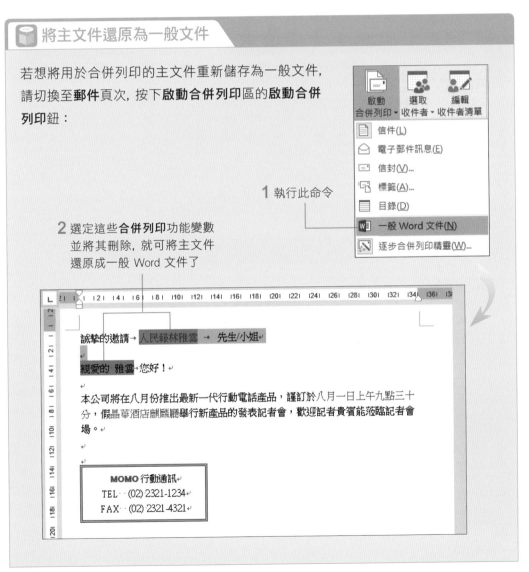

1 執行此命令

2 選定這些**合併列印**功能變數並將其刪除, 就可將主文件還原成一般 Word 文件了

17-6 利用「合併列印」寄送大量電子郵件

建立好的合併列印文件, 除了列印出來之外, 也可以針對通訊清單一一發送電子郵件, 例如要寄送活動電子報、發送訊息等。

在建立通訊清單時, 務必輸入每筆資料的電子郵件地址, 在設定完合併列印文件的功能變數後, 切換到**郵件**頁次按下**完成**區的**完成與合併**鈕, 然後如下設定:

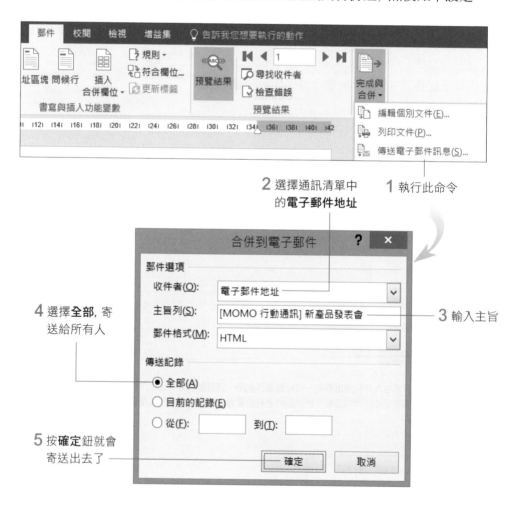

2 選擇通訊清單中的**電子郵件地址**

1 執行此命令

4 選擇**全部**, 寄送給所有人

3 輸入主旨

5 按**確定**鈕就會寄送出去了

此功能是以 Microsoft Outlook 來寄送郵件, 且須將 Microsoft Outlook 設為預設的電子郵件軟體才能執行。

長篇文件的應用

本章要教您如何運用 Word 提供的各種功能來編輯長篇文章, 包括建立提醒作用的書籤、快速搜尋文件內容的方法、加入附加說明的註腳、為圖表編號, 以及製作目錄與索引等技巧。

- 字數統計
- 加入提醒作用的書籤
- 插入註腳做為輔助說明
- 自動為表格、圖片或方程式編號
- 製作交互參照－快速連結至文件中的參考內容
- 製作文件目錄
- 製作便於查詢的索引

18-1 字數統計

如果您想要知道文件中的某一段、某一頁, 或一整份文件中, 有多少字、多少行、多少段、或多少頁, **字數統計**工具都可以幫你清清楚楚算個明白!

字數統計工具固定顯示在狀態列的左側, 會自動幫您計算整份文件的總字數。若只有部分內容要進行字數統計, 請選定文字再查看即可:

總字數

第1頁, 共2頁 649 個字

未選定文字時, 顯示文件總字數

第1頁, 共2頁 57 個字, 共 649 個字

選定文字的字數

選取文件中的部份文字時, 還會顯示選取的字數

開啟「字數統計」工具

如果**狀態列**未顯示**字數統計**工具, 可能是不小心關閉了此工具, 請在**狀態列**的空白處按滑鼠右鈕開啟選單, 勾選**字數統計**項目即可開啟:

自訂狀態列	
格式化頁碼(F)	1
節(E)	1
✓ 頁碼(P)	第 1 頁, 共 2 頁
垂直頁位置(V)	4.3公分
行號(B)	2
欄(C)	1
✓ 字數統計(W)	57 個字, 共 649 個字
✓ 拼字與文法檢查(S)	

勾選此項

在狀態列的**字數**上按一下, 還可以開啟**字數統計**交談窗查看更詳細的統計結果:

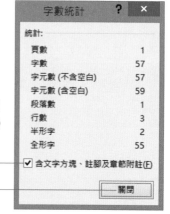

字數統計	? ✕
統計:	
頁數	1
字數	57
字元數 (不含空白)	57
字元數 (含空白)	59
段落數	1
行數	3
半形字	2
全形字	55
✓ 含文字方塊、註腳及章節附註(F)	
	關閉

勾選此項, 會包含註腳與章節附註 (稍後說明) 的內容, 重新計算一次

按下 Esc 鍵或此鈕, 皆可關閉交談窗

18-2 加入提醒作用的書籤

編輯長篇文件時, 可以為文章中的某部分內容做個標籤, 記錄其所在位置, 以後只要尋找這個書籤, 就能迅速找到其對應的文章內容。

建立書籤

首先說明如何建立書籤, 請開啟範例檔案 Ch18-01：

STEP 01 請往下捲動頁面, 並將插入點移至第 2 個主題下的 "電腦病毒" 之前：

> ### 認識電腦病毒
>
> **何謂電腦病毒**
> 電腦病毒是指具有破壞性或惡作劇性質的電腦程式, 可以自我複製或感染電腦中其他正常程式

將插入點移至此處

STEP 02 將功能區切換至**插入**頁次, 再按下**連結**區中的**書籤**鈕。

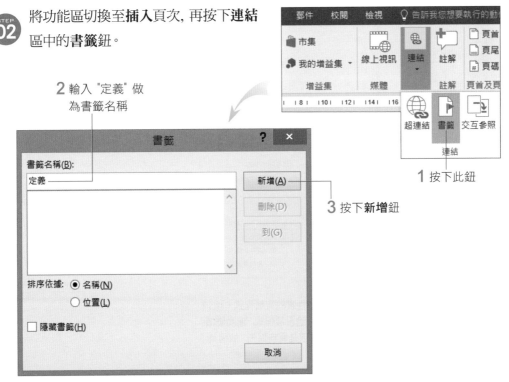

2 輸入 "定義" 做為書籤名稱

1 按下此鈕

3 按下**新增**鈕

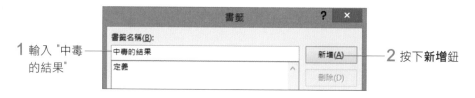

STEP 03 接著選定 ˝破壞電腦系統, ...資料流失˝ 字串, 準備製作第 2 個書籤:

選取此段文字

STEP 04 按下**插入**頁次下**連結**區的**書籤**鈕, 以 ˝中毒的結果˝ 做為第 2 個書籤的名稱:

1 輸入 ˝中毒的結果˝

2 按下**新增**鈕

書籤的名稱不能包含空格, 若有需要請使用 ˝_˝ (底線符號) 來區隔文字。

　　雖然我們在文件中建立了書籤, 但看起來卻沒什麼變化, 這是因為 Word 預設不顯示書籤標記。現在請切換到**檔案**頁次按下**選項**鈕, 切換至**進階**頁次, 勾選**顯示文件內容**區中的**顯示書籤**選項, 再按下**確定**鈕就可以在文件中看到『書籤記號』了:

螢幕上顯示的『書籤記號』, 在列印時並不會出現。

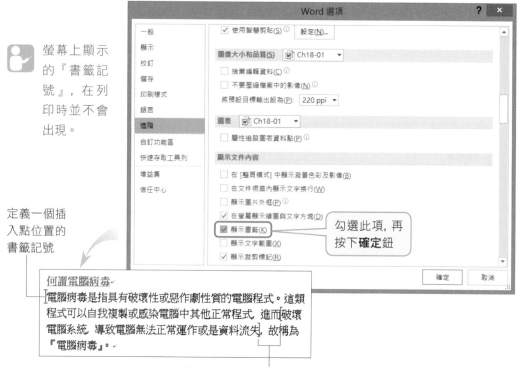

定義一個插入點位置的書籤記號

勾選此項, 再按下**確定**鈕

包含一段文字的書籤記號

使用書籤迅速找到文章重點

上例中, 我們建立了 2 個書籤, 接著請延續前面的範例來練習書籤的使用方式。

01 請切換至**插入**頁次, 按下**連結**區的書籤鈕, 開啟書籤交談窗:

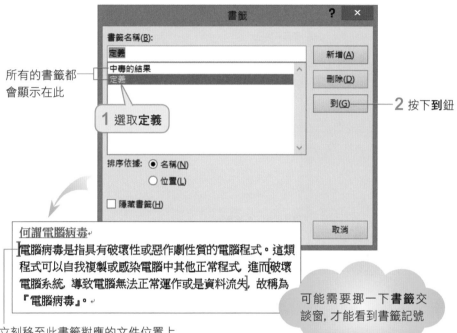

所有的書籤都會顯示在此

1 選取**定義**

2 按下**到**鈕

何謂電腦病毒
電腦病毒是指具有破壞性或惡作劇性質的電腦程式。這類程式可以自我複製或感染電腦中其他正常程式, 進而破壞電腦系統, 導致電腦無法正常運作或是資料流失, 故稱為『電腦病毒』。

插入點會立刻移至此書籤對應的文件位置上

可能需要挪一下**書籤交談窗**, 才能看到書籤記號

02 此時, **書籤**交談窗不會關閉, 請再改選第 2 個書籤 "中毒的結果", 並按下**到**鈕:

何謂電腦病毒
電腦病毒是指具有破壞性或惡作劇性質的電腦程式。這類程式可以自我複製或感染電腦中其他正常程式, 進而破壞電腦系統, 導致電腦無法正常運作或是資料流失, 故稱為『電腦病毒』。

▲ 兩者相較, 後者要來得醒目些, 所以建議您建立包含一段文字的書籤記號

03 最後請按下書籤交談窗的**關閉**鈕 **×** , 或是右下角的**關閉**鈕結束**書籤**交談窗。

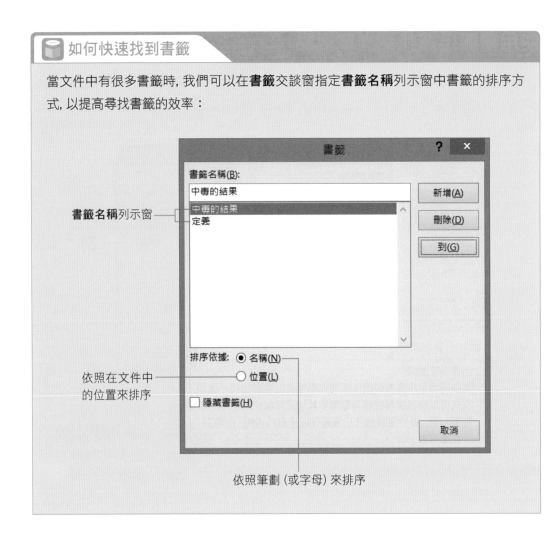

如何快速找到書籤

當文件中有很多書籤時, 我們可以在**書籤**交談窗指定**書籤名稱**列示窗中書籤的排序方式, 以提高尋找書籤的效率：

書籤名稱列示窗

依照在文件中的位置來排序

依照筆劃 (或字母) 來排序

刪除書籤

若要刪除書籤, 同樣請切換至**插入**頁次, 按下**連結**區內的**書籤**鈕, 開啟**書籤**交談窗, 然後選取書籤名稱並按下**刪除**鈕, 就可以將交談窗中的書籤, 以及文件中的書籤記號一併刪除。

插入註腳做為輔助說明

文章中有需要加以說明的詞句時, 為了不破壞文章的整體性, 我們通常會在文件的最後加上附註說明, 而在 Word 中要做到這樣的效果, 可利用『註腳』功能來達成, 最常見的應用為長篇報告或論文, 這一節就來學習相關的設定技巧。

註腳是由**註標**和**註腳文字**兩部份所組成：

● **註標**：註腳的編號, 內文中加入註腳的位置會以註標來表示。

● **註腳文字**：註腳的說明文字, 列印時會出現在頁面的最底部。

而依照註腳文字所在的位置, Word 又將註腳分為兩種：

● **註腳**：註腳文字與註標在同一頁。

● **章節附註**：章節內的註腳文字會統一集中列在整個章節的最後。

後文中所提及的註腳, 是指註標與註腳文字在同一頁, 若是指集中放在章節最後面的章節附註, 則會特別加以說明。

在文件中加入註腳

請開啟範例檔案 Ch18-02, 再如下操作練習在文件中加入註腳。

STEP 01 由於在不同檢視模式下輸入註腳的方式會有所不同, 其中又以**草稿**模式編輯、對照最為方便, 所以請各位先切換至**草稿**模式, 再跟著以下的步驟操作：

 稍後會為您說明**整頁**模式下檢視、輸入**註腳**的方法。

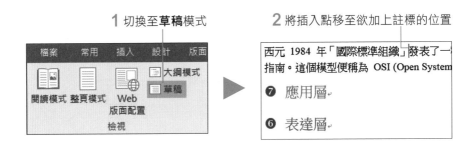

1 切換至**草稿**模式

2 將插入點移至欲加上註標的位置

02 切換至**參考資料**頁次, 按下**註腳**區的**插入註腳**鈕:

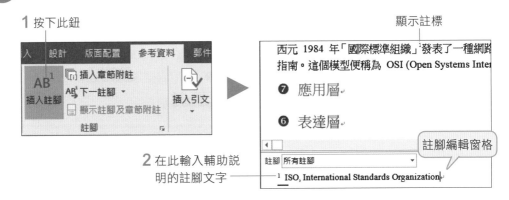

1 按下此鈕

顯示註標

2 在此輸入輔助說明的註腳文字

註腳編輯窗格

03 輸入完成後, 按下**註腳編輯窗格**右上角的**關閉**鈕 ⊠, 結束編輯註腳文字。請將滑鼠指標移至文件內註標的位置, 就會看到剛才輸入的註腳文字了。

指標會呈此狀

接下來, 請讀者參考以上操作, 自行在 "應用層" 和 "表達層" 之後也加上如下的註腳文字:

Word 會自動幫我們管理註標編號

在**草稿**模式下, 若雙按**註標**可開啟**註腳編輯窗格**讓您修改註腳文字。

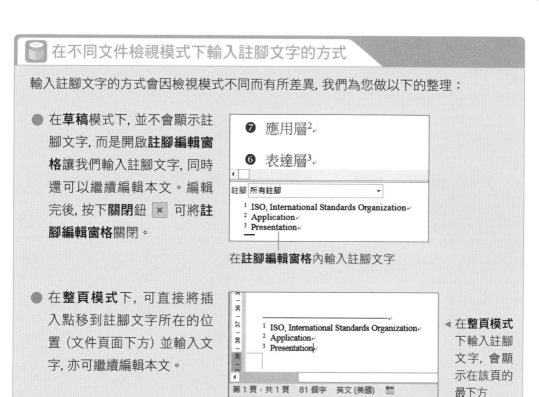

在不同文件檢視模式下輸入註腳文字的方式

輸入註腳文字的方式會因檢視模式不同而有所差異, 我們為您做以下的整理 :

● 在**草稿**模式下, 並不會顯示註腳文字, 而是開啟**註腳編輯窗格**讓我們輸入註腳文字, 同時還可以繼續編輯本文。編輯完後, 按下**關閉**鈕 ☒ 可將**註腳編輯窗格**關閉。

在**註腳編輯窗格**內輸入註腳文字

● 在**整頁模式**下, 可直接將插入點移到註腳文字所在的位置 (文件頁面下方) 並輸入文字, 亦可繼續編輯本文。

◀ 在**整頁模式**下輸入註腳文字, 會顯示在該頁的最下方

搬移、複製、刪除註腳

我們只要選定註標, 如編輯一般文字進行搬移、複製及刪除, Word 便會自動地將註腳文字一併搬移、複製及刪除, 並且重新為註標編號。請接續剛才已加入註腳的範例檔案, 來練習如何刪除註腳。

1 選定 "應用層" 字串的註標

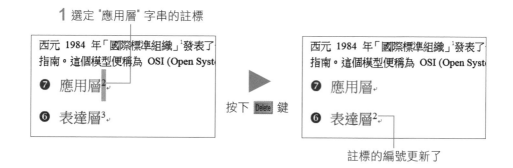

按下 Delete 鍵

註標的編號更新了

18-4 自動為表格、圖片或方程式編號

當文件中有大量表格、圖片或圖表時, 為其加上編號可以讓文件有更清楚的架構。此時使用 Word 的**插入標號**功能, 就不用自己手動一一編號了, 之後若要在文件中間插入新的表格、圖片, 也可以自動更新編號。

加上標號

底下請開啟範例檔案 Ch18-03, 來練習如何使用標號:

STEP 01 請選定第 1 頁的表格:

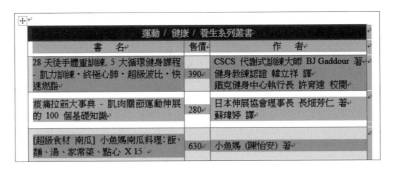

STEP 02 切換到**參考資料**頁次, 按下**標號**區的**插入標號**鈕, 然後參照下圖設定:

2 在 "表格 1" 的標號之後輸入 "- 運動 / 建康 / 養生系列", 來進一步說明表格的內容

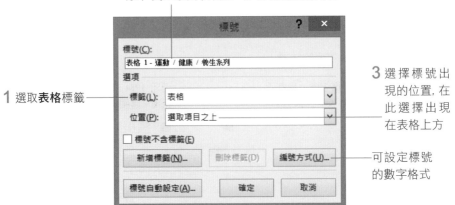

1 選取**表格**標籤

3 選擇標號出現的位置, 在此選擇出現在表格上方

可設定標號的數字格式

按下**確定**鈕, 就會在表格上加入標號:

在表格上方
出現標號了

運動 / 健康 / 養生系列叢書		
書 名	售價	作 者
28 天徒手體重訓練, 5 大循環健身課程 - 肌力訓練・終極心肺・超級波比・快速燃脂	390	CSCS 代謝式訓練大師 BJ Gaddour 著 健身教練認證 韓立祥 譯 鐵克健身中心執行長 許育達 校閱
痠痛拉筋大事典 - 肌肉關節運動伸展的 100 個基礎知識	280	日本伸展協會理事長 長畑芳仁 著 蘇瑋婷 譯
[超級食材 南瓜] 小魚媽南瓜料理:飯、麵、湯、家常菜、點心 X 15	630	小魚媽 (陳怡安) 著

(• 表格 1 - 運動 / 健康 / 養生系列)

自訂標號標籤

在**標號**交談窗的**標籤**列示窗內有一些預設的標籤 (方程式、表格) 可選擇。如果預設的標籤名稱不符合使用需求, 也可以依下列步驟來自訂標號標籤:

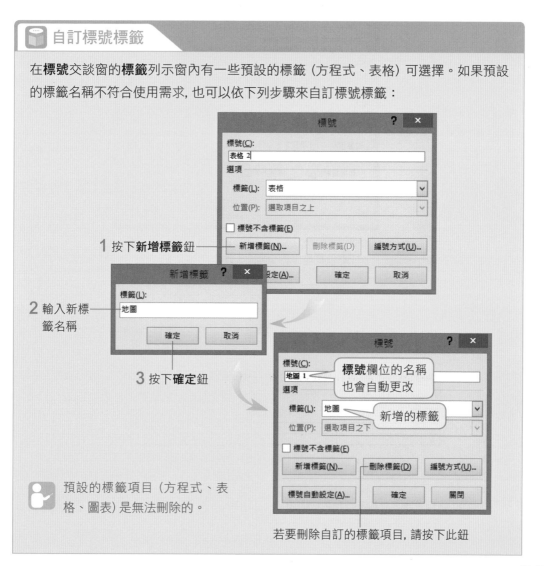

1 按下**新增標籤**鈕

2 輸入新標籤名稱

3 按下**確定**鈕

標號欄位的名稱也會自動更改

新增的標籤

預設的標籤項目 (方程式、表格、圖表) 是無法刪除的。

若要刪除自訂的標籤項目, 請按下此鈕

自動設定標號

Word 還提供了自動設定標號的功能, 當您在文件中插入表格、圖表、方程式時, 可自動加上標號。延續前面的範例, 請按下**插入標號**鈕, 在**標號**交談窗內按下左下角的**標號自動設定**鈕, 開啟**標號自動設定**交談窗:

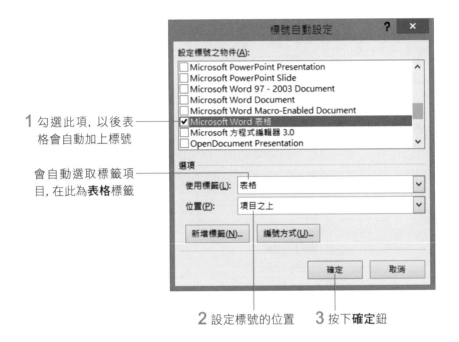

1 勾選此項, 以後表格會自動加上標號

會自動選取標籤項目, 在此為**表格**標籤

2 設定標號的位置　　**3** 按下**確定**鈕

接續範例檔案 Ch18-03, 請將插入點移至表格 1 之後, 然後切換到**插入**頁次利用**表格**鈕, 在文件中插入一個 3 × 2 的表格:

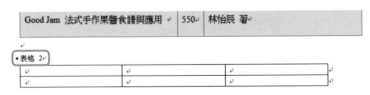

▲ 新增的表格會自動加入標號及編號

若要取消自動設定標號功能, 請進入**標號自動設定**交談窗, 在**設定標號之物件**列示窗中取消選取的項目。

刪除及更新標號

若要刪除某個表格的標號, 則直接選取標號, 按下 Delete 鍵即可刪除。刪除之後, 記得按 F9 鍵更新標號的編號順序。接續先前的範例, 假設我們已刪掉整個「表格 1」, 接下來要刪除「表格 1」的標號, 並更新「表格 2」的標號:

■ **表格 1** ↵ ———— **1** 刪掉表格後選取此標號

↵

■ **表格 2** ↵

↵	↵	↵	↵
↵	↵	↵	↵

▼ **2** 按下 Delete 鍵刪除「表格 1」的標號

■ **表格 2** ↵ ———— **3** 再選取「表格 2」的標號

↵	↵	↵	↵
↵	↵	↵	↵

▼ 按下 F9 鍵

標號的編號順序
■ **表格 1** ↵ ———— 由 2 更新為 1

↵	↵	↵	↵
↵	↵	↵	↵

若有其它需要更新的標號, 請一一選取後按 F9 鍵更新。若是整份文件都要更新, 也可以按下 Ctrl + A 鍵先選取整份文件, 再按 F9 鍵更新。

修改標號標籤

若要修改標號的標籤, 如 "表格 1" 要改成 "圖表 1", 或是要修改標號的數字格式, 如 "表格 1" 要改成 "表格 A"。請先選取標號, 然後按下**插入標號**鈕, 在**標號**交談窗中將**表格**標籤換成**圖表**標籤, 或按下**編號方式**鈕選擇新的數字格式, 最後按下**確定**鈕, 即可更新文件中所有的標號標籤。

18-5 製作交互參照─快速連結文件中的參考內容

撰寫文章或是報告時, 經常會需要讀者參考文件的某個部份, 例如「請參考第 128 頁的圖表 3」…。Word 的**交互參照**功能, 便可應用在這類需要參照的文件中, 還能利用超連結, 讓您快速切換到參照的位置。

建立交互參照

交互參照可套用在包括編號項目、標題、書籤、註腳、章節附註的內容中, 以及標號項目 (包括方程式、表格、圖表或自訂的標號標籤), 所以建立交互參照之前, 必須先在文件中建立好標號、註腳等內容。請開啟範例檔案 Ch18-04, 來練習如何使用交互參照。

STEP 01 範例文件中有 3 個表格, 而且表格都加上了標號, 請將插入點移到 "運動..." 之後。

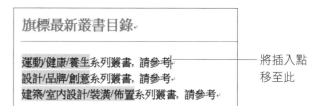

將插入點移至此

STEP 02 切換到**參考資料**頁次, 按下**標號**區的**交互參照**鈕, 做以下的設定:

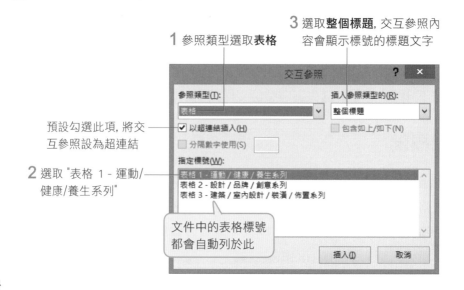

3 選取**整個標題**, 交互參照內容會顯示標號的標題文字

1 參照類型選取**表格**

預設勾選此項, 將交互參照設為超連結

2 選取 "表格 1 - 運動/健康/養生系列"

文件中的表格標號都會自動列於此

STEP 03 按下**插入鈕**, 然後檢視文件內容 (您可能需要移動一下**交互參照**交談窗的位置, 才看得到文件內容) :

剛才所插入的交互參照

旗標最新叢書目錄

運動/健康/養生系列叢書, 請參考表格 1 - 運動 / 健康 / 養生系列
設計/品牌/創意系列叢書, 請參考
建築/室內設計/裝潢/佈置系列叢書, 請參考

STEP 04 之前加入的交互參照是標號的文字, 接著要在文字前加入標號所在的頁碼。請將插入點移到 "表格 1..." 之前, 然後回到**交互參照**交談窗, 繼續加入第 2 個交互參照:

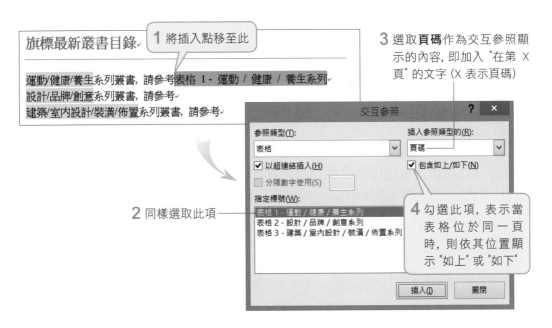

旗標最新叢書目錄

1 將插入點移至此

運動/健康/養生系列叢書, 請參考表格 1 - 運動 / 健康 / 養生系列
設計/品牌/創意系列叢書, 請參考
建築/室內設計/裝潢/佈置系列叢書, 請參考

3 選取**頁碼**作為交互參照顯示的內容, 即加入 "在第 X 頁" 的文字 (X 表示頁碼)

交互參照

參照類型(T):
表格
☑ 以超連結插入(H)
☐ 分隔數字使用(S)
指定標號(W):
表格 1 - 運動 / 健康 / 養生系列
表格 2 - 設計 / 品牌 / 創意系列
表格 3 - 建築 / 室內設計 / 裝潢 / 佈置系列

插入參照類型的(R):
頁碼
☑ 包含如上/如下(N)

2 同樣選取此項

4 勾選此項, 表示當表格位於同一頁時, 則依其位置顯示 "如上" 或 "如下"

插入(I)　關閉

STEP 05 按下**插入鈕**, 再按下**關閉鈕**結束**交互參照**交談窗:

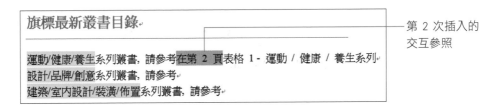

旗標最新叢書目錄

運動/健康/養生系列叢書, 請參考在第 2 頁表格 1 - 運動 / 健康 / 養生系列
設計/品牌/創意系列叢書, 請參考
建築/室內設計/裝潢/佈置系列叢書, 請參考

第 2 次插入的交互參照

STEP 06 將滑鼠指標移至交互參照上, Word 會提示我們按住 `Ctrl` 鍵, 再按一下設定了交互參照的文字, 便可以跳到參照的位置:

旗標最新叢書目錄

> 目前文件
> 按住 CTRL 鍵再按一下滑鼠以追蹤連結

運動/健康/養生系列叢書, 請參考在第 2 頁表格 1 - 運動 / 健康 / 養生系列

設計/品牌/創意系列叢書, 請參考

建築/室內設計/裝潢/佈置系列叢書, 請參考

1 將指標停在設有交互參照的文字上, 按住 `Ctrl` 鍵指標會變成 🖑 狀

2 按下滑鼠左鈕

表格 1 - 運動 / 健康 / 養生系列

運動 / 健康 / 養生系列叢書		
書　名	售價	作　者
28 天徒手體重訓練, 5 大循環健身課程 - 肌力訓練 • 終極心肺 • 超級波比 • 快速燃脂	390	CSCS 代謝式訓練大師 BJ Gaddour 著 健身教練認證 韓立祥 譯 鐵克健身中心執行長 許育達 校閱
痠痛拉筋大事典 - 肌肉關節運動伸展的 100 個基礎知識	280	日本伸展協會理事長 長畑芳仁 著 蘇瑋婷 譯
[超級食材 南瓜] 小魚媽南瓜料理:飯、麵、湯、家常菜、點心 X 15	630	小魚媽 (陳怡安) 著

文件立即切換到對應的內容

更新交互參照

　　或許您會說, 變更內容之後直接手動輸入就好了, 為什麼要大費周章地使用交互參照功能呢? 這是因為當我們改變交互參照的項目位置, 或是標題的內容更動了, 我們只要按下 `F9` 鍵, Word 就會自動更新交互參照的內容, 不需再手動調整, 將可大幅減少修改的時間。請延續相同的範例, 試試以下的操作。

　　先將插入點移到第 2 頁的「表格 1」之前, 然後切換到**插入**頁次, 按下**頁面**區的**分頁符號**鈕加入一個分頁符號。這樣「表格 1」的頁次就從第 2 頁變成第 3 頁了。接著, 選定交互參照的 "在第 2 頁" 文字, 按下 `F9` 鍵, 各位可以發現交互參照的內容更新了:

旗標最新叢書目錄

運動/健康/養生系列叢書, 請參考在第 3 頁表格 1 - 運動 / 健康 / 養生系列

設計/品牌/創意系列叢書, 請參考

建築/室內設計/裝潢/佈置系列叢書, 請參考

自動更新參照的頁碼了

在更新交互參照時, 請記得先選取要更新的交互參照內容。若是整份文件的交互參照都要更新,也可以按下 `Ctrl` + `A` 鍵先選取整份文件, 再按 `F9` 鍵更新。

18-6 製作文件目錄

大綱架構完整的文件若要製作目錄, 是一件輕鬆愉快的工作, 因為只要文件建立好大綱結構, 使用**目錄**功能, 就可以快速得到整份文件的目錄, 當內容有異動, 也只要請 Word 更新一下目錄就可以了。

快速建立目錄的準備工作

Word 預設會將套用了「標題樣式」或設定「大綱階層」的標題, 視為目錄的內容, 例如套用**標題 1** 樣式或設定**階層 1** 的標題為最高一層的目錄項目, 而套用**標題 2** 樣式或設定**階層 2** 的標題則是第二層的目錄項目, 依此類推。

 建立文件的大綱架構的方法, 請參閱第 14 章的說明。

建立目錄

為了方便您進行練習, 我們已經將範例檔案 Ch18-05 套用了標題樣式, 現在就利用這份文件來建立目錄吧!

STEP 01 由於目錄通常是位於文件開端的位置, 為了避免與內文混淆, 最好先在內文之前插入一頁空白頁。請切換至**整頁模式**, 然後將插入點移至文件的開端, 再切換至**插入**頁次, 按下**頁面**區的**空白頁**鈕, 並將插入點移至剛才插入空白頁的開端。

1 按下此鈕插入一頁空白   2 將插入點移至空白頁的開端

接著切換至**參考資料**頁次, 按下**目錄**區內**目錄**鈕的向下箭頭, 從中選取要套用的目錄樣式:

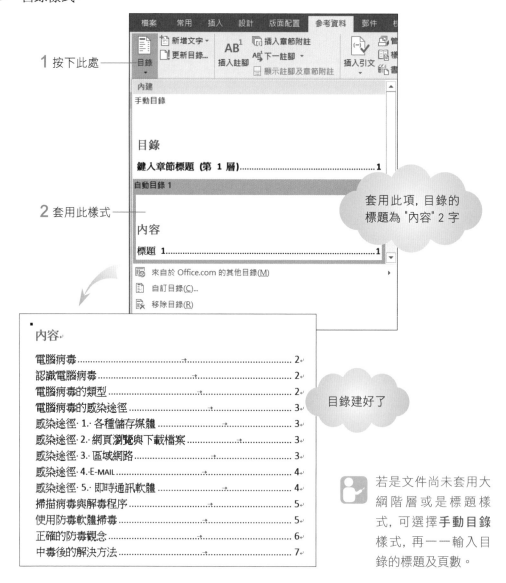

1 按下此處

2 套用此樣式

套用此項, 目錄的標題為 "內容" 2 字

目錄建好了

若是文件尚未套用大綱階層或是標題樣式, 可選擇**手動目錄**樣式, 再一一輸入目錄的標題及頁數。

當我們將指標移至目錄上時, 會發現目錄將自動顯示底色, 指標移開時底色又會隱藏起來。若在目錄上按一下滑鼠左鈕再移開, 目錄上的文字則會顯示成灰底, 當我們按住 Ctrl 鍵再將滑鼠移至目錄上, 指標會變成白色小手狀, 由於目錄具有超連結的功能, 只要按下目錄的項目, 即可顯示對應的文件內容。

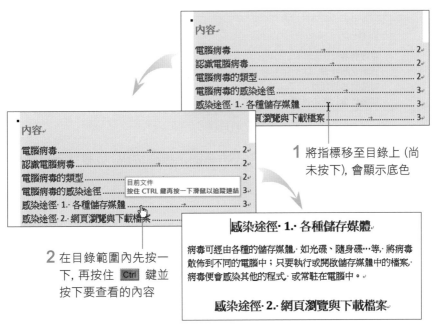

1 將指標移至目錄上 (尚未按下), 會顯示底色

2 在目錄範圍內先按一下, 再按住 `Ctrl` 鍵並按下要查看的內容

▲ 立即跳至文件中對應的內容

更新目錄

更新目錄的功能, 可以讓目錄自動反映文件內容的變動。例如我們要讓文件中 "電腦病毒的類型" 標題及內容另起在新的一頁, 可以如下先插入分頁線, 再來更新目錄。

 請將插入點移至第 2 頁中間位置 "電腦病毒的類型" 之前, 再按下 `Ctrl` + `Enter` 鍵進行分頁:

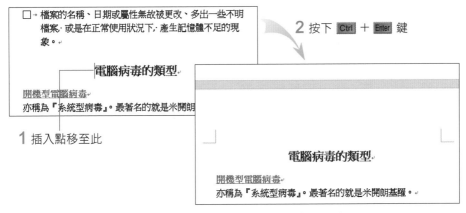

2 按下 `Ctrl` + `Enter` 鍵

1 插入點移至此

▲ 另起在新的一頁了

02 因為我們變動了內容, 目錄上的頁碼就不正確了:

> 內容
>
> 電腦病毒 2
> 認識電腦病毒 2
> 電腦病毒的類型 .... ②
> 電腦病毒的感染途徑 3

"電腦病毒的類型"
應該在第 3 頁才對

▲ 原來建立的目錄

03 請將插入點移至目錄上按一下, 上方會顯示標籤按鈕, 只要按下**更新目錄**鈕, 就會顯示如下的交談窗, 詢問您要如何更新目錄:

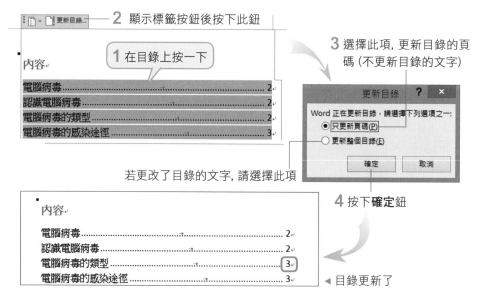

刪除目錄

想要刪除目錄時, 請同樣將指標移至目錄上按一下, 待出現標籤按鈕時, 按下左上角的**目錄**鈕:

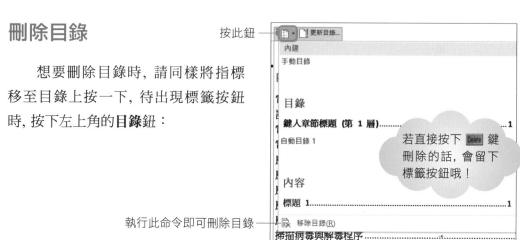

執行此命令即可刪除目錄

18-7 製作便於查詢的索引

閱讀書籍、長篇文件時, 經常可以在文章的最後發現索引 (Index) , 便於讀者以關鍵字查閱頁次, 找出想閱讀的部份來瀏覽, 本節就來試試看如何在文件最後建立索引。

先來看看索引的結構：

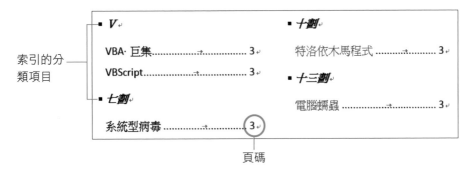

使用 Word 製作索引時, 有 2 個步驟：先定義 "索引項目", 然後建立 "索引", 如此就可以建立整份文件的索引。

定義索引項目

請開啟範例檔案 Ch18-06, 以下就來練習為這份文件建立索引。

STEP 01 選定第 3 頁 "電腦病毒的類型" 主題下的 "特洛依木馬程式" 作為索引項目文字：

> 新型的電腦病毒↵
> 除了上述的類型之外, 近年來↵
> □→ 特洛依木馬程式：特洛依↵
> 的電腦當中, 伺機進行刪↵
> 能會藉此盜用使用者的帳

STEP 02 接著切換至**參考資料**頁次, 按下**索引**區的**項目標記**鈕, 開啟**索引項目標記**交談窗：

1 按下此鈕

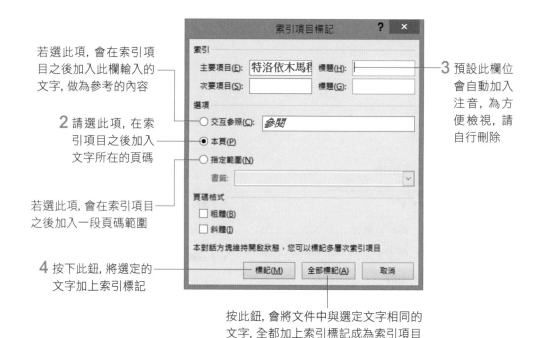

若選此項, 會在索引項目之後加入此欄輸入的文字, 做為參考的內容

2 請選此項, 在索引項目之後加入文字所在的頁碼

若選此項, 會在索引項目之後加入一段頁碼範圍

4 按下此鈕, 將選定的文字加上索引標記

3 預設此欄位會自動加入注音, 為方便檢視, 請自行刪除

按此鈕, 會將文件中與選定文字相同的文字, 全都加上索引標記成為索引項目

STEP 03 設定後交談窗不會自動關閉, 我們可以繼續選取文件中要建立索引的內容, 依序建立索引標記。此例請再陸續加上 "電腦蠕蟲"、"系統型病毒"、"VBA 巨集" 3 個索引項目, 完成後請按下交談窗的**關閉**鈕。

開機型電腦病毒
亦稱為『系統型病毒{ XE-"系統型病毒": }』。最著名的就是米開朗基羅。

檔案型病毒
主要是寄宿在可執行的檔案中, 當使用者不慎執行已中毒的檔案, 病毒就會開始破壞並感染其它程式。受感染的檔案有以下幾類:
□ 傳統的執行檔。
□ 含有 VBA 巨集{ XE-"VBA 巨集": }的文件檔案。
□ 由 VBScript 或 JAVAScript 描述語言撰寫出來的病毒。

混合型病毒
可說是開機型病毒與檔案型病毒的綜合體。

新型的電腦病毒
除了上述的類型之外, 近年來極為流行的還有:
□→ 特洛依木馬程式{ XE-"特洛依木馬程式": }: 特洛依木馬程式必須先進入使用者的電腦當中, 伺機進行刪除檔案、格式化硬碟, 駭客可能會藉此盜用使用者的帳號、密碼等機密資料。
□→ 電腦蠕蟲{ XE-"電腦蠕蟲": }: 電腦蠕蟲是一種惡性程式碼, 利用電子郵件或是區域網路散佈到其它的電腦中, 一旦開啟或執行有病毒的檔案後, 病毒便會隨著電

文件中 { } 內的中、英文及符號內容, 即為索引項目

建立索引

　　請繼續為剛才已建立索引項目的文件建立完整的索引, 首先將插入點移到文件的最後, 並按下 `Ctrl` + `Enter` 鍵新增一個分頁符號, 以便將索引建立在新的頁面。接著切換至**參考資料**頁次, 進行如下設定:

1 按下**索引**區的**插入索引**鈕

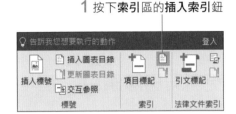

4 勾選此項使頁碼靠右對齊;否則頁碼會緊接在索引項目之後

若設定了包含**次要項目**的索引, 請選取**階層**的排列方式, 讓**次要項目**內縮

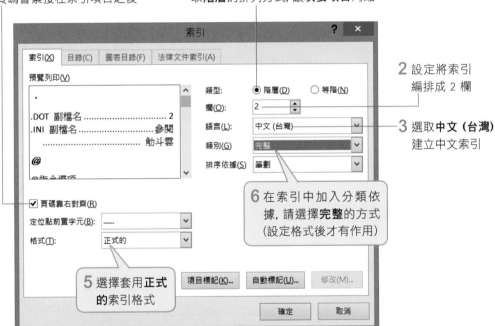

2 設定將索引編排成 2 欄

3 選取**中文 (台灣)** 建立中文索引

6 在索引中加入分類依據, 請選擇**完整**的方式 (設定格式後才有作用)

5 選擇套用**正式**的索引格式

　　最後按下**確定**鈕, 索引就大功告成:

索引分類的依據

刪除索引項目時, 請將整個 {} 所包含的索引標記選取起來, 按下 Delete 鍵刪除。

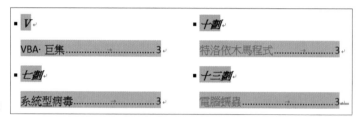

選取整個索引標記再按
下 Delete 鍵, 即可刪除索引

更新與刪除索引

在建立索引之後, 文件還是有可能會變動而影響索引的正確性, 此時我們就有必要更新索引。假設我們新增了一個 "VBScript" 的索引, 那麼就可以如下進行索引的更新動作。

01 請在索引範圍上按一下, 選定整個索引:

▶ 更新前的索引內容

02 切換至**參考資料**頁次, 按下**索引**區的**更新索引**鈕, 即可進行更新。

按下此鈕進行更新

剛才建立的索引項目就完成更新了

如果確定索引已不再需要了, 那麼請選定整個索引之後, 再按下 Delete 鍵, 將整個索引刪除。

CHAPTER

19

用 Word 製作
電子化表單

現在網路十分普及, 許多公司或學校都已逐漸
走向電子化表單流程, 讓填表人直接在網路上
填好表單傳送出去, 或是透過 E-mail 將表單寄
送給填表人填寫, 不需再將表單列印成書面資
料, 輕鬆又環保。

- 認識表單
- 建立表單
- 保護及填寫表單

19-1 認識表單

以往我們多半使用書面的方式去填寫表單, 但是列印所需耗費的紙張及時間, 實在不符合現在重視環保及效率的精神, 因此我們要告訴您如何製作電子化表單, 透過網路傳送即可讓填表人輕鬆快速地填寫。

何謂表單

『表單』是很常見的一種文件, 例如入學時要填學籍資料表、參加比賽要填報名表、請假時要填請假單…, 藉由填寫這些表單達到資料的保存、流通或彙整等目的。

海外旅遊報名表		
個人近照	**基本資料**	
	姓名:	按一下這裡以輸入文字。
	性別:	○ 男 ○ 女
	部門:	選擇一個項目。
有意願的行程:	□ 北海道溫泉螃蟹、破冰船 5 天 20,800	
	□ 頂級・吳哥美食藝術 5 日　22,800	
	□ 香港迪士尼精采豐富 3 天　12,900	
	□ 洛磯山脈帝后城堡 9 天　19,900	
	□ 帛琉海豚灣海洋戀曲 5 日　23,900	
	□ 東京自由行 + 輕井澤 5 天　22,900	
建議事項:	字數盡量在 200 字以內。	
	填表日期: 按一下這裡以輸入日期。	

> 表單通常依據目的與想蒐集的資料來設計

表單內容控制項

Word 的表單內容控制項提供了表單的製作功能, 讓您可快速加入各種表單欄位, 像是文字、日期欄位…等, 都可以輕易達成。由於 Word 預設不會顯示內容控制項的功能頁次, 所以要先將**開發人員**頁次顯示出來。請先切換到**檔案**頁次按下**選項**鈕, 開啟 **Word 選項**交談窗後如下設定:

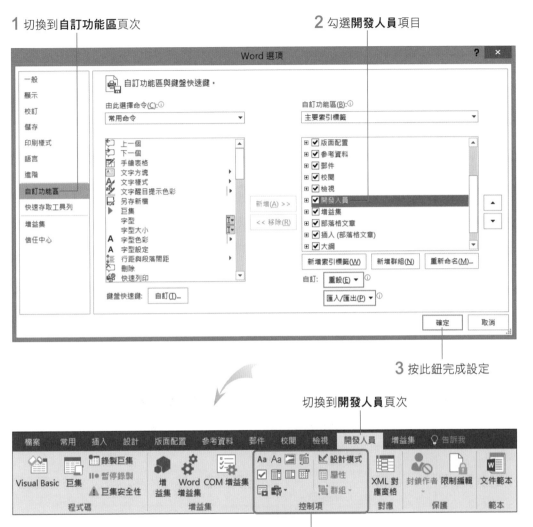

1 切換到**自訂功能區**頁次

2 勾選**開發人員**項目

3 按此鈕完成設定

切換到**開發人員**頁次

這些就是表單內容控制項, 製作表
單就靠它們了。詳細的操作將在
下一節以實例的方式為您做說明

如果您開啟了以 Word 2003 (含以前) 版建立的文件, **控制項**選單中將只有**舊版工具**鈕可用, 若要使用所有的內容控制項, 您必須先將文件轉換成 Word 2016 檔案格式。

19-2 建立表單

接下來將以『海外旅遊報名表』為例, 告訴您如何插入表單內容控制項來設定格式。請開啟範例檔案 Ch19-01, 我們已經約略設計好表單的格式, 只要再插入表單的各種欄位就大功告成了。

插入圖片控制項

由於希望蒐集填表人的近照以供辨識存檔用, 因此安排了一個『個人近照』欄位。請切換至**開發人員**頁次, 首先要在『個人近照』欄插入一個圖片控制項, 讓填表人在點選該控制項後, 可選取自己電腦中的圖片, 作為表單內容:

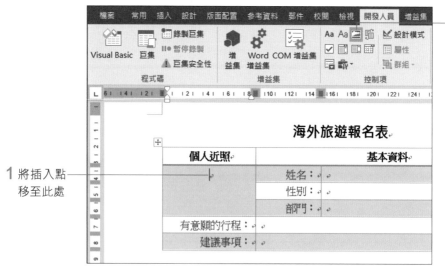

2 按下**圖片內容控制項**鈕

1 將插入點移至此處

若要刪除插入的控制項, 請先按此處選取整個控制項, 再按 Delete 鍵

點此圖示即可讓填表人自行插入照片

點一下控制項, 會出現 8 個縮放控點, 可自行調整長寬, 將來插入的圖片會自動依據該長寬等比例縮放

圖片控制項就這麼插入完成了, 是不是很簡單呢? 接著我們繼續加入文字欄位。

插入文字控制項

接著我們要在『姓名』欄及『建議事項』欄插入文字控制項。

STEP 01 首先要插入『姓名』欄位的文字控制項：

2 按下**純文字內容控制項**鈕插入文字控制項

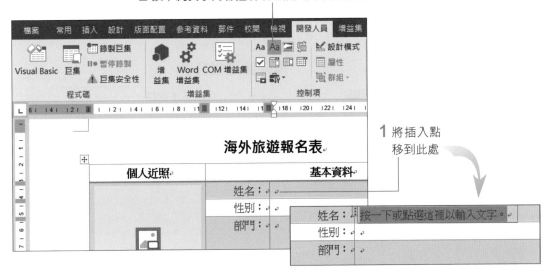

1 將插入點
移到此處

2 這裡我們改按下 **RTF 內容控制項**鈕

STEP 02 繼續在『建議事項』欄也插入文字控制項。由於這裡我們想加入提示，希望填表人輸入的內容盡量控制在 200 個字以內，因此請如右操作：

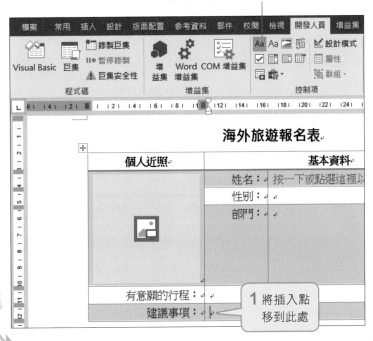

1 將插入點
移到此處

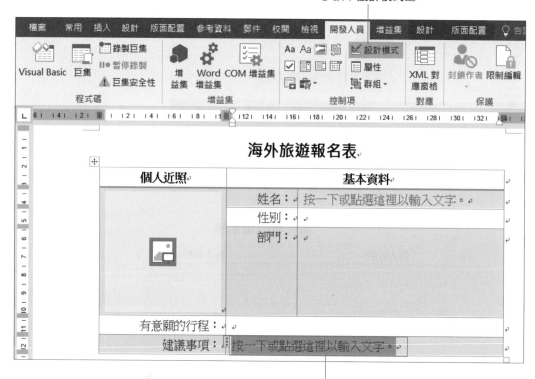

4 輸入 "字數盡量在 200 字以內。"

5 再按一下**設計模式**鈕

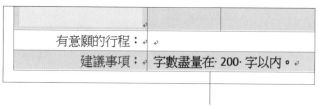

顯示成想要的文字了

📀 『**純文字內容控制項**』與『**RTF 內容控制項**』的差別

純文字內容控制項與 **RTF 內容控制項**同樣都提供文字輸入欄位的功能, 但**純文字內容控制項**只能讓填表人連續輸入文字, 不可以換段落, 而 **RTF 內容控制項**則可以讓填表人輸入段落文字, 當欄位內容有分段的可能時, 使用 **RTF 內容控制項**會比較適合。

插入下拉式清單控制項

接著要進行部門選單的設定, 假設公司有 5 個部門：管理部、業務部、行銷部、產品部及設計部, 我們可以藉由下拉式選單, 讓填表人直接點選自己的部門。

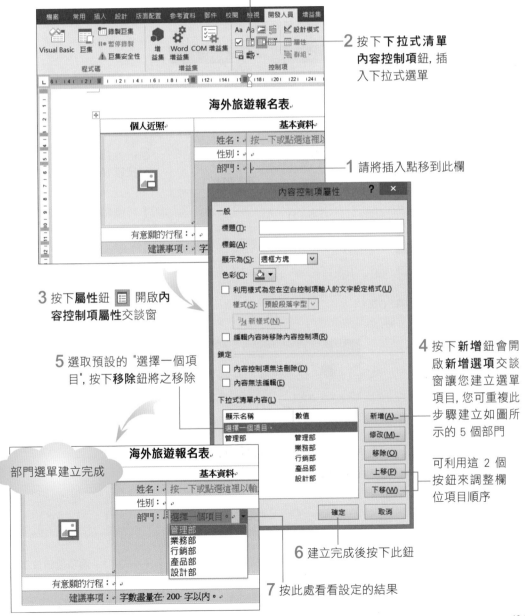

若按此鈕插入**下拉式方塊內容控制項**, 則填表人若發現選單裡沒有符合的選項時, 可自行手動輸入

2 按下**下拉式清單內容控制項**鈕, 插入下拉式選單

1 請將插入點移到此欄

3 按下**屬性**鈕 開啟**內容控制項屬性**交談窗

5 選取預設的 "選擇一個項目", 按下**移除**鈕將之移除

4 按下**新增**鈕會開啟**新增選項**交談窗讓您建立選單項目, 您可重複此步驟建立如圖所示的 5 個部門

可利用這 2 個按鈕來調整欄位項目順序

部門選單建立完成

6 建立完成後按下此鈕

7 按此處看看設定的結果

插入單選選項按鈕

接下來, 我們要設計選項按鈕核取欄位, 讓填表人可以直接勾選性別。這邊需要透過 ActiveX 控制項去完成設定, 請如下操作:

 首先插入『性別』欄的核取欄位, 由於性別只可單選, 因此要插入**選項按鈕**:

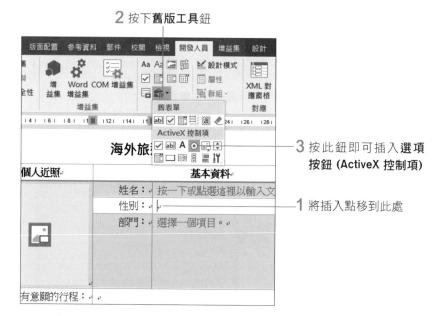

2 按下**舊版工具**鈕

3 按此鈕即可插入**選項按鈕 (ActiveX 控制項)**

1 將插入點移到此處

比照上述的方法, 再加入一個**選項按鈕**控制項

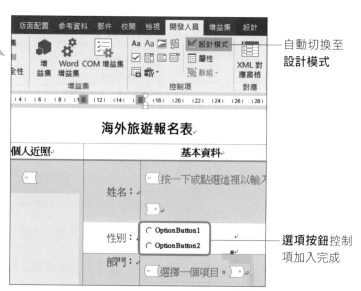

自動切換至**設計模式**

選項按鈕控制項加入完成

STEP 02 兩個選項都加好之後, 接著我們要將預設名稱 "OptionButton1"、"OptionButton2" 改為 "男" 及 "女", 請如圖操作：

1 點選 " OptionButton1 " 控制項

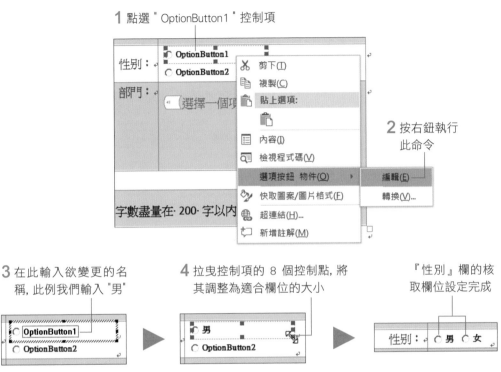

2 按右鈕執行此命令

3 在此輸入欲變更的名稱, 此例我們輸入 "男"

4 拉曳控制項的 8 個控制點, 將其調整為適合欄位的大小

『性別』欄的核取欄位設定完成

5 比照上述的方法, 將 "OptionButton2" 改為 "女" 並調整適當大小

設定 2 組以上的單選選項按鈕

有的表單會有 2 組以上的選項按鈕欄位, 如性別和血型, 而當有 2 組以上的選項按鈕存在時, 若沒有分別設定群組名稱, 會發生不管怎麼點選, 永遠只能選取其中一項的狀況。您可開啟範例檔案 Ch19-02 來試試看, 先勾選性別, 再勾選血型, 將會發現先勾選的性別又變成沒有勾選的狀態, 這就是尚未設定個別的群組名稱所致。請再如下步驟設定群組名稱, 即可讓不同組的選項按鈕保有各自的勾選結果。

STEP 01 請切換到**開發人員**頁次, 按下**控制項**區的**設計模式**鈕。首先設定『性別』欄, 點選『男』選項, 按右鈕執行『**內容**』命令開啟**屬性**交談窗, 依下圖進行群組名稱的設定：

Next

在 **Caption** 欄位亦可變更選項按鈕的文字

選擇 **GroupName** 欄位, 並輸入自訂的群組名稱, 例如 "Sex"

比照設定『男』選項的方式, 也將『女』選項設定同樣的群組名稱

STEP 02 接著設定『血型』欄, 必須替它設定一個跟『性別』欄不同的群組名稱, 如此才能讓『血型』欄跟『性別』欄擁有各自的勾選結果。請點選血型的 『A』選項, 接著按右鈕執行『**內容**』命令開啟**屬性**交談窗:

選擇 **GroupName** 欄位, 並輸入自訂的群組名稱, 例如 "Blood"

重複此步驟完成『B』、『O』、『AB』選項的群組名稱設定

最後來測試結果, 請再按下**設計模式**鈕取消編輯狀態, 再分別選取性別和血型, 兩者的勾選都會保留下來。

1 勾選性別

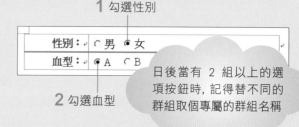

2 勾選血型

日後當有 2 組以上的選項按鈕時, 記得替不同的群組取個專屬的群組名稱

插入可單、複選的核取方塊

　　繼續剛才未完成的表單練習，如果您剛才未儲存就關閉了檔案，請開啟範例檔案 Ch19-03 進行以下的操作。接著要替『有意願的行程』欄加入核取欄位，這個欄位我們假設是單、複選皆可，因此選擇插入**核取方塊**：

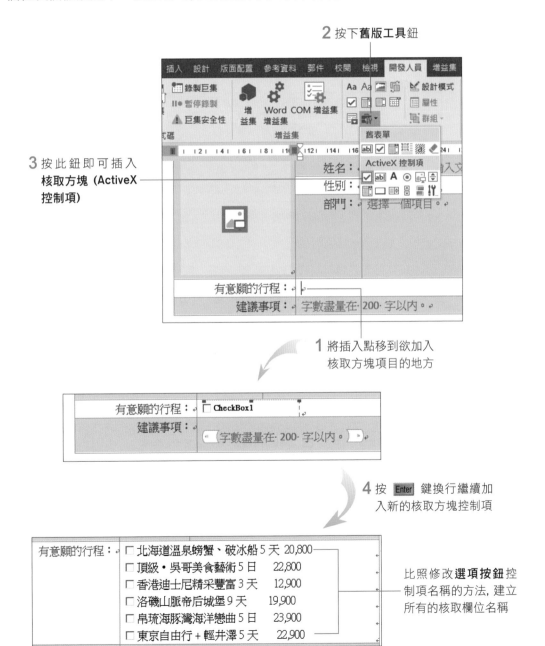

2 按下**舊版工具**鈕

3 按此鈕即可插入**核取方塊 (ActiveX 控制項)**

1 將插入點移到欲加入核取方塊項目的地方

4 按 Enter 鍵換行繼續加入新的核取方塊控制項

有意願的行程：
- 北海道溫泉螃蟹、破冰船 5 天　20,800
- 頂級・吳哥美食藝術 5 日　　22,800
- 香港迪士尼精采豐富 3 天　　12,900
- 洛磯山脈帝后城堡 9 天　　　19,900
- 帛琉海豚灣海洋戀曲 5 日　　23,900
- 東京自由行＋輕井澤 5 天　　22,900

比照修改**選項按鈕**控制項名稱的方法，建立所有的核取欄位名稱

另一種插入核取方塊控制項的方法

這裡再告訴您另一種加入核取方塊的方法, 請重新開啟範例檔案 Ch19-03 來進行如下的操作:

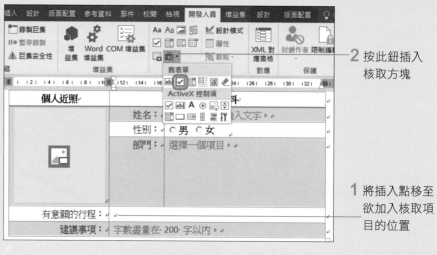

2 按此鈕插入核取方塊

1 將插入點移至欲加入核取項目的位置

3 直接在核取方塊後方輸入項目文字, 輸入完畢按下 Enter 鍵

重複步驟, 將所有核取項目建立完成

選取後的狀態為 ⊠, 跟使用 ActiveX 控制項插入的核取方塊選取狀態 ☑ 不同, 但是效果是一樣的

核取的方法請參考下一節的說明

 透過**舊版工具**鈕加入的表單欄位會加上灰色網底來加以辨識, 如果您覺得灰色網底干擾視覺, 可按下**舊版工具**鈕, 由其中的**舊表單/顯示欄位網底**鈕 a 取消網底, 若要恢復再按一下 a 鈕即可。

插入可直接選取的日期欄位

　　進行到這裡, 表單的欄位幾乎都設定好了, 再把『填表日期』欄位安排進去就大功告成了。

2 按下**日期選擇器內容控制項**鈕

1 請將插入點移至此處

填表日期:|

3 按下**控制項**鈕後, 再按下**屬性**鈕開啟**內容控制項屬性**交談窗

按此鈕, 即可顯示日曆

填表日期 按一下或點選以輸入日期。

5 按下**確定**鈕, 回到文件當中

4 選擇想要的日期格式

按此鈕會自動抓取系統現在的日期

往後填表人只需透過點選的方式就可加入日期, 非常方便! 也不用擔心格式不統一的問題

19-3 保護及填寫表單

表單設定完成了，接下來將告訴您如何保護及填寫表單。將電子表單傳送給他人填寫之前，必須先將表單設定為保護，讓填表人只能填寫特定欄位，以免辛苦安排的表單被任意修改。

保護表單不被任意修改

請接續上一節的範例，或開啟範例檔案 Ch19-04，切換至**檔案**頁次，按下**資訊**頁次的**保護文件**鈕，我們要將文件設定為只可填寫表單內容：

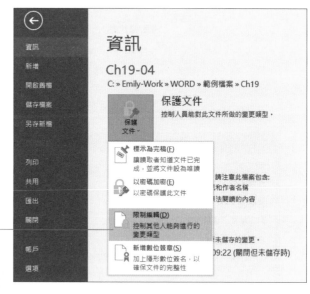

1 執行『**限制編輯**』命令開啟**限制編輯**工作窗格

2 勾選此項

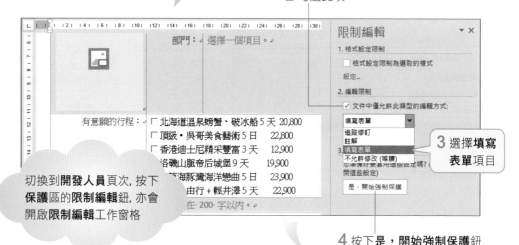

切換到**開發人員**頁次，按下**保護**區的**限制編輯**鈕，亦會開啟**限制編輯**工作窗格

3 選擇**填寫表單**項目

4 按下**是，開始強制保護**鈕

您可以不輸入密碼, 但這表示當其他使用者按下**停止保護**鈕時, 不需輸入密碼就能取消文件保護

5 輸入並確認保護密碼

6 按下**確定**鈕即可完成設定

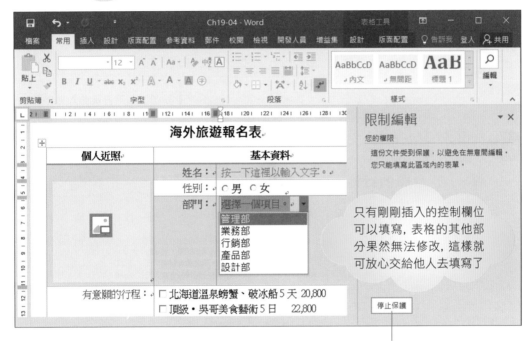

只有剛剛插入的控制欄位可以填寫, 表格的其他部分果然無法修改, 這樣就可放心交給他人去填寫了

若要恢復可編輯的狀態, 必須按下**停止保護**鈕再輸入密碼才能解開保護

填寫表單的方式

收到表單後該如何填寫呢？馬上接續上例來練習看看吧！

STEP 01 首先我們要在『個人近照』欄加入自己的照片：

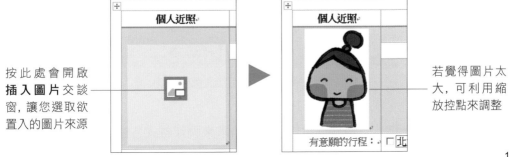

按此處會開啟**插入圖片**交談窗, 讓您選取欲置入的圖片來源

若覺得圖片太大, 可利用縮放控點來調整

如何變更已置入的圖片

若想更換已置入的圖片, 必須先將該圖片刪除:

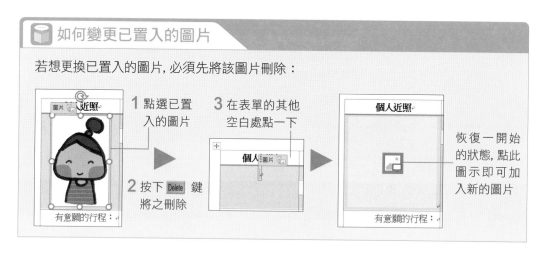

1 點選已置入的圖片

2 按下 Delete 鍵將之刪除

3 在表單的其他空白處點一下

恢復一開始的狀態, 點此圖示即可加入新的圖片

STEP 02 接著在『姓名』欄、『部門』欄、『性別』欄、『有意願的行程』欄及『建議事項』欄分別填入或選擇內容:

1 點選後即可直接輸入文字

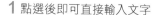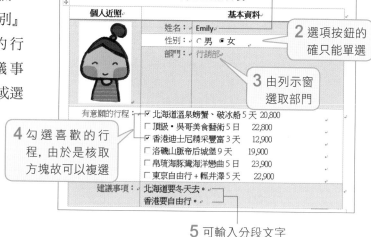

2 選項按鈕的確只能單選

3 由列示窗選取部門

4 勾選喜歡的行程, 由於是核取方塊故可以複選

5 可輸入分段文字

STEP 03 最後按下『填表日期』欄的下拉鈕選擇填表日期即完成表單的填寫:

填表日期 按一下這裡以輸入日期。

1 開啟下拉列示窗

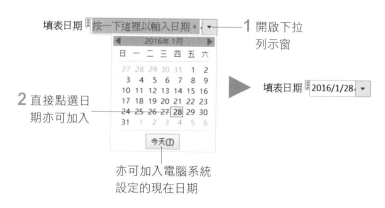

2 直接點選日期亦可加入

填表日期 2016/1/28

亦可加入電腦系統設定的現在日期

依照本章的說明, 日後您就可以視實際需求來製作各式各樣的表單了。

追蹤修訂與註解─
多人共同編審文件

如果想在收到的文件檔案上加入自己的意見，並保留原稿的內容，我們推薦您使用 Word 的「追蹤修訂」與「註解」功能。這個功能可讓所有人利用 Word 來共同編輯審閱一份文件，不但可以直接在文件上修改並提出意見，也能看見其他人所做的修改，甚至還會保留最原始的版本讓您比對，會比傳統的紙上作業來得有效率。

- 啟動追蹤修訂功能
- 使用註解添加意見
- 檢閱修訂記錄與註解
- 同意/拒絕修訂以及刪除註解
- 列印修訂記錄與註解

20-1 啟動追蹤修訂功能

想要揮別以往文件經過多人塗塗改改後, 面目全非不知從何整理起的惡夢, 可使用 Word 提供的**追蹤修訂**功能記下每個人對文件所做的修改, 並清楚看見文件修改之處, 還可以選擇接受或是拒絕他人所做的修訂。

先來看看啟動**追蹤修訂**功能, 且經過相關人員修改後的結果:

修改的內容以不同顏色標示, 還會區分不同人做的修改

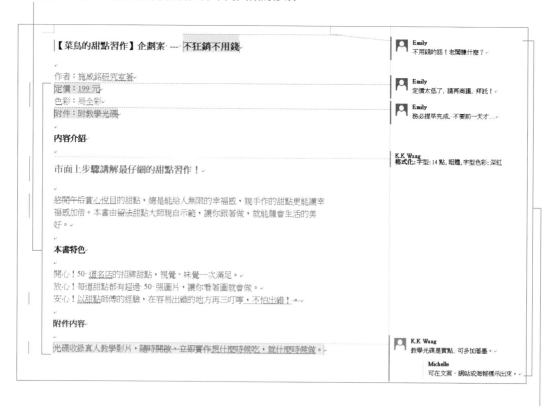

刪除的內容與文件格式化明細, 都顯示在一旁的註解方塊中

　　請開啟範例檔案 Ch20-01, 範例內容是一份書籍的企劃案, 正要讓全組人員做最後的修訂, 請跟著我們一起來修改文件吧!

STEP 01 切換至**校閱**頁次, 按下**追蹤**區的**追蹤修訂**鈕, 啟動**追蹤修訂**功能:

1 按下此鈕啟動**追蹤修訂**

2 為清楚看出變化, 請將此選項設定為**所有標記**

此區可設定註解, 20-2 節將為您說明

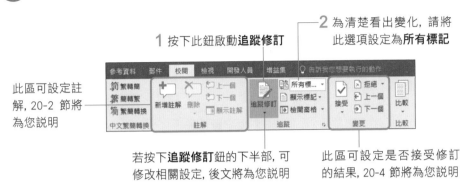

若按下**追蹤修訂**鈕的下半部, 可修改相關設定, 後文將為您說明

此區可設定是否接受修訂的結果, 20-4 節將為您說明

STEP 02 接著便可開始修改文件了, 例如我們要在文件中加入價格, 請將插入點移到 "定價:" 之後:

將插入點移至此

【菜鳥的甜點習作】

作者：施威銘研究室著
定價：元
色彩：局彩
附件：附教學光碟

STEP 03 請輸入 "199", 您會發現文字變成暗紅色且加上底線, 而左側也會出現一條灰色的直線標記, 提醒你這部份做了**追蹤修訂**:

啟動**追蹤修訂**後, 輸入的文字和段落文字的色彩不同

多了這個標記

【菜鳥的甜點習作】

作者：施威銘研究室著
定價：199 元
色彩：局彩
附件：附教學光碟

按一下灰色的直線標記, 會變成紅色直線, 你可以利用這個直線標記來切換是否顯示修訂標記

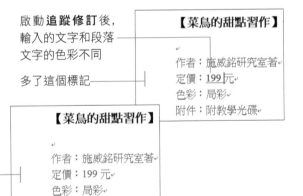

【菜鳥的甜點習作】

作者：施威銘研究室著
定價：199 元
色彩：局彩
附件：附教學光碟

STEP 04 再將 "局彩" 的 "局" 刪除, 改成 "全":

刪除的文字會加上刪除線, 也是使用不同的顏色

【菜鳥的甜點習作】

作者：施威銘研究室著
定價：199 元
色彩：局全彩
附件：附教學光碟

接著我們來強調 "內容介紹" 中的第一行重點字：

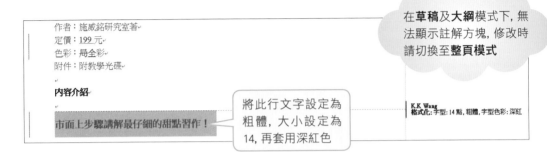

> 在**草稿**及**大綱**模式下, 無法顯示註解方塊, 修改時請切換至**整頁模式**

> 將此行文字設定為粗體, 大小設定為 14, 再套用深紅色

K.K Wang
格式化: 字型: 14 點, 粗體, 字型色彩: 深紅

點選註解方塊後, 除了會顯示修改的內容, 還會顯示修改的時間

內容介紹

市面上步驟講解最仔細的甜點習作！

K.K Wang 3 分鐘前
格式化: 字型: 14 點, 粗體, 字型色彩: 深紅

 註解方塊預設僅會顯示變更的文字格式 (例如字型、色彩、字型大小等) 以及註解 (稍後 20-2 節會説明)。若要讓所有的修訂都以註解方塊顯示, 請參考 20-3 節的説明。

再次按下**追蹤**區的**追蹤修訂**鈕, 使其呈彈起的狀態, 表示關閉**追蹤修訂**功能; 而關閉之後若對文件再做修改, 就不會記錄下來了。如果您只是文件的檢閱人, 並非文件的原作者, 最好啟動追蹤修訂後再修改文件, 讓原作者知道您所做的變更。

從「狀態列」啟動「追蹤修訂」功能

在**狀態列**上按右鈕, 勾選**追蹤修訂**項目, 可以在**狀態列**上顯示**追蹤修訂**鈕, 讓您由此直接切換啟動或關閉**追蹤修訂**功能：

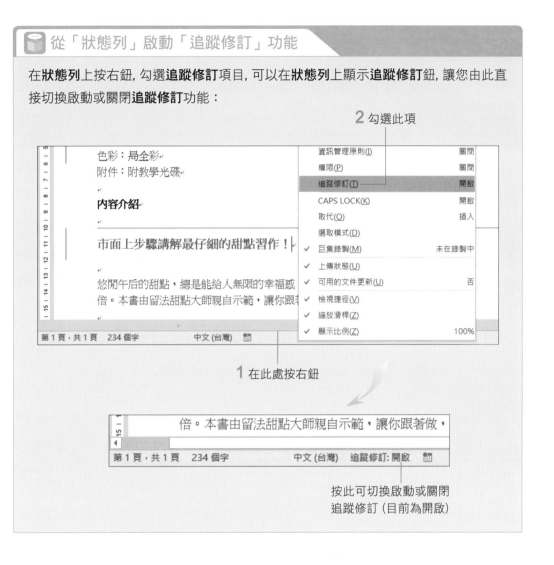

2 勾選此項

1 在此處按右鈕

按此可切換啟動或關閉
追蹤修訂 (目前為開啟)

20-2 使用註解加上意見

如果您並不是要修改文件, 只是想針對文件的某些內容提出點意見, 那麼就可以利用**註解**功能來加以說明, 註解會放在一旁的註解方塊中, 而不會影響到文件本身的內容。

插入註解

請接續範例檔案 Ch20-01 的練習, 現在請您來替我們檢查看看廣告文案的內容是否恰當, 並提出一些意見:

STEP 01 選定文件最後的 "光碟收錄…" 字串:

附件內容

光碟收錄真人教學影片, 隨時開啟、立即實作。 ————— 選取此字串

STEP 02 切換至**校閱**頁次, 按下**註解**區的**新增註解**鈕, 就會立即出現註解方塊讓您輸入文字。請在註解方塊中輸入意見, 例如 "教學光碟是賣點, 可多加著墨", 如此即完成加入註解的動作了:

附件內容

光碟收錄真人教學影片, 隨時開啟、立即實作。

K.K Wang 3分鐘前
教學光碟是賣點, 可多加著墨。

選定的文字前後會以 "|" 標記起來   在註解方塊中輸入您的意見

此處的註解與 18-3 節介紹的註腳是不同的, 可別搞混了。

修改與刪除註解

如果要修改註解內容, 只需將插入點移到註解方塊內, 就可以修改了。刪除時請選取該註解後, 按下**註解**區的**刪除**鈕即可。

回應別人的意見

我們還可以對別人所做的註解, 提出回應意見。例如這份文件現在換由 Michelle 開啟, 回應的方法如下:

 01 先按一下文件中的註解, 接著按右上角的 🖵 鈕, 表示對該意見提出回應。

按一下此鈕

附件內容	K.K Wang 4分鐘前 教學光碟是賣點, 可多加著墨。 🖵
光碟收錄真人教學影片,隨時開啟、立即實作。	

如果文件已經過多位檢閱者的修改或加入註解, 在開啟檔案時, 檢閱者使用的色彩可能會有變動, 所以您的畫面可能和上圖顯示的不一樣, 但並不會影響操作。

02 接著即可在原註解下方輸入你的回應, 例如 "可在文案、網站或海報標示出來":

回應的註解與被回應的註解, 指向同一個註解標記

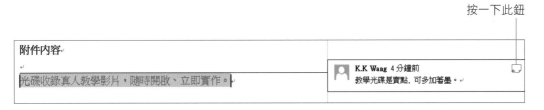

附件內容	K.K Wang 7分鐘前 教學光碟是賣點, 可多加著墨。 🖵
光碟收錄真人教學影片,隨時開啟、立即實作。	Michelle 3分鐘前 可在文案、網站或海報標示出來。

輸入的內容

20-3 檢閱修訂記錄與註解

當每位檢閱者都做好修訂, 也加入註解之後, 我們再回來看看如何檢視
這些修改的地方, 並學習各種檢視方式, 及同意、拒絕的修改技巧。

顯示修訂記錄和註解

請開啟範例檔案 Ch20-02, 為了完整檢視
該份文件的所有修訂記錄和註解, 可開啟檔
案之後切換至**校閱**頁次, 按下**追蹤**區的**顯示
標記**鈕, 檢查欲檢視的項目是否已開啟:

確認勾選欲
檢視的項目

變更「註解方塊」顯示的修訂記錄

Word 預設會以**註解方塊**來標示註解以及變更的文字格式。如果切換到**校閱**頁次, 按下
追蹤區**顯示標記**鈕中的**註解方塊**, 可以變更註解方塊顯示的修訂記錄:

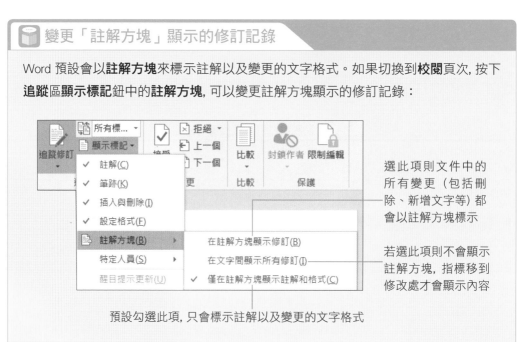

選此項則文件中的
所有變更（包括刪
除、新增文字等）都
會以註解方塊標示

若選此項則不會顯示
註解方塊, 指標移到
修改處才會顯示內容

預設勾選此項, 只會標示註解以及變更的文字格式

更改檢閱者名字

在修訂記錄和註解的說明方框中會出現檢閱者名字, 如果目前設定的不是您的姓名, 或是想要進行修改, 只要切換到**檔案**頁次, 再按下**選項**項目, 就會開啟 **Word 選項**交談窗, 在**使用者名稱**欄位中設定即可。

更改了使用者名稱後, 也會一併改變 Office 其它軟體的使用者資訊設定。

在此更改使用者名稱

依序檢閱修訂記錄和註解

當一份文件中有許多的修訂和註解時, 乍看之下可能不知該從何看起, 此時我們可以運用檢閱工具, 幫您將修訂記錄和註解, 依照前後順序一個個找出來。我們繼續用範例檔案 Ch20-02 來說明, 請切換到**校閱**頁次, 在**變更**區中操作:

 1 將插入點移到文件最開頭

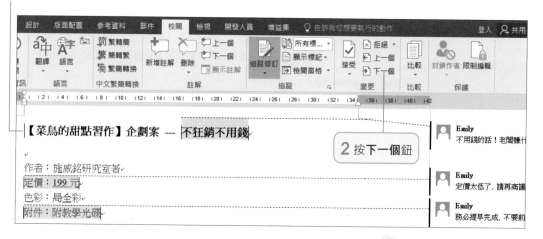

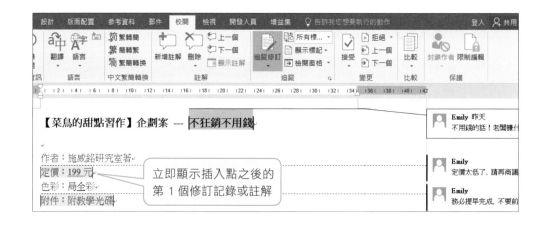

立即顯示插入點之後的
第 1 個修訂記錄或註解

　　若再繼續按下一個鈕, 可再檢視下一個接續的修訂或標記；按上一個鈕, 則可檢視上一個修訂或標記。

利用「檢閱窗格」檢視修訂及標記

這裡我們要介紹您一個檢閱的小技巧, 那就是利用檢閱窗格來統一檢視該份文件的所有修訂及標記。請按下校閱頁次追蹤區的檢閱窗格鈕, 會在文件左方開啟修訂窗格, 其中會條列修訂記錄與註解內容：

要關閉修訂窗格, 可按此鈕
或是再按一次檢閱窗格鈕

修訂窗格

點選項目, 右側窗格的畫面就會立刻跳至該筆記錄

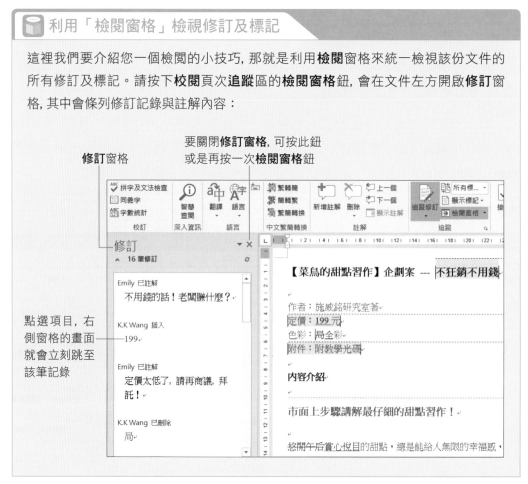

篩選顯示修訂記錄和註解

　　如果文件中的修訂記錄和註解很多, 讓工作區的內容紛亂不易檢閱, 此時您可以篩選檢閱的內容, 例如選擇想要看的修訂記錄類型, 或是掌握特定檢閱者所做的修訂記錄和註解等, 讓您立即找到想檢視的部份。

　　請按下**校閱**頁次**追蹤**區的**顯示標記**鈕, 我們先前說明可由此處來檢視文件內的所有修訂記錄, 若要檢視特定檢閱者的修訂, 請按下**顯示標記**下拉選單, 從『**特定人員**』選單中勾選欲檢視的內容:

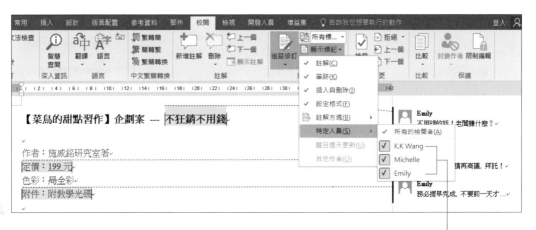

預設會顯示所有人的記錄, 請取消無需檢視的名單

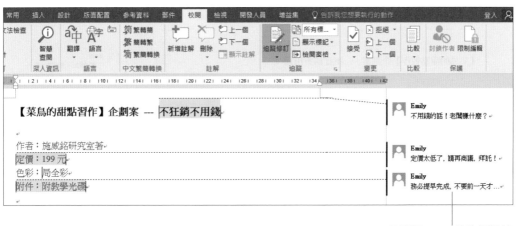

只顯示 emily 的修訂記錄

 若要回復顯示全部檢閱者的修訂記錄, 可按下**顯示標記**鈕, 執行『**特定人員/所有的檢閱者**』。

切換顯示原稿與完稿狀態

如果您想要看看文件修改前的原稿內容，或是修改之後的完稿狀態，可以在**校閱**頁次**追蹤**區的**顯示供檢閱**列示窗切換檢閱方式：

按此鈕可選擇檢閱方式

【菜鳥的甜點習作】企劃案 --- 不狂銷不用錢

作者：施威銘研究室著
定價：199 元
色彩：局全彩
附件：附教學光碟

內容介紹

市面上步驟講解最仔細的甜點習作！

悠閒午后賞心悅目的甜點，總是能給人無限的幸福感，親手作的甜點更能讓幸福感加倍。本書由留法甜點大師親自示範，讓你跟著做，就能體會生活的美好。

Emily
不用錢的話！老闆賺什麼？

Emily
定價太低了，請再商議，拜託！

Emily
務必提早完成，不要前一天才…

K.K Wang
格式化：字型：14 點，粗體，字型色彩：深紅

▲ **所有標記**會顯示註解和修改後的文字格式

如果只想顯示完稿後的樣子，不需顯示太詳細的修訂訊息，可選擇**簡易標記**：

【菜鳥的甜點習作】企劃案 --- 不狂銷不用錢

作者：施威銘研究室著
定價：199 元
色彩：全彩
附件：附教學光碟

內容介紹

市面上步驟講解最仔細的甜點習作！

賞心悅目的甜點，總是能給人無限的幸福感，親手作的甜點更能讓幸福感加倍。本書由甜點大師親自示範，讓你跟著做，就能體會生活的美好。

Emily
不用錢的話！老闆賺什麼？

Emily
定價太低了，請再商議，拜託！

Emily
務必提早完成，不要前一天才…

簡易標記

若不想畫面被這些框和虛線干擾, 可選擇**無標記**, 變成文件修訂後的樣子：

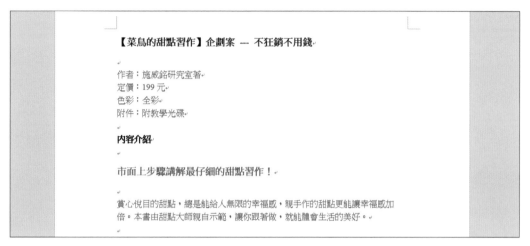

【菜鳥的甜點習作】企劃案 --- 不狂銷不用錢

作者：施威銘研究室著
定價：199 元
色彩：全彩
附件：附教學光碟

內容介紹

市面上**步驟講解最仔細**的甜點習作！

賞心悅目的甜點, 總是能給人無限的幸福感, 親手作的甜點更能讓幸福感加倍。本書由甜點大師親自示範, 讓你跟著做, 就能體會生活的美好。

無標記

追蹤修訂的相關設定

如果對於追蹤修訂顯示的格式、顏色等內容不滿意, 可以按下**追蹤**區的 🔲 鈕開啟**追蹤修訂選項**交談窗, 按下**進階選項**鈕, 會再開啟**進階追蹤修訂選項**交談窗, 讓你自訂追蹤修訂的顯示方式：

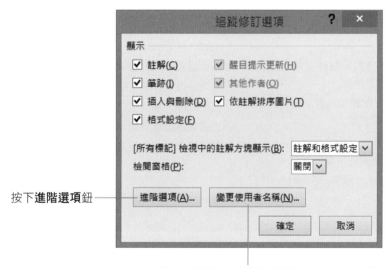

按下**進階選項**鈕

按下此鈕也可以變更檢閱者的名字

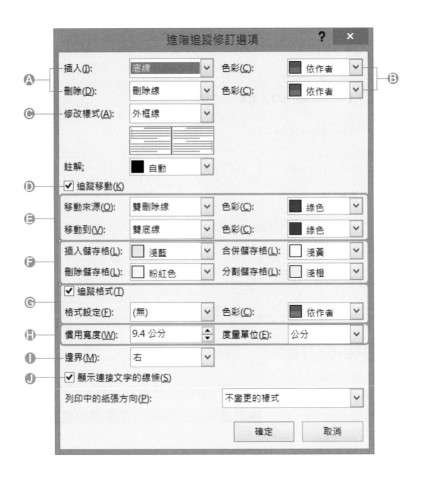

Ⓐ 設定在文件中進行插入、刪除文字等動作後，文字上顯示的變更樣式

Ⓑ 設定樣式的色彩，**依作者**項目表示會自動以顏色來區別不同的檢閱者

Ⓒ 設定框線標記的樣式

Ⓓ 選此項則會記錄各種圖形移動的狀況

Ⓔ 在此設定當移動圖片、圖案、SmartArt 等圖形時的顯示樣式

Ⓕ 在此設定修改表格時的顯示樣式

Ⓖ 設定修改文字格式後的顯示樣式

Ⓗ 設定註解方塊的寬度

Ⓘ 選擇註解方塊要顯示在左邊界或右邊界

Ⓙ 是否顯示文件變更處至註解方塊的連接線

20-4 同意/拒絕修訂以及刪除註解

文件經過其他人的修改與審閱之後,再回到原作者的手上,便可一一檢視每項修改,將合理的部份加入文件或拒絕某項修改,也可以把看過的註解刪除。一旦同意或拒絕了某項修訂,或將註解刪除之後,文件中就不再留下這些記錄了。

一次處理所有的修訂

如果檢視完加入修訂的文件後,要同意所有修改,請按下**變更**區的**接受**鈕,選擇接受文件中的所有變更項目,便可接受所有的修改。您可以繼續使用範例 Ch20-02 來練習:

1 按此處

若選擇**接受並移至下一個**項目,表示只會接受目前選定的變更項目,接受後會移到下一個變更處(與按下**接受**鈕上半部的作用相同)

2 選此項接受文件中的所有變更

所有修訂記錄都併入文件中,只會留下註解

若不同意文件中所有的修改，則可按**拒絕**鈕的下拉鈕，選擇**拒絕所有變更**項目；若選擇**拒絕並移至下一個**則表示會拒絕並刪除目前選定的變更項目或註解，拒絕後會移到下一個變更處。

 您也可以按下**變更**區的**上一個**鈕和**下一個**鈕依序檢閱每一個修訂和註解，同意則按**接受**鈕，不同意或要刪除該註解則按**拒絕**鈕。

刪除註解

若要刪除註解，則請選定註解後在**註解**區中設定：

按此鈕的上半部可
刪除選定的註解

按下拉鈕開啟選單

刪除目前顯示的註解
(相關應用請參考下文)

刪除選定的註解

刪除所有的註解

🗄 處理特定檢閱者的修訂和註解

若要針對某個檢閱者，處理他所做的修訂記錄和註解，您可以先按下**顯示標記**鈕讓文件中僅顯示該檢閱者的修訂和註解，然後再按**接受**下拉鈕，選擇**接受所有顯示的變更**項目，就可以接受該檢閱者所有的修改；或是按**拒絕**下拉鈕選擇**拒絕所有顯示的變更**，拒絕該檢閱者所有的修改。

若按下**註解**區的**刪除**下拉鈕，選擇**刪除所有顯示的註解**，則可以一次刪除該檢閱者所有的註解。

20-5 列印修訂記錄與註解

接下來我們要介紹修訂記錄與註解的列印方法, 你可以只列印完稿、列印完稿加上所有修訂記錄與註解, 或是只列印修訂記錄與註解。

假設要列印文字與修訂記錄和註解, 請先將想要列印的修訂記錄和註解顯示出來, 再切換到**檔案**頁次按下**列印**鈕, 就能印出包含修訂記錄和註解的文件:

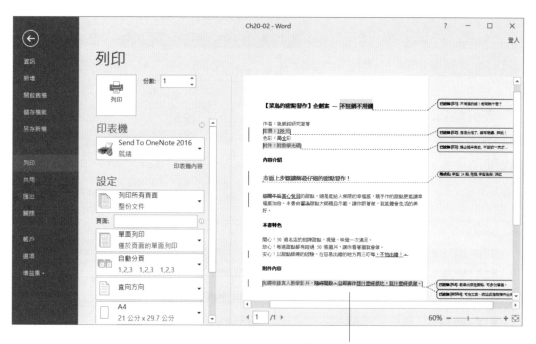

由窗格可預覽列印結果

由於可列印出目前檢視的狀態, 所以也可以只列印完稿、某檢閱人的修訂記錄和註解。

如果要分別列印一份完稿
及一份含修改記錄的文件, 亦可
在**設定**區勾選或取消列印修訂
記錄或註解：

1 按下此鈕

2 由此設定是否
要列印修訂記
錄或註解

若只要列印整份文件的修
訂記錄及註解, 同樣可由**設定**
區變更：

按下**列印**鈕即可得
到下圖的列印結果

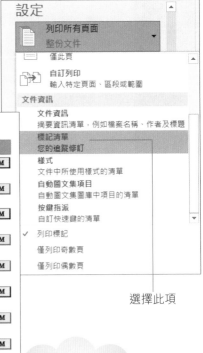

選擇此項

此功能無法以預
覽列印預視結果

CHAPTER

21

保護文件的
格式與內容

當您不希望文件被任意修改，可利用 Word 提
供的保護文件功能，為您的文件做最嚴密的把
關。只要依文件的需要，限定文件中可用的格
式設定，或針對使用者設定權限…等，即可為文
件建立防護機制。

- 限制可套用的文件格式
- 設定文件可編輯的區域

21-1 限制可套用的文件格式

當多人共同完成一份文件時, 難免會發生格式不統一的情形, 雖然編輯文件時不會有什麼影響, 但可苦了文件的整合者。這時我們可利用**限制編輯**工作窗格, 制定出文件可使用的格式, 以便讓所有的參與者在編輯文件時, 僅能套用制定出來的格式。

首先請開啟範例檔案 Ch21-01, 此份文件包含的樣式, 除了已套用的**鮮明強調、鮮明參考、鮮明引文**共 3 種文字樣式外, 還包含多種未套用的樣式, 我們要來設定格式限制, 讓其他共同編輯這份文件的使用者只能使用上述的 3 種樣式。

STEP 01 開啟檔案後請切換至**校閱**頁次, 並按下**保護**區的**限制編輯**鈕, 開啟**限制編輯**工作窗格:

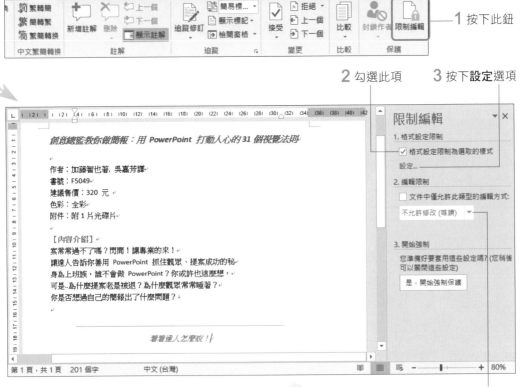

此處的設定我們將在 21-2 節做說明

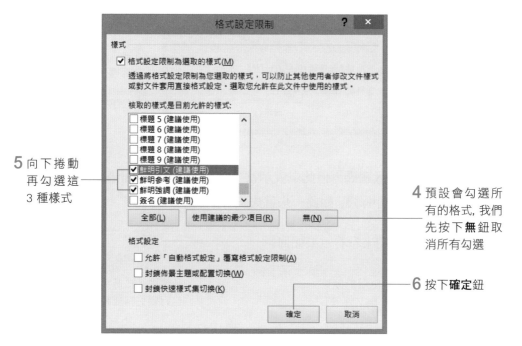

5 向下捲動再勾選這3種樣式

4 預設會勾選所有的格式, 我們先按下**無**鈕取消所有勾選

6 按下**確定**鈕

STEP 02 由於文件預設會包含所有的格式, 當我們勾選了可用的格式後, 會詢問您是否要移除其它不可使用的格式, 確認後即可進行強制保護:

1 按下**是**鈕移除不允許使用的格式

若按下**否**鈕則可保留已存在的格式, 但編輯時將無法使用

2 按下**是, 開始強制保護**鈕

3 輸入並確認保護密碼

4 按下**確定**鈕

雖然您可以不輸入密碼，但此舉表示當其他使用者按下**停止保護**鈕時，也不需輸入密碼就能取消文件保護，如此一來就失去「限制」的意義了。

設定完成後，我們來看看效果如何：

許多功能呈無法使用的狀態，但使用者仍可增、刪文件內容

只會顯示該份文件可使用的樣式，無法自行變更格式內容，也不能新增樣式

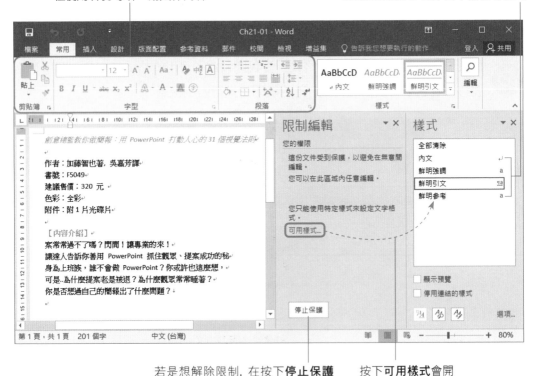

若是想解除限制，在按下**停止保護**鈕後必須輸入正確的密碼才可解除

按下**可用樣式**會開啟**樣式**工作窗格

接著您就可以將這份文件儲存再交給他人編輯使用了，除了開放使用的 3 種格式，使用者將無法任意變更及新增樣式。

21-2 設定文件可編輯的區域

辦公室無紙化已成趨勢, 要調查眾人的意見, 或是傳遞內含不可被修改內容的重要文件 (例如合約), 便需要設定讓文件的部份內容無法變更, 只有特定範圍可供使用者修改。

我們以一份問卷調查表為例, 說明僅開放部份範圍供使用者填寫、修改的文件保護設定方式!

STEP 01 請開啟範例檔案 Ch21-02, 並切換至**校閱**頁次, 按下**保護**區的**限制編輯**鈕, 開啟**限制編輯**工作窗格, 先將整份文件設為不允許修改:

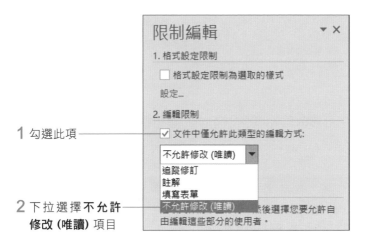

1 勾選此項

2 下拉選擇**不允許修改 (唯讀)** 項目

STEP 02 選定文件中可供編輯的範圍 (如本例中可供填寫的 "地點選擇" 及 "其它意見" 欄位), 然後再回到**限制編輯**工作窗格進行設定:

部門	姓名	地點選擇	其它意見
行銷部	李小冰		
行銷部	曾玉華		
管理部	吳萍芳		
產品部	陳至剛		
管理部	陳南天		

1 選取文件中可修改的範圍

2 勾選此項

3 最後按下此鈕，並設定及確認密碼

設定完成後，文件中可修改的範圍會以不同的顏色標示出來：

按此鈕可循序顯示可修改的範圍

文件中可編輯的範圍　　　按此鈕會顯示文件中所有可修改的範圍

接著您就可以把這份文件儲存並傳給其他人填寫，除非取消保護，否則其他人只可以填寫特定範圍的內容。取消保護時，請按下**停止保護**鈕，並輸入正確的密碼即可。

CHAPTER

22

將 Word 文件
儲存到雲端

出差時最怕到了當地遇到電腦裡沒有安裝
Word, 無法開啟或編輯 Word 文件, 或者是忘
了攜帶儲存 Word 文件的隨身碟, 現在你可
以跟這些囧境說拜拜, 只要透過微軟提供的
OneDrive 網路儲存空間, 就能隨時隨地開啟資
料並進行編輯了!

- 將文件儲存到 OneDrive 網路硬碟
- 從 OneDrive 開啟與修改文件內容
- 與他人共享網路上的 Word 文件

22-1 將文件儲存到 OneDrive 網路硬碟

Word 已經與雲端服務整合, 只要電腦連上網路, 就可以直接將 Word 文件儲存到 **OneDrive** 網路硬碟中。不論你在哪裡, 只要可連上網路, 就能用電腦、筆電、手機、平板⋯等裝置, 存取 OneDrive 上的 Word 文件。而且就算電腦中沒有安裝 Word, 也能直接在 OneDrive 中進行編輯。

從「另存新檔」交談窗中將文件儲存到雲端

OneDrive 是**微軟**公司提供的免費網路硬碟服務, 在使用此服務存放你的檔案前, 請先用瀏覽器連上 http://onedrive.live.com 網站, 依畫面的指示申請 **Microsoft** 帳號。註冊後, 即可擁有 5GB 的免費網路空間。

按下**免費註冊**即可依畫面指示申請一組 **Microsoft** 帳號

STEP 01 請開啟範例檔案 Ch22-01，我們以此份文件為例，示範將檔案上傳到 **OneDrive**，開啟檔案後切換到**檔案**頁次，再點選視窗左側的**另存新檔**項目：

1 點選 **OneDrive** 項目

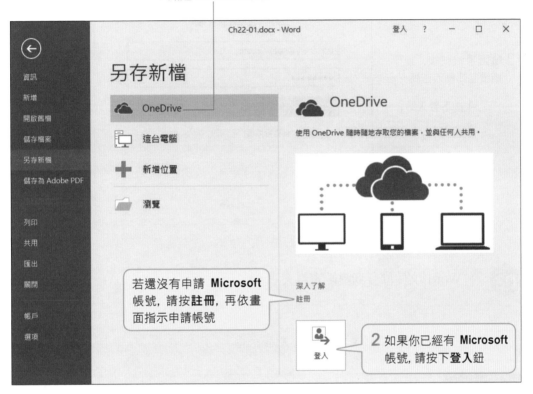

STEP 02 輸入你的 **Microsoft** 帳號、密碼。

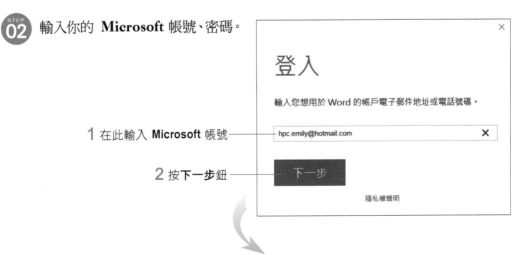

3 驗證過帳號後，請
繼續在此輸入密碼

4 按下**登入**鈕

STEP
03 將 Word 文件儲存到雲端資料夾。

這裡顯示帳戶，表示已順利登入 OneDrive

1 按下此處，選擇 OneDrive 上的資料夾

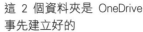

這 2 個資料夾是 OneDrive
事先建立好的

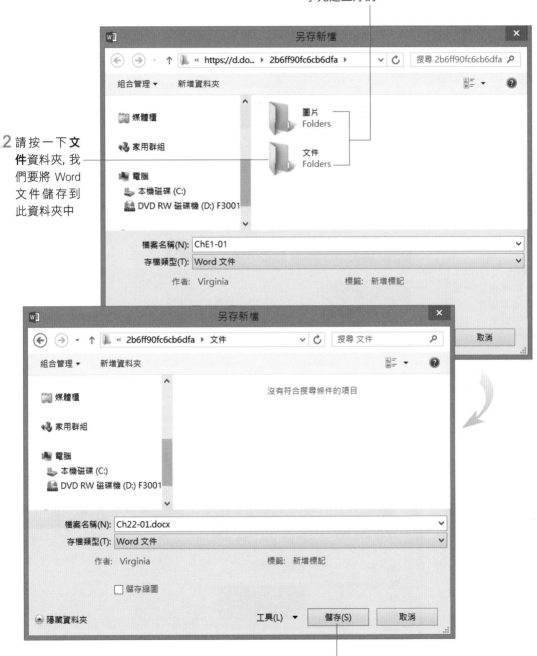

2 請按一下**文件**資料夾, 我們要將 Word 文件儲存到此資料夾中

3 進入**文件**資料夾後, 直接按下**儲存**鈕就完成了

STEP 04 將文件儲存到 OneDrive 後, 畫面會跳回 Word 的編輯畫面, 為了保險起見, 請開啟 IE 在**網址列**輸入 http://onedrive.live.com, 登入你的帳號、密碼後, 就會看到如下的畫面, 我們來確認一下檔案是否已儲存到**文件**資料夾。

這裡會顯示雲端硬碟還有多少可用的空間

雙按**文件**資料夾

檔案的確已經上傳完成了

一旦登入了 Microsoft 帳戶, 下次開啟 Office 的任一套軟體都會以此帳戶自動登入。萬一你不是在自己的電腦上傳檔案, 請務必在上傳之後登出自己的 Microsoft 帳戶。登出時請切換到**檔案**頁次, 再按下左側的**帳戶**項目:

按下此鈕可登出帳戶, 下次
再開啟時就不會自動連線了

使用瀏覽器上傳檔案到 OneDrive

除了可在 Word 中透過**另存新檔**交談窗來上傳檔案, 你還可以開啟 IE, 直接從 OneDrive 網頁中上傳檔案。

STEP 01 請用 IE 連到 OneDrive 網站, 登入帳號密碼後, 會看到如下的畫面, 點選畫面最上方的**上傳鈕**, 即可將電腦中的檔案上傳到 OneDrive。

1 點選**上傳**鈕

2 切換到檔案所在的資料夾　　　**3** 點選要上傳的檔案

4 按下**開啟**鈕

STEP 02 接著會在畫面右上角顯示上傳進度, 完成後就會在 OneDrive 中看到檔案了。

顯示上傳的進度

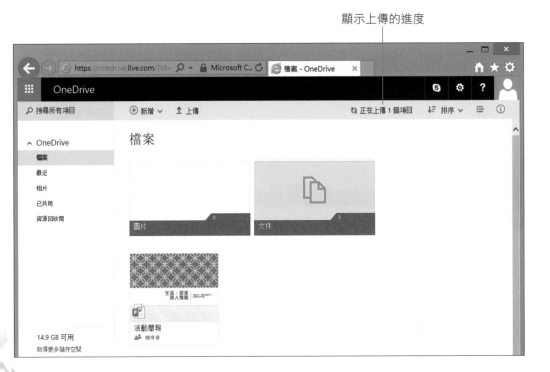

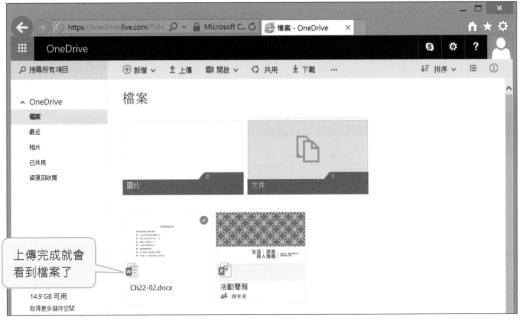

上傳完成就會
看到檔案了

STEP 03 剛才我們將上傳的檔案放在所有資料夾的最上層，現在想將檔案移到**文件**資料夾中以便管理。

2 點選此處

3 再點選**移動至**

1 將指標移到檔案上，會出現核取方塊，在此按一下勾選此檔案

5 按下**移動**鈕

也可以按下**新資料夾**，建立一個新資料夾來存放文件

4 選擇**文件**資料夾

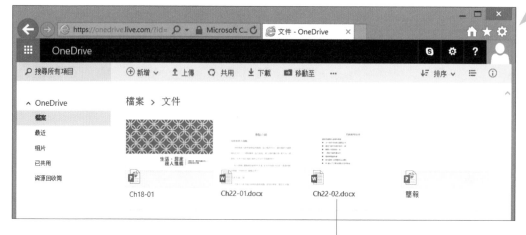

進入**文件**資料夾，即可看到檔案已搬移進來

22-2 從 OneDrive 開啟與修改文件內容

將 Word 檔案上傳到 OneDrive，不論你在哪裡，只要能連上網路，就可以隨時開啟檔案來瀏覽或是進行編輯喲！

透過「Word Online」來開啟檔案

登入 OneDrive 網站後，進入檔案所在的資料夾，只要勾選檔案，就能選擇要使用 Word Online 或是開啟電腦中的 Word 來編輯。如果你的電腦中沒有安裝 Word 軟體，那麼請選擇使用 Word Online 的方式來編輯檔案，編輯後還會自動進行儲存非常方便，不過可使用的編輯功能會比較少。

2 按下**開啟**鈕，選擇開啟方式

1 在此勾選檔案

● 選擇在 **Word Online** 中開啟：直接在網頁中開啟 Word 的內容，你可以在此修改文件內容，修改後按下畫面左上角的 OneDrive 就可回到主畫面。若是想將修改後的文件另存一份，請按下**檔案**頁次，點選**另存新檔**項目，將檔案另存一份在 OneDrive 中或是下載到電腦。

1 點選**編輯文件**

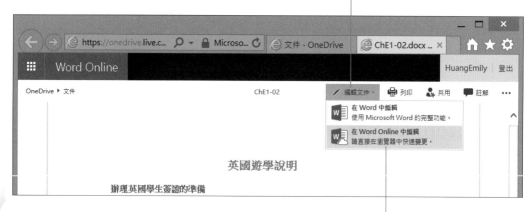

2 再點選**在 Word Online 中編輯**

▲ 可直接在網頁中編輯 Word 文件　　修改後會立即儲存

若是要將修改後的文件儲存到電腦中，請切換到**檔案/另存新檔**頁次：

按下**下載複本**鈕，即可將檔案儲存到你的電腦中

● 選擇**在 Word 中開啟**：若你使用的電腦有安裝 Word, 選擇此項會開啟 Word 讓你進行編輯。

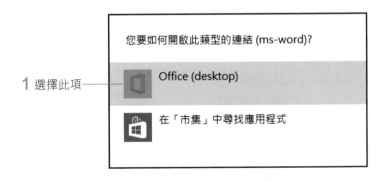

2 在此會出現安全性的提醒說明, 由於檔案是我
們剛才上傳的所以沒有安全性問題, 按下**是**鈕

3 編輯後, 只要按下**儲存**鈕, 即會
自動儲存到 OneDrive 雲端硬碟

▲ 隨即開啟電腦中所安裝的 Word, 讓你編輯內容

22-3 與他人共享網路上的 Word 文件

Word Online 除了方便自己可以隨時連上網路來編輯 Word 文件, 更大的優點是可以讓朋友共同瀏覽、編輯文件的內容, 達到共享的目的。這一節就來看看 Word Online 如何與朋友分享檔案。

傳送檔案連結給朋友

檔案上傳到 OneDrive 後, 就可以將檔案連結用 E-mail 傳送給朋友, 收到 mail 的朋友, 只要點按郵件中的連結就會自動開啟網頁。此外, 也可以將檔案連結寄給自己, 當你出門在外到了目的地便可利用連結開啟文件進行修改。

STEP 01 同樣請登入 OneDrive 網站, 勾選要共享的檔案, 再點選最上方的**共用**鈕。

2 按下**共用**鈕

1 選取檔案

02 接著選擇要共享文件的對象，並編輯郵件內容：

1 輸入朋友 E-mail 帳號

2 輸入郵件內容

3 按下**分享**鈕

可選擇是否要讓收件者可編輯文件
的內容，若是不可編輯，請選此項

4 按下此鈕

檢視共享的 Word 文件檔案

再來看看如何共享檔案，當朋友收到郵件後，只要點選郵件中的連結就可以開啟檔案了。

3 按下此鈕即可編輯文件

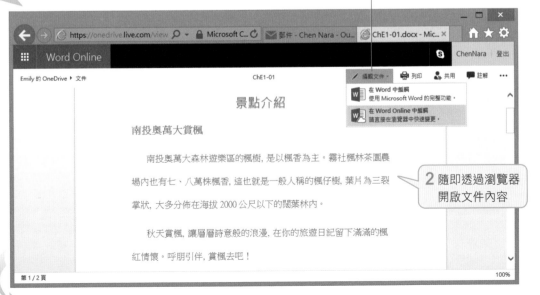

若要將檔案下載到你的電腦，請切換到**檔案**頁次，點選**另存新檔**項目後，再按下**下載複本**鈕

4 編輯完成，會立即儲存，分享此檔案給你的朋友，也可以立即看到修改後的結果

旗 標 事 業 群

好書能增進知識 提高學習效率 卓越的品質是旗標的信念與堅持

Flag Publishing

http://www.flag.com.tw